中国薏苡

段碧华　朱怡　石明　主编

中国农业科学技术出版社

图书在版编目（CIP）数据

中国薏苡／段碧华，朱怡，石明主编．—北京：中国农业科学技术出版社，
2017.9

ISBN 978-7-5116-3253-1

Ⅰ.①中⋯　Ⅱ.①段⋯②朱⋯③石⋯　Ⅲ.①薏苡-栽培技术　Ⅳ.①S567.21

中国版本图书馆 CIP 数据核字（2017）第 225470 号

责任编辑　于建慧
责任校对　贾海霞

出　版　者　中国农业科学技术出版社
　　　　　　　北京市中关村南大街 12 号　邮编：100081
电　　　话　（010）82109708（编辑室）　　（010）82109702（发行部）
　　　　　　　（010）82109709（读者服务部）
传　　　真　（010）82106638
网　　　址　http://www.castp.cn
经　销　者　全国各地新华书店
印　刷　者　北京富泰印刷有限责任公司
开　　　本　787mm×1 092mm　1/16
印　　　张　14.75
字　　　数　280 千字
版　　　次　2017 年 9 月第 1 版　2017 年 9 月第 1 次印刷
定　　　价　50.00 元

作者队伍

策　划：曹广才（中国农业科学院作物科学研究所）

主　编：段碧华（北京农学院植物科学技术学院）

　　　　朱　怡（贵州省农作物技术推广总站）

　　　　石　明（贵州黔西南喀斯特区域发展研究院）

副主编（按汉语拼音排序）：

　　　　曹　君（辽宁省农业科学院微生物工程中心）

　　　　陈长卿（吉林农业大学农学院）

　　　　李　鹏（黑龙江省植检植保站）

　　　　杨　飏（农业部国际交流服务中心）

　　　　章洁琼（贵州省农作物技术推广总站）

编　委（按汉语拼音排序）：

　　　　邓仁菊（贵州省生物技术研究所）

　　　　段力欤（北京农业职业技术学院机电工程学院）

　　　　姜　云（吉林农业大学生命科学学院）

　　　　李　跃（辽宁省农业科学院微生物工程中心）

　　　　李祥栋（贵州黔西南喀斯特区域发展研究院）

　　　　刘金文（吉林省农业科学院植物保护研究所）

　　　　陆秀娟（贵州黔西南喀斯特区域发展研究院）

　　　　卢　扬（贵州省生物技术研究所）

　　　　毛堂芬（贵州省生物技术研究所）

　　　　潘　虹（贵州黔西南喀斯特区域发展研究院）

　　　　王　红（辽宁省农业科学院微生物工程中心）

　　　　王英杰（辽宁省农业科学院作物研究所）

　　　　魏心元（贵州黔西南喀斯特区域发展研究院）

　　　　颜秀娟（吉林省农业科学院大豆研究所）

　　　　杨　柳（农业部农村社会事业发展中心）

　　　　张瑞萍（黑龙江省农业科学院大豆研究所）

　　　　肇　莹（辽宁省农业科学院微生物工程中心）

　　　　邹　军（贵州省农作物技术推广总站）

作者分工

前　言

薏苡（*Coix lachryma-jobi* L.）属禾本科（Gramineae）薏苡属（*Coix* L.）一年生或多年生草本植物，又名薏仁米、六谷子、药玉米、草珠珠等。是传统药食兼用栽培经济作物（也有野生的），具有极高的营养价值和重要的药用价值。

薏苡属植物主要分布在东南亚地区，中国是世界薏苡的重要起源地之一。中国薏苡栽培有 6000 多年的历史，是薏苡最大生产国，种植面积在药用作物中最大，分布也最广，海拔 $35 \sim 2\,500\mathrm{m}$ 的地区都有栽培，除青海、甘肃、宁夏回族自治区未见报道外，全国各省区均有分布。薏苡的主产地有贵州、广西壮族自治区、海南、云南等省（区），湖南、四川南部山区也有少量种植。2012 年，全国种植面积为 1 万 ~ 1.3 万 hm^2，每公顷产量 $2\,250 \sim 3\,000\mathrm{kg}$，总产量为 3 万 t 左右。近几年，中国的薏苡种植面积逐年扩大，仅贵州一省，2016 年薏苡的种植面积就已达 70 多万亩[*]。

薏苡的干燥成熟种仁称为薏苡仁，为常用中药，味甘淡，性微寒，具有健脾、补肺、清热、利湿的功效，素有"滋补保健之王"的美誉，《本草纲目》中称其乃上品养心药。薏苡仁含淀粉 $60\% \sim 70\%$、可溶性糖 $6.38\% \sim 8.25\%$、粗脂肪 $9.5\% \sim 11.5\%$、蛋白质 $11\% \sim 23\%$，并富含多种氨基酸，氨基酸总量 12.65%，还含有对人体有益的多种不饱和脂肪酸。作为传统的中药材，近年来薏苡被发现具有抗肿瘤、免疫调节、降血糖、降血压、抗病毒等方面的药理活性，并用于抗癌药剂的生产。薏苡全身是宝，茎可防治麻疹、湿疹等；叶中所含的生物碱，有清热利湿、健脾杀虫、暖胃益气、舒盘活血等作用。系列薏苡天然保健食品和化妆品等也相继开发问世，市场需求不断增加，价格逐年上升，市场前景广阔。多方面的药用和保健功效给薏苡生产带来巨大经济效益。

除了作为药物及保健品，薏苡本身也具有很多的优良农艺性状，例如薏苡实质上是一种耐旱的水生作物，具有耐旱耐涝的双重特性，这在其他粮食作物中很

---

[*]　注：1 亩 $\approx 667\mathrm{m}^2$。全书同

少见，对于薏苡的品种改良具有重要作用。薏苡有一定的抗盐能力，它的抗盐力仅次于棉花、田菁，比高粱、小麦、玉米都强。薏苡还是较为耐瘠薄的短日照植物，在大量的山边地、沟边地、坡地等可以充分利用来发展薏苡生产。尤为重要的是薏苡属拥有丰富的倍性材料，对于研究禾本科植物染色体组的变迁、物种进化及物种分化等均具有不可多得的优异特性。

长期以来，薏苡多作药用，少量作为小杂粮。与其他杂粮作物相比，中国至今栽培面积很小，致使这一宝贵的植物资源没有得到很好的开发利用。近年来，由于药用数量增大，保健食品开发和出口需要因素，种植面积有所增加，对薏苡的综合开发利用研究开始引起人们的关注。但当前，薏苡种植生产用种相对单一、单产不高、综合性状差，缺乏优良生产用种，制约着薏苡的产业发展。

基于以上事实，有必要对薏苡的发展成就进行总结，以期为薏苡深入开发研究和利用提供参考。为此，组织来自北京农学院植物科技学院、贵州省农作物技术推广总站、贵州黔西南喀斯特区域发展研究院、贵州省生物技术研究所、辽宁省农业科学院作物研究所、辽宁省农业科学院微生物工程中心、吉林农业大学农学院、北京农业职业技术学院机电工程学院、黑龙江省植检植保站、农业部国际交流服务中心、农业部农村社会事业发展中心等高等院校、科研院所的科技人员和技术推广人员，共同编写了《中国薏苡》一书。藉此梳理汇总薏苡的发展成果和成就，既可满足广大读者迫切需要，又可为进一步开展这方面的工作提供经验和借鉴。

全书由5章组成。主要内容包括薏苡种质资源、薏苡生长发育、薏苡栽培、环境胁迫及其应对、薏苡药用价值和加工利用等。全面阐述了薏苡的起源、分布、生长发育特性、栽培技术措施、不良环境条件的应对及薏苡的综合利用与加工等方面的内容。

本书属编著性科技书籍。撰写过程中，除反映作者的试验研究结果和成果外，还大量引用了同类研究的资料、结果和结论，并反映在了参考文献中。

本书作者按章节署名。

参考文献按章编排。以作者姓名的汉语拼音顺序排列。同一作者的文献，则以发表年代先后为序。所引文献皆为在正式发行刊物上发表的文章和由出版社出版发行的书籍。未公开发表和内部刊物的文章不作为引用文献。

读者对象主要是从事农业推广、医疗保健、食品加工的相关人员。同时也可供农业管理部门、农业院校、科研单位的人员参考。

本书的出版得到中国农业科学技术出版社的配合和支持，谨致谢忱。

本书得到了农业部粮食绿色高产高效创建项目，贵州省粮食绿色增产增效技术示范推广项目，贵州省高层次创新型人才培养"百"层次（黔科合人才［2015］4016号），"薏苡 *Waxy* 基因的发掘鉴定及新品种选育（贵州省科技计划项目，黔科合支撑［2016］2068号）"，以及北京农学院2016年内涵发展定额项目——"北京市房山区农业科学研究所研究生实践基地建设"项目的资助，在此一并感谢。

限于作者水平，不妥或错误之处敬请同行专家和读者批评指正。

段碧华

2017 年 4 月

目　　录

第一章　薏苡种质资源

第一节　薏苡在中国的种植传统和生产布局

一、种植传统

（一）薏苡文化考证

薏苡是中国最早被驯化的作物之一。浙江河姆渡遗址出土过大量薏苡种子，说明薏苡至少在新石器时代就有栽培，距今已至少有 6 000 年的历史。据甲骨文形态披露，薏苡文化贯穿夏商时代，甚至出现的时间可能更早。《史记·夏本纪》第二卷注："禹母修己见流星贯昴，又吞神珠薏苡，胸坼而生禹。"王充《论衡·奇怪篇》也说，"禹母吞薏苡而生禹。"这个传说虽不可信，但至少可以说明汉代时食用薏苡已非常普遍，人们将其视为夏族的图腾植物。《后汉书·马援传》第二十四卷："援在交阯，常饵薏苡实，用能轻身省欲，以胜瘴气。南方薏苡实大，援欲以为种。军还，载之一车。时人以为南土珍怪，权贵皆望之。及卒后，有上书谮之者，以为前所载还，皆明珠、文犀，帝益怒。"这就是"薏苡之谤""薏苡明珠"的来源。按考证，交阯在今越南北部，当地的薏苡籽实较北方为大，马援认为薏苡有轻身保健和治疗瘴气的作用，因此，以车载带回中原做药种，没有想到却因此蒙受不明之冤。后人以"薏苡明珠"形容被人诬陷，蒙受冤屈之意。

《山海经·海内西经》第十一卷记载："开明北有视肉、珠树、文玉树、玗琪树，不死树，又有离珠、木禾、柏树、甘水、圣木曼兑，一曰挺木牙交。"又曰："帝之下都，昆仑之墟，有木禾。"李潘等认为这里所谓"木禾"即指薏苡。一方面，因为薏苡在禾本科植物中茎秆较为粗壮，直径可达 1cm 左右，而且植株较高，现在栽培种高 1~2m，野生种有的高达 3~4m，与木本植物颇为相似。另一方面，薏苡的茎秆不像稻、麦、粟、黍等禾本科作物那样经秋冬的干燥风化后很容易折断，而是一直可挺立到翌年夏秋，像干枯的灌木一样，因此，古人用"木本"的特征来命名薏苡是正确的，赵晓明（1994）也认同此观点。如果"木禾"确指薏苡，那么薏苡在中国的栽培历史可以追溯到远古的黄帝时代。另外，

《诗经·周南·芣苢》有载："采采芣苢，薄言采之。"赵晓明等（1994）认为芣苢是指薏苡而言，而不是车前。

《名医别录》载："薏苡仁生真定平泽及田野。"《开宝本草》云："今多用梁汉者，气劣于真定。"真定即今河北省正定县，因此，可以推断，南北朝时期，薏苡产地已由中国西南逐步传播到华北平原。如今薏苡广泛栽培于南北各省区，除青海、甘肃、宁夏回族自治区（全书称宁夏）未见报道外，全国各省区均有分布，其中广西壮族自治区（全书称广西）、贵州、云南、四川、浙江等地产量较大。薏苡产区的变迁一方面与它的生物学特性有密切关系，因其实质上是一种耐旱的水生作物，具有既抗旱又抗涝的双重特性，栽培适应性强；另一方面，薏苡由于籽实较大，比禾本科其他作物易于采集贮藏，成为中国远古最早被驯化的作物而得到广泛栽培。但是，由于气候环境变化和其生物学特性不适应人类社会发展的内在缺陷等原因，使薏苡逐渐被其他作物所取代。

总之，薏苡在中国农作物栽培史上曾扮演过重要角色，中国薏苡可以说是比稷、黍、稻、麦更早的农业文明，它对先民的生产、生活及意识形态等都产生了深刻的影响。

（二）薏苡的起源与传播

薏苡在中国的种植传统由来已久。赵晓明等（1994）介绍，薏苡原产西南，向北传入黄河流域，是中国最早被驯化的作物之一，6000年前广泛传播至汾渭流域，作为华夏民族的主要粮食来源。薏苡退出栽培作物的时间最晚在明朝中晚期，与玉米传入中国的时间巧合。虽然玉米的引入对中国作物栽培的冲击很大，但是薏苡是沼生和湿生作物，玉米是旱生作物，两者的生态学位置不同，因此薏苡在中原地区的失势与气候环境的演变有关。因此，闫艳等（2015）认为的薏苡是从汉代传入中国的外来作物，这种说法缺乏证据，显然是有失偏颇的。赵晓明等（2007）据甲骨文推测，母系社会时期薏苡就被驯化成栽培作物，夏商时期薏苡的栽培水平已达相当高度，已掌握灌溉、圃种和移栽技术。乐巍等（2008）对薏苡进行了《神农本草经》《名医别录》《救荒本草》《本草纲目》等的考证，加上浙江省河姆渡遗址出土过大量薏苡种子的事实，说明薏苡在中国至少有6000多年的栽培历史。蓝日春（2014）通过从分子人类学研究、水稻起源新发现、薏苡仁的历史应用研究、薏苡种质现代研究以及壮侗语族民族的生活习俗等方面进行推论，认为骆越故地的广西，是壮药薏苡的最早起源地，也从侧面证实了薏苡的本土来源。黄亨履等（1995）通过对中国17个省（区、市）的102份薏苡资源的形态学、生物学、农艺和品质性状进行鉴定，论述了中国薏苡的生态型、多样性和利用价值，中国薏苡可分为南方、长江中下游和北方3个多样性中心，从种类多样和野生种分布密度来分析，广西、海南、贵州、云南应为中国的初生中心地区，而长江中下游及北方各省（区），应是薏苡和川谷逐步北移、驯化、选择而形成的次生中心。

关于薏苡起源，从世界范围内来看，印度、东南亚（如泰国、马来西亚等国）、中国是薏苡的重要起源中心。水生薏苡种是薏苡的最原始类群（2n＝10），常常存在于该属植物的起源地。据文献报道，此种类群最初在印度、泰国等有所发现，陆平等（1996）考察发现中国广西西部地区存在大量原始水生薏苡分布并且具有染色体原始基数，即原始二倍体存在，具有薏苡最古老、最原始的基因特征。因此，认为广西是薏苡起源属的起源地之一。薏苡文化考证、考古学、分类学证据均表明，中国的薏苡应起源于本土，而非外来作物。有关薏苡本土起源的更有力证据，还有待从其遗传信息 DNA 分子水平上去寻找。

二、国内薏苡生产布局

中国幅员辽阔、气候复杂多样，孕育了大量的薏苡种质资源。中国薏苡资源广泛分布于南北各省，由于地理环境、气候及栽培条件的差异，造成了中国薏苡种质资源极为丰富多样，不同地区形成了众多地方品种、生态类型和生产区。

（一）中国薏苡生态区（型）划分

薏苡作为古老的禾谷类作物之一，从世界范围来看，其主要分布于印度、中国、日本、韩国及东南亚地区。黄亨履等（1995）认为薏苡是短日性作物，对光周期敏感，尤其是南方的野生种质，对短日要求更为严格，表现出原始的特性，他将中国薏苡可分为 3 个生态型，不同生态区划分如下。

（1）北方早熟生态型　北京、河北、河南、山东、山西、辽宁、吉林、黑龙江、内蒙古自治区（以下称内蒙古）、新疆维吾尔自治区（以下称新疆）等省（区、市），即 N33°以北，全年日平均气温≥10℃的积温 4 400℃以下，年日照时数 2 400h 以上。

（2）长江中下游中熟生态型　江苏、浙江、安徽、江西、四川、湖北、陕西南部、湖南北部等地，即 N28°~33°，全年日平均气温≥10℃的积温 4 500℃左右，年日照时数 2 000~2 400h。

（3）南方晚熟生态型　海南、广东、广西、福建、台湾、云贵高原、湖南南部与西藏南部，即 N28°以南，全年日平均气温≥10℃的积温 5 000℃以上，年日照时数 2 000h 以下。

（二）中国薏苡主产区

目前，国内薏苡主要在贵州、云南、广西、福建、浙江、湖南、台湾等省（区），少数其他地方（例如山东、河北、辽宁等省）也有零星种植。主产区以贵州、云南、广西的种植规模最大，种植面积有大幅度增长之势，其余地区（浙江、福建、台湾等地）基本保持稳定。近年来，全国薏苡种植面积在50万亩~100万亩，年总产量在12.5万~50万t，可生产优质薏仁米7.5万~15万t。此外，每年从越南、老挝等地调入并加工生产薏苡3万~4万t。从种植面积和产值来看，贵州作为薏苡的主要传统产区，现已成为全国及周边国家最大的薏苡加工集聚区和产品集散地，薏苡种植面积、产量均居全国第一，生产量占全国总产量的2/3（表1-1）。

表1-1　全国薏苡产量统计　　　　　　　　　　（石明等整理，2017）

地区	种植面积（hm²）			产量（万t）		
	2014年	2015年	2016年	2014年	2015年	2016年
贵州	28 000	43 533	51 000	13.80	18.28	22.95
云南	13 000	14 600	19 300	4.10	4.82	6.08
广西	3 850	5 120	4 400	1.36	1.92	1.75
福建	4 000	3 600	4 350	1.57	1.24	1.63
浙江	1 150	1 310	1 260	0.33	0.39	0.38
湖南	900	1 150		0.24	0.28	
台湾	2 200	2 200	2 200	0.495	0.53	0.47
辽宁	760	525	638	0.17	0.13	0.15
合计	53 860	70 888	83 148	22.065	27.59	33.41

注：上述统计除贵州省外，其他均来自企业提供的数据

　　2013年，黔西南州薏苡种植面积20万亩，平均单产达到300kg/亩，总产量达6万t，薏苡原料总产值达到4.8亿元。2014年，贵州省种植面积约46万亩，其中，黔西南州为42万亩，安顺地区为2.5万亩，六盘水1.5万亩。主要品种为兴仁小白壳、黔薏苡1号、黔薏白03-8等品种，平均亩产为300kg，年总产量为13.8万t，出米率平均为60%，可产优质小薏仁米8.28万t。2015年，黔西南州薏苡种植面积50万亩，平均单产达到300kg/亩，总产量达15万t，薏苡原料总产值达12亿元。截至2015年年底，黔西南州已有大小薏苡加工企业（含作坊）200多家，年加工量6万t左右，主要产品均为薏苡初级加工产品（精制薏仁米）。其中，年加工能力5 000t以上的有6家，其中5家在兴仁县，1家在晴隆县；年加工100~500t的有46家；其余均在100t以下。从业人员4 000余人，企业加工产值2亿多元。根据贵州省人民政府的《贵州省薏仁产业提升

三年行动计划（2015—2017 年）》，至 2017 年薏苡种植面积将达 100 万亩，产量达 30 万 t，企业加工量达 40 万 t。

第二节　中国薏苡种质资源

一、种质资源概述

薏苡（*Coix lactyma-jobi* L.）属禾本科（Gramineae）薏苡属（*Coix.* L）一年或多年生草本植物。别名有薏米、药玉米、薏珠子、晚念珠、草珠珠、五谷子、六谷子、回回米、催生子等 30 余个。世界上的薏苡属约有 10 个种，中国约有 7 种（或变种）；染色体数为 $2n=2x=10$、20、30、40 不等，大多数染色数目 $2n=20$，其他的倍性多见于水生薏苡。

二、研究现状

（一）薏苡属分类系统的发展

关于薏苡的植物学分类，目前在学术界尚有分歧。最初的分类有"1 种 1 变种"即川谷和薏苡变种，此后随着资源普查鉴定的不断深入，逐步发展为"3 种 4 变种""4 种 7 变种""4 种 8 变种""4 种 9 变种""5 种 4 变种"和"2 种 4 变种"等多种分类系统和方法。目前，《中国植物志》规定的"5 种 4 变种"的分类方法较之其他方法更为常用。不同分类系统的描述及分类检索见表 1-2。

表 1-2　薏苡属分类系统　　　　　　　　　（李祥栋，潘虹整理，2017）

分类情况	种及变种名称	参考文献
1 种 1 变种	1 川谷 *Coix agrestis* 果实总苞球形、坚硬、壳厚、光亮有珐琅质，米质粳性 　1a 薏苡 *C. lacryma-jobi* var. *Frumentacea* 果实总苞椭圆形，壳薄、易碎、无珐琅质，米质糯性	《中国农业百科全书》（1991） 《种子植物属种检索表》（1981）
1 种 1 变种	1 川谷 *C. lacryma-jobi* 果实总苞球形、坚硬、壳厚、光亮有珐琅质，米质粳性 　1a 薏苡 *C. lacryma-jobi* L. var. *frumentacea* Makino 果实总苞椭圆形，壳薄、易碎、无珐琅质，米质糯性	乔亚科等（1996）

（续表）

分类情况	种及变种名称	参考文献
3 种 4 变种	1 小果薏苡 *C. puellarum* Balansa 总苞骨质，近圆球形，直径 3~5mm，淡灰白色；颖果质粳。主产云南、广西和海南等地区 2 长果薏苡 *C. stenocarpa* Balansa 总苞骨质，近圆柱形，长 7~15mm，宽 2~3mm；颖果质粳。主产云南省 3 薏苡 *C. lacryma-jobi* L. 　3a 薏苡 *C. lacryma-jobi* L. var. *lacryma-jobi* 总苞骨质，卵圆球形，直径 6~8mm，深或淡褐色，常有斑纹；颖果质粳。产全国各地 　3b 菩提子 *C. lacryma-jobi* var. *Monilifer* Watt. 总苞厚骨质，扁球形，直径 10~15mm，常一侧微扁，颜色为深或浅褐色，或有斑纹；颖果质粳。产全国南北各省区 　3c 薏米 *C. lacryma-jobi* var. *mayuen*（Roman）Stapf 总苞壳质易碎，椭圆球形，直径 5~7mm，顶端有嚎，浅或深褐色、灰白色，或有条纹；颖果质糯。全国各地广泛栽培 　3d 台湾薏苡 *C. lacryma-jobi* L. var. *formosana* Ohwi 总苞壳质易碎，近球形，直径 8~9mm，麦秆黄色或白色，有蓝黑色条纹；颖果质糯。广东和云南有栽培	庄体德等（1994）
4 种 8 变种	1 水生薏苡 *C. aquatica* Roxb 茎多年生匍匐浮生，上部叶片剑形，下部叶片条状披针形，雄花败育，无性繁殖 2 小果薏苡 *C. puellarum* Balansa 总苞骨质，近圆球形，直径 3~5mm，淡灰白色；颖果质粳 3 长果薏苡 *C. stenocarpa* Balansa 总苞骨质，近圆柱形，长 7~15mm，宽 2~3mm；颖果质粳 4 薏苡 *C. lacryma-jobi* 　4a 薏苡 *C. lacryma-jobi* L. var. *lacryma-jobi* 总苞骨质，卵圆球形，直径 6~8mm，深或淡褐色，常有斑纹；颖果质粳。产全国各地 　4b 珍珠薏苡 *C. lacryma-jobi* var. *perlarium* Lu-ping. 总苞骨质，卵圆球形，直径 3~5mm，麦秆黄色或浅褐色，颖果质粳 　4c 大果薏苡 *C. lacryma-jobi* var. *inflatum* Lu-ping. 总苞骨质，卵球形，直径 8mm 以上，黑褐色或灰白色，颖果质粳 　4d 菩提子 *C. lacryma-jobi* var. *Monilifer* Watt. 总苞厚骨质，扁球形，直径 10~15mm，常一侧微扁，颜色为深或浅褐色，或有斑纹；颖果质粳。产全国南北各省区 　4e 扁果薏苡 *C. lacryma-jobi* var. *Compressum* Lu-ping. 总苞骨质，扁球形，纵轴明显小于横轴，直径 6~8mm。灰白色或浅褐色，颖果质粳 　4f 球果薏苡 *C. lacryma-jobi* var. *strobilaceum* Lu-ping. 总苞骨质，圆球形，直径 6mm 以上，褐色或灰白色，有条纹，颖果质粳 　4g 薏米 *C. lacryma-jobi* var. *mayuen*（Roman）Stapf 总苞壳质易碎，椭圆球形，直径 5~7mm，顶端有嚎，浅或深褐色、灰白色，或有条纹；颖果质糯 　4h 台湾薏苡 *C. lacryma-jobi* L. var. *formosana* Ohwi 总苞壳质易碎，近球形，直径 8~9mm，麦秆黄色或白色，有蓝黑色条纹；颖果质糯	陆平等（1996）

（续表）

分类情况	种及变种名称	参考文献
4种9变种	1 水生薏苡 *C. aquatua* Roxb 原始类型，其染色体基数为5，2n=10 1a 淡红花水生薏苡 *C. aquatua* Roxb. var. *roseaflos* Liyingcai 柱头淡红色，芽鞘淡红色，叶、茎绿色，叶面有透明白色毛刺，总苞厚骨质，纺形或圆纺形，雄穗有花药无花粉 1b 红花水生薏苡 *C. aquatua* Roxb. var. *rubraflos* Liyingcai 柱头及芽鞘红（紫）色，芽鞘、茎淡红或红（紫）色，叶缘绿或紫，雄穗有花药无花粉，总苞厚骨质，纺形或圆纺形 2 小果薏苡 *C. puellarum* Balanasa. 柱头白色，芽鞘、叶鞘、茎、叶皆绿色，直径小于6mm，千粒重小于110 g，籽粒椭圆或圆顶尖，灰白壳或灰黑壳，颖果黏（籼）质 2a 红花小果薏苡 *C. puellarum* Balanasa. var. *Rubraflos* Liyingcai 柱头红（紫）色，芽鞘红（紫）色，叶鞘、茎淡红色或红（紫）色，叶缘绿色或紫色，直径小于6mm，千粒重小于110g，粒形粒色多种，颖果黏（籼）质 3 野生薏苡 *C. agrestis* Lour 柱头白色，芽鞘、叶鞘、茎皆绿色，总苞厚骨质，直径6~9mm，粒形粒色不一，颖果籼质 3a 淡红花野生薏苡 *C. agrestis* Lour. var. *roseaflos* Liyingcai 柱头淡红色，芽鞘淡红色，叶鞘、茎皆绿色，总苞厚骨质，直径小于6mm，属中粒，圆或纺形，灰白色，颖果籼质 3b 红花野生薏苡 *C. agrestis* Lour. var. *Rubraflos* Liyingcai 柱头红（紫）色，芽鞘红（紫）色，叶鞘、茎色红（紫）色，叶缘绿或紫色，总苞厚骨质，属中、大粒、直径6~9mm，粒形粒色多样，颖果籼质 4 栽培薏苡 *C. lacryma-jobi* L. 4a 薏苡 *C. lacryma-jobi* L. var. *mayren*（Roman）Stap. 白色柱头，芽鞘、叶鞘、茎皆绿色，叶绿或黄绿色，总苞薄易破碎，中粒，直径6~7mm，圆顶尖（咀）或纺形，黑色或白色，颖果质糯 4b 淡红花薏苡 *C. lacryma-jobi* L. var. *roseaflos* Liyingcai 柱头淡红色，芽鞘淡红（浅紫）色，叶鞘、茎皆绿色，总苞薄易破碎，小粒、直径小于6mm，千粒重小于90g，椭圆顶尖，黑色，颖果质糯 4c 薏苡 *C. lacryma-jobi* L. var. *Monilifer* Watt. 柱头红（紫）色，芽鞘、叶鞘红（紫色），茎浅红色，总苞薄易破碎，中粒，直径大于6mm，千粒重大于90g，圆顶尖，白色，颖果籼质 4d 红花薏苡 *C. lacryma-jobi* L. var. *rubraflos* Liyingcai 柱头红（紫）色，芽鞘、叶鞘、茎皆红（紫）或淡红色，叶缘绿或紫色，总苞薄易破碎，直径5~9mm，千粒重52.9~157.2g，粒形粒色多样，颖果糯质	李英材等（1995）

（续表）

分类情况	种及变种名称	参考文献

5 种 4 变种	1 水生薏苡 *C. aquatica* Roxb. 多年生草本，野生型；总苞先端具喙或无。植株高 3~4m，下部横卧地面，于节处生根；叶片被疣基糙毛，雄小穗长约 1cm，总苞先端喙状，长 10~14mm，宽约 7mm
	
	2 小珠薏苡 *C. puellarum* Balansa 多年生草本，野生型；总苞先端具喙或无；植株高 0.5~1m，直立而不倾卧地面；叶片无毛；雄小穗长约 5mm，总苞先端无喙，长约 5mm，宽 3~4mm
	
	3 薏米 *C. chinensis* Tod. 总苞甲壳质，质地较软而薄，表面具纵长条纹，揉搓和手指按压可破，灰白色、暗褐色或浅棕褐色，颖果饱满，淀粉丰富，总苞先端具颈状之喙，一侧具斜口，基部短收缩，基端之孔小
	
	   3a 薏米 *C. chinensis* var. *chinesis* Tod. 总苞椭圆形，长 8~10mm，宽约 4mm
	
	   3b 台湾薏苡 *C. chinensis* var. *formosana*（Ohwi）L. 总苞近球形，长 9~10mm，宽 8~9mm
	
	4 薏苡 *C. lacryma-jobi* L. 一年生草本，常栽培；植株高 1~2m，总苞珐琅质，坚硬，平滑而有光泽，总苞顶端无喙，手按压不破；颖果不饱满，淀粉少
	
	   4a 薏苡 *C. lacryma-jobi* var. *Lacryma-jobi* 总苞卵圆形，长 7~10mm，宽 6~8mm，基端孔大，易穿线成串，工艺用
	
	   4b 念珠薏苡 *C. lacryma-jobi* var. *maxima* Makino 总苞大，圆球形，直径约 10mm
	
	5 窄果薏苡 *C. stenocarpa* Balansa 总苞狭长，长圆筒形，长 11~13mm，宽 2~3mm
		《中国植物志》（1977）

2 种 4 变种	1 薏苡 *C. lacryma-jobi* L. 一年生，茎秆丛生，叶片尖锐，1.5~7cm 宽，雄小穗多成对（最末端的除外）
	
	   1a 薏苡（原变种）*C. lacryma-jobi* var. *Lacryma-jobi* 总苞卵圆形，长 7~11mm
	
	   1b 窄果薏苡 *C. lacryma-jobi* var. *stenocarpa* Balansa 总苞圆柱形或圆筒形，粒长远远大于粒宽
	
	   1c 小珠薏苡 *C. lacryma-jobi* var. *puellarum* Balansa 总苞圆球形，直径 4~5mm
	
	   1d 薏米 *C. lacryma-jobi* var. *ma-yuan* 总苞甲壳质，具纵长条纹
	
	2 水生薏苡 *C. aquatica* Roxb. 多年生，茎经常匍匐或于基部生根，叶片细长披针形，宽 0.3~2.5cm；三个雄小穗合并
		《*Flora* of China》（2004）

薏苡属的"1 种 1 变种"中的说法最早起源于药典古籍的记载，如《本草纲

目》谓之"有二种：一种黏牙者，尖而壳薄，即薏苡也，其米白色如糯米，可作粥饭及磨面食，也可同米酿酒；一种圆而壳厚坚硬者，即菩提子也，其米少，即粳感也。"因此，起初的"1种1变种"的分类系统也是承袭了上述思想，然而在植物学种名上的使用却比较混乱。直至20世纪末，乔亚科（1996）对40部书刊中中国薏苡属植物学名、名称及特征进行了归纳分析，认为中国薏苡属有"1种1变种"并对其植物学名进行了修正。即川谷（*C. lacryma-jobi* L.），果实总苞球形、坚硬、壳厚、光亮有珐琅质、米质粳性；薏苡（*C. lacryma-jobi* L. var. *frumentacea* Makino），果实总苞椭圆形，壳薄、易碎、无珐琅质，米质糯性。

"3种4变种"分类系统是庄体德等（1994）在原"1种1变种"分类的基础上发展起来的，期间通过收集全国12个省（区、市）53个地方居群资源，进行栽培观察、杂交和核型分析的多学科实验研究，结合腊叶标本和试验研究将中国薏苡属划分为3种4变种。

"4种8变种"和"4种9变种"分类系统均是在广西薏苡资源多样性考察的基础上发展起来的，是"3种4变种"分类系统的重要补充。在"八五"期间桂西山区作物考察队重点考察了广西西部山区的12个县及其周边地区，并针对龙胜县进行薏苡资源的专项考察，期间共收集到不同生态类型和不同形态特征的薏苡资源139份，考察发现，广西薏苡种质的变异类型极为丰富，许多种质的形态特征与已报道的种质类存在很大差异，并在广西首次发现了水生薏苡；由于水生薏苡与其他种有严重的生殖隔离现象，应当独立于已知的3个种，而且薏苡种内变异也非已知的4个变种所能包括。根据4年时间里对广西薏苡的植物学形态观察、野生群落反复考察比对及其遗传和生化研究，参照庄体德等的分类方法和印度等国对薏苡属各个种的研究，陆平等（1996）对广西薏苡提出了"4种8变种"的分类标准。几乎在这同一时期，李英材等（1995）在考察广西薏苡种质时却发现，原始类型的水生薏苡、野生薏苡和栽培薏苡的柱头色均有红色、白色和淡红色之分，并且其柱头色和芽鞘、叶鞘和茎的颜色相关联，他认为这可以作为分类的主要依据，并提出了"4种9变种"的分类方法。

1977年出版的《中国植物志》统一将中国薏苡属定为"5种4变种"。2006年出版的英文版《Flora of China》将中国薏苡属划分为"2种4变种"，比较之下，它在"5种4变种"的基础上剔除了台湾薏苡 *C. chinensis* var. *formosana*（Ohwi）L. Liu 和念珠薏苡 *C. lacryma-jobi* var. *maxima* Makino 2个变种，并将薏苡（原变种）*C. lacryma-jobi* var. *lacryma-jobi*、薏米 *C. chinensis* var. *chinesis* Tod.、小珠薏苡 *C. puellarum* Balansa 和窄果薏苡 *C. stenocarpa* Balansa 统一划分为薏苡种 *C. lacryma-jobi* 下的4个变种，即薏苡（原变种）*C. lacryma-jobi* var. *lacryma-*

jobi、窄果薏苡 *C. lacryma-jobi* var. *stenocarpa* Balansa、小珠薏苡 *C. lacryma-jobi* var. *puellarum* Balansa、薏米 *C. lacryma-jobi.* var. *ma-yuan*，并对其拉丁名进行了修正。

（二）薏苡属生物学特征与分类检索

1. 水生薏苡 *Coix aquatica* Roxb.

多年生。秆高达 3 m，直径约 1cm，具 10 余节，下部横卧，并于节处生根；叶鞘松弛，较短于其节间，平滑无毛或上部者被疣基糙毛；叶舌长约 1mm，顶端具纤毛；叶片线状披针形，长 20~70cm，基部圆形，宽 1~3cm，两面遍布疣基柔毛，边缘粗糙，中脉粗厚，上面稍凹而在下面隆起。总状花序腋生，具较粗的总梗。雌小穗外包以骨质总苞，总苞长 10~14mm，宽约 7mm，先端收窄成喙状；雌小穗约等长于总苞；第一颖质较厚而渐尖；雌蕊之花柱甚长，伸出于总苞之外。雄性总状花序之无柄雄小穗长约 1cm，宽 5~6mm；颖草质，具多数脉，第一颖扁平，两侧具宽翼，翼边缘生纤毛，顶端 2 裂；第一外稃与内稃均为膜质；雄蕊 3 枚，花药紫褐色，长约 4mm，狭窄，顶端尖。有柄雄小穗与无柄者相似，但较窄而退化。染色体 2n = 10 或 2n = 20，2n = 40。花果期 8—11 月。产于中国云南（六顺、小勐养）；生于海拔 800 m 以下的地区，生长于水中及水旁。分布于亚洲东南部。

2. 小珠薏苡（拟）*Coix puellarum* Balasa

多年生草本。秆直立，高 0.5~1m。叶鞘短于其节间，无毛；叶舌极短；叶片宽大，长达 30cm 以上，宽约 3cm，无毛，边缘微粗糙。总状花序簇生于叶腋，长约 2cm，具长 2~3cm 之总梗；总苞小，长约 5mm，宽 3~4mm，灰白色，坚硬。雌小穗与总苞近等长；颖纸质，顶端渐尖，质较厚；花柱细长，褐色，自顶端伸出。雄性总状花序长约 1cm，小穗密集；无柄小穗长约 5mm；宽 2~3mm；第一颖两侧具翼；雄蕊 3 枚，橘黄色，长约 3mm。有柄者与无柄者相似。花果期秋冬季。产于云南（西双版纳）；生于海拔 1 400m 左右山谷林地较荫湿的环境下。分布于亚洲东南部、中南半岛及印度尼西亚。

3. 薏米 *Coix chinensis* Tod.

（1）薏米 *Coix chiensis* Tod. var. *chiensis* 一年生草本。秆高 1~1.5m，具 6~10 节，多分枝。叶片宽大开展，无毛。总状花序腋生，雄花序位于雌花序上部，具 5~6 对雄小穗。雌小穗位于花序下部，为甲壳质的总苞所包；总苞椭圆形，先端成颈状之喙，并具一斜口，基部短收缩，长 8~12mm，宽 4~7mm，有纵长直条纹，质地较薄，揉搓和手指按压可破，暗褐色或浅棕色。颖果大，长圆形，长 5~8mm，宽 4~6mm，厚 3~4mm，腹面具宽沟，基部有棕色种脐，质地粉性

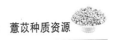

坚实，白色或黄白色。雄小穗长约9mm，宽约5mm；雄蕊3枚，花药长3～4mm。染色体2n＝20。花果期7—12月。中国东南部常见栽培或逸生，产于辽宁、河北、河南、陕西、江苏、安徽、浙江、江西、湖北、福建、台湾、广东、广西、四川、云南等省（区）；生于温暖潮湿地和山谷溪沟，海拔2 000m以下较普遍。分布于亚洲热带、亚热带，印度、锡金、缅甸、泰国、越南、马来西亚、印度尼西亚爪哇、菲律宾。颖果又称苡仁，味甘淡微甜，营养丰富，含碳水化合物52%～80%，蛋白质13%～17%，脂肪4%～7%，油以不饱和脂肪酸为主，其中亚麻油酸占34%，并有特殊的薏仁酯；磨粉面食，为价值很高的保健食品。米仁入药有健脾、利尿、清热、镇咳之效。叶与根均作药用。秆叶为家畜的优良饲料。

（2）台湾薏苡（变种）*Coix chiensis* var. *formosana*（Ohwi）L.　总苞长9～10mm，质地较薄，有纵长条纹，手指按压可破；其总苞近球形，宽达8～9mm而与原变种有别。主产于我国台湾。

4. 薏苡 *Coix lacryma-jobi* Linn.

（1）薏苡（原变种）*Coix lacryma-jobi* L. var. *lacryma-jobi*　一年生粗壮草本，须根黄白色，海绵质，直径约3mm。秆直立丛生，高1～2m，具10多节，节多分枝。叶鞘短于其节间，无毛；叶舌干膜质，长约1mm；叶片扁平宽大，开展，长10～40cm，宽1.5～3cm，基部圆形或近心形，中脉粗厚，在下面隆起，边缘粗糙，通常无毛（图1-1）。总状花序腋生成束，长4～10cm，直立或下垂，具长梗。雌小穗位于花序之下部，外面包以骨质念珠状之总苞，总苞卵圆形，长7～10mm，直径6～8mm，珐琅质，坚硬，有光泽；第一颖卵圆形，顶端渐尖呈喙状，具10余脉，包围着第二颖及第一外稃；第二外稃短于颖，具3脉，第二内稃较小；雄蕊常退化；雌蕊具细长之柱头，从总苞之顶端伸出。颖果小，含淀粉少，常不饱满，雄小穗2～3对，着生于总状花序上部，长1～2cm；无柄雄小穗长6～7mm，第一颖草质，边缘内折成脊，具有不等宽之翼，顶端钝，具多数脉，第二颖舟形；外稃与内稃膜质；第一及第二小花常具雄蕊3枚，花药橘黄色，长4～5mm；有柄雄小穗与无柄者相似，或较小而呈不同程度的退化。染色体2n＝10，20。花果期6—12月。产于辽宁、河北、山西、山东、河南、陕西、江苏、安徽、浙江、江西、湖北、湖南、福建、台湾、广东、广西、海南、四川、贵州、云南等省（区）；多生于湿润的屋旁、池塘、河沟、山谷、溪涧或易受涝的农田等地方，海拔200～2 000m处常见，野生或栽培。分布于亚洲东南部与太平洋岛屿，世界的热带、亚热带、非洲、美洲的热湿地带均有种植或逸生。

本种为念佛穿珠用的菩提珠子，总苞坚硬，美观，按压不破，有白、灰、蓝紫等各色，有光泽而平滑，基端之孔大，易于穿线成串，工艺价值大，但颖果小，质硬，淀粉少，遇碘成蓝色，不能食用。

1~2.薏苡Cojx lacryma-jobi Linn.var.lacryma-jobi:1.植株上部；2.总苞与雄花序；
3.薏米Coix chinensis Tod.var.chinensis:总苞与雄花序；4.小珠薏苡Coix puellarum
Balansa:总苞与雄花序。（张泰利绘）

图1-1　总苞与花序形态

资料来源：引自《中国植物志》

（2）念珠薏苡（变种）*Coix lacryma-jobi* L. var. *maxima* Makino　总苞骨质，坚硬，平滑有光泽，手压不破；其与原变种区别为总苞大而圆，呈直径约 10mm 之圆球形。产于我国台湾；华东、华南有栽培。

5. 窄果薏苡 *Coix stenocarpa* Balasa

植株高约 2m。秆直立，具多节。叶鞘无毛；叶舌截平，紫褐色，高约 1mm；叶片背面光滑无毛，表面稍粗糙，边缘微细锯齿状，长 30~70cm，宽 3~5cm。总状花序腋生成束，直立或稍下垂。雌小穗常位于总状花序的下部，总苞长圆形，长 1.1~1.3cm，宽 2~3mm，珐琅质，白色，坚硬，有光泽；第一颖长圆状卵圆形，顶端尖呈喙状，具多脉；第二颖卵状披针形，先端渐尖；第一外稃稍短于第二颖，卵状披针形，先端渐尖；第二外稃较第一外稃稍狭而短；第二内稃较第二外稃稍短而狭窄；花柱细长；柱头幼时紫红色，后变棕褐色，从总苞的顶端伸出。颖果长圆形。雄小穗通常 5 对着生于总状花序上；无柄雄小穗下常托有 1 针形苞片，通常 2 小花均为雄性，第一颖草质，卵状披针形，先端尖，具多脉，主脉不明显，近边缘二脉粗壮呈脊状，脊缘呈翼状，翼由下向上逐渐变宽；第二颖较第一颖狭窄，先端渐尖，主脉明显；外稃与内稃透明膜质，第一外稃稍短于第一颖，第二外稃稍短狭于第一外稃；雄蕊 3 枚；花药橘黄色，长 3~4mm；有柄雄小穗常与无柄小穗相似，但其下常无针形苞片，通常仅第二小花为雄性。染色体 2n=20。产于中国南部，常栽培供观赏。亚洲东南部常有分布。

本种植株高约为薏苡的一倍，总苞长圆形，雄花较大，始花期 10 月等性状均与薏苡（始花期 7 月下旬）明显区别，对照薏苡属中其他种群的划分，以独立成种为宜。

薏苡属分类检索表

1. 总苞珐琅质，坚硬，平滑而有光泽，手按压不破；颖果不饱满，淀粉少，食用价值小。

　　2. 一年生草本，常栽培；植株高 1~2 m；总苞顶端无喙。
　　……………………………………………… 4 薏苡 *C. lacryma-jobi* L.

　　　3. 总苞卵圆形，长 7~10mm，宽 6~8mm，基端孔大，易穿线成串，工艺用。……………………………… 4a. 薏苡 *C. lacryma-jobi* var. *Lacryma-jobi*

　　　3. 总苞圆球形或长圆筒形。

　　　　4. 总苞大，圆球形，直径约 10mm。
　　　　……………………… 4b. 念珠薏苡 *C. lacryma-jobi* var. *maxim a* Makino

　　　　4. 总苞狭长，长圆筒形，长 11~13mm，宽 2~3mm。
　　　　……………………… 5. 窄果薏苡 *C. stenocarpa* Balansa

　　2. 多年生草本，野生型；植株高大或低矮；总苞先端具喙或无。

　　　5. 植株高 3~4m，下部横卧地面，于节处生根；叶片被疣基糙毛，雄小穗长约 1cm，总苞先端喙状，长 10~14mm，宽约 7mm。

························ 1. 水生薏苡 *C. aquatica* Roxb.

5. 植株高 0.5~1m，直立而不倾卧地面；叶片无毛；雄小穗长约 5mm，总苞先端无喙，长约 5mm，宽 3~4mm。

························ 2 小珠薏苡 *C. puellarum* Balansa

1. 总苞甲壳质，质地较软而薄，表面具纵长条纹，揉搓和手指按压可破，灰白色、暗褐色或浅棕褐色，颖果饱满，淀粉丰富，长、宽及厚在 3~8mm，食用价值大。总苞先端具颈状之喙，一侧具斜口，基部短收缩，基端之孔小，不易穿线成串，不作工艺用。 ···················· 3 薏米 *C. chinensis* Tod.

6. 总苞椭圆形，长 8~10mm，宽约 4mm。

························ 3a 薏米 *C. chinensis* var. *chinesis* Tod.

6. 总苞近球形，长 9~10mm，宽 8~9mm。

············ 3b 台湾薏苡 *C. chinensis var. formosana*（Ohwi）L. Liu

（三）薏苡属"2 种 4 变种"的分类系统检索

薏苡属分类检索表

1a. 一年生，茎秆丛生，叶片尖锐，1.5~7cm 宽，雄小穗多成对（最末端的除外）················ 1. 薏苡 *C. lacryma-jobi*

1a. 总苞圆柱形或圆筒形，籽粒长度远远大于宽度

··············· 1b. 窄果薏苡 *C. lacryma-jobi* var. *stenocarpa*

1b. 总苞圆球形或卵圆形。

  2a. 总苞甲壳质，具纵长条纹。

··············· 1d. 薏米 *C. lacryma-jobi* var. *ma-yuen*

  2b. 总苞骨质，平滑而又光泽。

    3a. 总苞卵圆形，长 7~11mm

··············· 1a. 薏苡 *C. lacryma-jobi* var. *lacryma-jobi*

    3b. 总苞圆球形，直径 4~5mm

··············· 1c. 小珠薏苡 *C. lacryma-jobi* var. *puellarum*

1b. 多年生，茎经常匍匐或于基部生根，叶片细长披针形，宽 0.3~2.5cm；三个雄小穗合为一体。 ············ 2. 水生薏苡 *C. aquatica*

三、中国薏苡种质资源

（一）薏苡种质资源考察与收集

中国薏苡种植资源的考察与收集，起始于"八五"期间的国家种质资源战略普查，中国农业科学院作物品种资源研究所在 1985—1995 年对中国的薏

苡种质资源进行了广泛的收集和整理。据统计，国家种质库保存登记的薏苡种质有 284 份，其中产于广西的 121 份占 42.6%，贵州 27 份占 9.5%，安徽 22 份占 7.7%，江浙地区 27 份占 9.5%，其他地区共占 30.7%。继"八五"考察之后，在 2002—2007 年，在国家自然科学基金项目的支持下，广西农业科学院的陈成斌等（2008）对广西境内的薏苡资源又进行了一次比较全面的考察收集，共收集到广西薏苡资源 103 个居群、810 份，其中野水生薏苡 26 个居群、225 份，野生薏苡 77 个居群、538 份，在此期间补充了韩国薏苡资源 30 份、日本薏苡资源 17 份，有效扩充了薏苡种质资源库，成为一笔造福后人的宝贵财富。目前，国家农业科学数据共享中心作物科学数据分中心（http：// crop. agridata. cn/A010102. asp），公布了 94 个薏苡种质资源信息。何录秋等（2016）从 2015 年 8 月开始对湖南郴州市北湖区、德市石门、尧邵阳市城步和隆回、株洲的炎陵和茶陵等地的部分乡镇实地考察收集，共收集湖南地方薏苡种质资源 20 份，通过这次考察发现，湖南省薏苡地方种质资源的种类多、分布广，在丘陵山地差不多村村可见野生薏苡的踪迹，该省薏苡种质资源以黑色种壳和白色种壳占 85%，其他颜色的种壳占 15%，而且大部分种壳较厚、薏米粒偏小、商品性差，可直接用于生产的资源少，植株集中在 2 m 以下，生育期较长。印度学者 Hore 和 Rathi 等（2007）收集和保存了 54 份印度薏苡资源，通过总苞的性状、大小、颜色及质地可以区分 4 个类群，并认为印度东北部是薏苡的一个主要多样性中心。

（二）薏苡种质资源的品质评价

继资源考察之后的评价也是种质资源创新和利用的重要内容。黄亨履等（1995）提出中国薏苡 3 个"生态型"的同时，也对其品质特性的利用价值进行了初步评价。经分析评价发现，28 份供试材料的蛋白质平均含量为 17.8%，脂肪平均含量为 6.9%。其中，野生种 5 份，粗蛋白质平均含量达 21.2%，脂肪含量平均 6.5%；栽培品种中临沂薏苡、江宁五谷和紫云川谷的蛋白质含量分别为 19.5%、18.9%、17.9%，超过供试品种的平均含量，有较大的利用价值，并证明薏苡是品质优良、营养价值较高的食物（表 1-3）。目前，除了营养成分外，一些新的化合物分子也已经被发现和鉴定出来，如脂肪酸及其酯类化合物、萜类、脂多糖、薏苡素等，一些有效成分的药理作用也已经明晰。然而，中国对于薏苡研究刚刚起步，有关资源评价体系还不够系统和深入。因此，加强不同地区种质资源的营养品质和药用关键成分的分析和综合评价将是今后研究的重要内容之一，也是其质量评价、品种筛选和产品研发等工作开展的基础。

表1-3 薏苡、川谷品质分析结果（选列10份种质）

（黄亨履，1995）

类型	种质	产地（省）	百粒重（g）	蛋白质（%）	脂肪（%）	氨基酸（%）								脂肪酸（%）		
						异亮氨酸	亮氨酸	赖氨酸	苯丙氨酸	苏氨酸	脯氨酸	缬氨酸	谷氨酸	油酸	亚油酸	亚麻酸
栽培型（薏苡）	滇二	云南	13.60	14.0	7.5	0.48	1.63	0.28	0.64	0.36	0.86	2.86	5.00	35.0	36.0	0.36
	紫云川谷	贵州	11.10	17.9	6.9	0.62	2.11	0.32	0.81	0.42	1.07	0.86	3.65	50.4	33.1	0.64
	那坡白	广西	9.70	17.8	7.1	0.60	2.12	0.28	0.76	0.40	1.06	0.82	3.63	51.4	33.9	0.56
	临沂薏苡	山东	10.97	19.5	7.11	0.66	2.36	0.32	0.84	0.44	1.18	0.88	4.05	52.7	33.9	0.54
	通江薏苡	四川	10.10	17.3	7.35											
	江宁五谷	江苏	11.40	18.9	5.97											
	平均		11.15	17.6	7.0	0.59	2.06	0.30	0.76	0.41	1.04	0.81	3.54	51.1	34.0	0.53
野生型（川谷）	北京草珠子	北京	31.0	20.9	6.14	0.72	2.58	0.31	0.90	0.44	1.24	0.93	4.40	53.8	33.9	0.28
	锦屏野六谷	贵州	21.2	22.7	2.94	0.78	2.83	0.34	0.94	0.52	1.33	1.01	4.80	55.5	32.5	0.47
	荔波米六谷	贵州	9.2	19.9	6.53											
	南京川谷	江苏	23.9	19.9	6.90											
	平均		21.2	20.9	6.62	0.75	2.71	0.33	0.92	0.48	1.29	0.97	4.60	54.7	32.2	0.38

注：中国农业科学院饲料检测中心测定

（三）薏苡种质资源的形态学、农艺学性状分析

迄今为止，在薏苡生物学、形态学、农艺学描述分析等方面已有较多报道。梁云涛等（2006，2008）曾经考察和收集了南宁、玉林、百色等广西部分地区薏苡种质资源 117 份（包括栽培和野生资源），通过试验地保存和鉴定了其多样性，并育成 3 个品种；此外，他也比较分析了来自日本、韩国和中国广西的 77 份薏苡种质资源的薏苡多样性，结果显示，3 个国家的薏苡种质在株高、叶面积、有效分蘖、主茎直径等形态特征和生育期存在明显差异。彭建明等（2010）对西双版纳地区海拔 550～1 550m 不同生态环境中的 9 份野生薏苡种质资源的植物学、生态学、经济学性状做了对比分析，不同种质的种子发芽率为 22%～80%，生育期 139～156d，属于中晚熟类型；不同种质之间的株高、叶片大小、分蘖数、分枝数、单茎结实数等存在显著差异，乙醇浸出物均在 5.8% 以上均大于 5.5% 的国家药典标准；脂肪含量为 5.05%～7.14%，蛋白质含量 15.63%～25.74%。童应鹏等（2011）对比了来自浙江、福建、辽宁、安徽、山东、云南、广西、贵州等 8 省（区）产地的栽培薏苡种子性状的变异，发现西南地区栽培薏苡存在变异丰富的遗传资源，栽培薏苡的种子性状变异是遗传信息、栽培方法和生态因子等内外部原因共同作用的结果，而且可能主要是受到基因交流和人工驯化选择的影响。此外，杨志清等（2011）比较分析了 11 份云南薏苡种质资源的生育期、形态性状和经济性状。结果显示，不同薏苡种质资源的生育期在150～170d，株高在 205～282cm，茎粗在 0.3～0.8cm，实果率为 74.6%～91.6%，百果重为 12.5～21.5g，株型主要以紧凑型为主，叶色均为浅绿色，果色有灰白色和灰黑色两种，并在上述分析的基础上初步筛选了综合性状较好，潜在的生产力水平较高 2 个种质。

由于植物的生物学、农艺性状等大多是由多基因控制的，而且容易受环境的影响，因此如何全面有效地对种质资源进行评价，是进行种质筛选和品种改良的关键，特别是在利用多指标进行综合评判时，往往受研究者主观意志的影响，其研究结果往往有所偏颇。主成分分析和聚类分析是进行资源评价、多样性、亲缘关系分析的重要方法。主成分分析采用降维的方法，将多个指标（或变量）化为少数的几个综合指标（或变量），使得这几个综合变量能够尽可能多地反映原来变量的信息，而且彼此之间互不相关，因此，它能够准确确定不同变量的权重，并找出数目较少且能控制所有变量的主成分，从而达到了简化的目的（李新蕊，2007）。聚类分析（Cluster Analysis）又称群分析，是根据"物以类聚"的道理，对样品或指标进行分类的一种多元统计分析方法，它们讨论的对象是大量的样品，要求能合理地按各自的特性来进行合理分类，没有任何模式可供参考或依循，即使在没有先验知识的情况下进行，把一些相似程度较大的聚合为一

类，相似程度疏远的聚合为另一类，直到把所有的样品聚合完毕为止。系统聚类分析，在聚类分析中应用最为广泛。凡是有数值特征的变量和样品都可以通过选择不同的距离和系统聚类的方法而获得满意的数值分类效果。

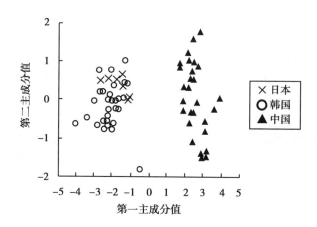

图1-2　韩国、中国、日本薏苡品种（系）
在第一、第二主成分方向的分布图

资料来源：引自原贵洋等（2007）

主成分分析和聚类分析作为进资源评价的重要分析工具，其在薏苡资源评价方面的应用已有报道。日本学者原贵洋等（2007）首次采用相关分析、主成分分析研究了韩国、中国和日本薏苡种质资源的形态学差异（表1-4），30份韩国薏苡品种（系）株高、节数、茎粗、主茎叶数、着粒层、叶长、叶宽的平均值分别为125cm、16.9节、10.5mm、10.7叶、68cm、35cm和3.8cm；30份中国品种（系）的性状平均值为279cm、9.7节、17.8mm、18.8叶、93cm、67cm和5.1cm；7份日本薏苡（系）的性状平均为148cm、14.0节、10.1mm、10.4叶、75cm、38cm和3.7cm。叶鞘色主要是绿色和紫色，也有个别资源存在紫色和绿色混合的情况。主成分分析表明，韩国和日本品种（系）的分布区域重叠，说明形态学表现比较类似，中国品种（系）与韩国、日本品种（系）区分明显，单独聚为一类，与韩国、日本的存在明显差异（图1-2）。

表1-4　中、日、韩三国薏苡种质资源的形态性状　（原贵洋等，2007）

品种（系）编号	来源	株高	节数	茎粗	主茎叶数	着粒层	叶长	叶宽	叶鞘色
K03（K040436）	韩国	124	18.9	10.2	10.8	72	35	3.8	绿
K04（K040437）	韩国	126	18.9	10.6	10.9	67	34	4.0	绿

（续表）

品种（系）编号	来源	株高	节数	茎粗	主茎叶数	着粒层	叶长	叶宽	叶鞘色
K05（K040438）	韩国	121	21.4	11.2	10.4	74	34	3.4	绿
K06（K040439）	韩国	127	15.7	11.3	11.5	59	38	3.9	绿
K07（K040440）	韩国	135	17.2	10.0	10.6	72	34	4.0	绿
K08（K040441）	韩国	132	14.2	10.9	11.0	66	39	4.0	绿
K10（K040443）	韩国	123	17.2	11.3	11.2	71	32	3.8	绿
K12（K040445）	韩国	99	16.2	8.1	9.5	61	29	3.4	绿
K13（K040446）	韩国	121	18.6	9.3	9.9	68	34	3.3	紫
K14（K040447）	韩国	127	14.6	10.3	10.8	70	36	3.9	绿
K15（K040448）	韩国	121	15.1	10.1	10.4	58	32	3.9	绿
K17（K040450）	韩国	113	19.8	10.2	10.4	64	35	4.0	绿
K18（K040451）	韩国	118	20.6	8.4	9.3	83	32	3.5	紫
K20（K040453）	韩国	125	17.8	11.6	11.0	66	33	3.7	绿
K21（K040454）	韩国	129	11.7	11.3	10.5	74	35	4.2	绿
K22（K040455）	韩国	129	11.2	11.5	10.6	85	38	3.5	绿
K23（K040456）	韩国	139	18.4	11.9	12.0	59	39	3.9	绿
K24（K040457）	韩国	136	11.2	11.0	11.7	77	41	3.8	绿
K27（K040460）	韩国	114	16.5	10.9	11.3	58	38	3.8	绿
K30（K040463）	韩国	131	18.8	11.0	11.7	54	36	3.6	绿
K32（K040465）	韩国	136	11.2	10.7	11.4	77	39	3.8	绿
K33（K040466）	韩国	106	24.3	9.0	10.2	60	33	3.4	绿
K38（K040471）	韩国	138	16.1	10.7	11.2	76	39	7.1	绿
K39（K040472）	韩国	141	16.9	12.0	11.0	73	40	3.8	绿
K40（K040473）	韩国	145	16.2	11.2	11.3	72	35	3.3	绿
K42（K040475）	韩国	95	26.4	8.2	8.9	55	28	3.3	绿
K44（K040477）	韩国	120	20.2	10.4	11.1	55	34	3.5	绿
K46（K040479）	韩国	128	15.1	9.8	9.8	80	33	3.5	绿
K47（K040480）	韩国	132	13.0	11.4	12.2	60	36	3.5	绿
K49（K040482）	韩国	117	14.8	9.3	10.2	71	37	3.8	紫
平均值	—	125	16.9	10.5	10.7	68	35	3.8	—
变异系数（%）	—	9.3	21.5	10.1	7.3	12.8	8.8	7.5	—
GXY01	中国	290	10.3	21.8	20.4	112	71	6.1	紫绿混杂

（续表）

品种（系）编号	来源	株高	节数	茎粗	主茎叶数	着粒层	叶长	叶宽	叶鞘色
GXY02	中国	271	9.7	21.3	19.9	79	72	6.1	绿
GXY03	中国	274	9.8	20.8	19.4	89	71	5.9	紫绿混杂
GXY04	中国	278	10.7	20.7	19.8	91	71	5.6	紫绿混杂
GXY05	中国	260	8.8	20.6	20.6	82	68	6.2	紫绿混杂
GXY06	中国	269	10.7	20.4	21.0	79	66	6.2	绿
GXY08	中国	299	8.7	19.9	20.4	100	72	5.9	紫绿混杂
GXY09	中国	274	9.0	19.5	19.2	77	72	6.1	绿
GXY11	中国	259	9.5	15.9	18.4	91	64	4.6	紫
GXY39	中国	263	8.2	16.0	19.3	86	72	5.3	紫
GXY40	中国	271	10.6	21.3	20.7	84	65	6.5	绿
GXY43	中国	276	9.0	17.2	19.3	73	72	5.5	紫
GXY45	中国	273	9.4	16.9	19.0	81	66	5.3	紫
GXY48	中国	262	10.5	15.0	18.8	80	77	4.7	紫
GXY49	中国	281	10.2	16.6	17.0	120	61	4.8	紫
GXY50	中国	271	12.3	16.2	17.9	109	68	4.4	紫
GXY54	中国	284	5.4	14.0	17.9	77	67	4.6	紫
GXY58	中国	297	6.6	16.9	17.8	86	74	5.0	紫
GXY59	中国	296	7.6	18.1	19.4	103	59	4.7	紫
GXY63	中国	304	9.2	16.3	17.5	103	60	5.0	紫
GXY66	中国	294	7.7	16.6	18.4	80	67	5.0	紫
GXY67	中国	305	12.7	15.9	18.7	104	71	4.3	紫
GXY72	中国	301	11.0	17.8	18.9	92	63	4.6	紫
GXY75	中国	274	9.8	17.8	17.9	95	71	4.4	紫
GXY80	中国	256	8.1	17.6	19.4	105	65	4.5	紫
GXY81	中国	292	11.5	16.3	18.4	100	75	4.8	紫
GXY88	中国	293	16.5	16.9	18.2	102	65	4.2	紫
GY005	中国	278	7.2	17.1	17.6	125	56	5.0	紫绿混杂
GY009	中国	261	9.2	16.8	15.8	98	57	4.4	紫绿混杂
GY015	中国	256	9.8	16.4	17.0	101	56	4.4	紫绿混杂
平均值		279	9.7	17.8	18.8	93	67	5.1	—
变异系数（%）		5.4	21.2	11.8	6.5	14.4	8.6	13.6	—

（续表）

品种（系）编号	来源	株高	节数	茎粗	主茎叶数	着粒层	叶长	叶宽	叶鞘色
Okayama	日本	164	11.9	11.4	12.1	71	40	4.0	绿
Minase	日本	168	13.3	10.1	10.8	74	42	3.8	绿
Akita 1	日本	167	12.3	10.7	10.8	71	43	4.1	绿
Kuroishi	日本	127	10.8	10.1	10.3	73	35	3.5	紫
Hatojiro	日本	119	17.7	8.5	9.0	75	31	3.5	绿
Hatomusume	日本	139	18.4	9.4	10.3	78	35	3.5	绿
Hatohikari	日本	153	13.8	10.9	9.8	82	38	3.8	绿
平均值		148	14.0	10.1	10.4	75	38	3.7	—
变异系数（%）		13.3	20.7	9.5	9.3	5.4	10.8	6.8	—

　　王硕等（2013）也分析了来自云南文山、广南、瑞丽、普洱、梁河、师宗、贵州、广西、老挝和越南等地的25份薏苡种质资源（表1-5）。主成分分析（表1-6）将薏苡株高、主茎节数、主茎叶片数、茎粗、总分蘖数、有效分蘖数、无效分蘖数、有效分蘖率、总果粒数、实果粒数、空果粒数和实果粒率）12个性状综合为5个主成分，分别反映了总变异的39.44%、21.75%、18.90%、8.95%、6.32%，其累计贡献率高达95.36%。决定第1成分PRIN1大小的主要是株高、主茎节数、茎节、主茎叶片数、空果粒数，因此可以称第一主成分为形态因子。决定第二主成分PRIN2值的大小主要是有效分蘖数、总果粒数、实果粒数，故称其为产量因子。有效分蘖率是决定PRIN3主要性状，可以称第三主成分为有效分蘖率因子；第4主成分大时实果粒率也较大，故称第四主成分为实果率因子；第五主成分反映的主要是总分蘖数，故称第五主成分为总分蘖数因子。根据主成分向量将25份种质划分为4个类群，可明显看出不同的类群具有不同的特点：第Ⅰ类为1，11，15，20，8，12，2，5，7，3，9，16，17，23，4，19，22，21，24，25，13；第Ⅱ类为6；第Ⅲ类为14和18，第Ⅳ类为10（图1-3）。

表1-5　25份薏苡种质资源信息　　　　　　　　　（王硕，2013）

编号	名称	采集地	编号	名称	采集地或供种单位
1	云南1号	广南阿科	4	云野4号	广南者孟
2	云野2号	广南堂上	5	云野5号	广南八达
3	云野3号	广南者太	6	云野6号	广南德美

（续表）

编号	名称	采集地	编号	名称	采集地或供种单位
7	云野 7 号	瑞丽南桑	17	德宏	德宏
8	云野 8 号	瑞丽项弄	18	YGL	师宗高良
9	云野 9 号	瑞丽姐岗	19	文薏 1 号	文山
10	云野 10 号	瑞丽弄贤	20	Y03	平定五谷
11	云野 11 号	普洱宁洱	21	Y6-1	临沂
12	云野 12 号	梁河大广	22	天河 1 号	陕西省农业科学院
13	越南白	越南	23	引韩 1 号	中国农业科学院品质所
14	YDL	德宏梁河	24	白壳薏苡	广西农业科学院
15	版纳	西双版纳	25	文薏苡 1 号	文山州农业科学研究所
16	YLO	老挝			

表 1-6　各主要性状主成分的特征向量和贡献率　　　　（李春花，2015）

性状	主成分				
	PRIN1	PRIN2	PRIN3	PRIN4	PRIN5
株高	0.3451	−0.1663	0.2112	0.2285	0.0287
主茎节数	0.3979	0.0521	0.0726	0.3696	0.2023
茎节	0.3921	−0.1706	0.0357	−0.0246	0.2478
主茎叶片数	0.3980	0.0521	0.0726	0.3696	0.2023
总分蘖数	−0.2833	0.3699	0.1426	0.0815	0.5182
有效分蘖数	−0.1900	0.4231	0.3431	−0.0063	0.3463
无效分蘖数	−0.2348	−0.1121	−0.4738	0.2135	0.4328
有效分蘖率	0.0980	0.2845	0.5451	−0.1637	−0.2182
总果粒数	0.1807	0.4650	−0.3286	0.0512	−0.1857
实果粒数	0.1062	0.4745	−0.3190	0.2188	−0.2726
空果粒数	0.3094	0.2927	−0.2476	−0.3849	0.0912
实果粒率	−0.3000	0.0371	0.1131	0.6295	−0.3398
特征根	4.7330	2.6100	2.2674	1.0740	0.7580
贡献率（%）	39.44	21.75	18.90	8.95	6.32
累积贡献率（%）	39.44	61.19	80.09	89.04	95.36

在揭示云南薏苡种质资源形态性状的多样性方面，以李春花等（2015）研

究较为系统和全面，通过对收集的 65 个薏苡种质资源的 13 个农艺性状进行多样性评价（表 1-7）。结果表明，云南薏苡资源存在丰富的遗传多样性，其中栽培种的分枝数和分蘖数的遗传变异系数分别达到 57.4% 和 47.5%，野生种百粒重的遗传变异系数达到 60.4%。应用主成分分析将云南薏苡 13 个性状简化为 7 个主成分可以概括不同薏苡种质资源农艺性状的绝大部分信息，其累积贡献率为 85.67%，第一主成分特征值为 2.83，贡献率为 20.91%，主要反映叶片宽、株高、茎粗的影响，是反映株型的主要因子。第二主成分特征值为 2.30，贡献率为 17.66%，主要反映总苞表面特征和总苞质地的影响，是反映总苞的主要因子。第三主成分特征值为 1.67，贡献率为 12.92%，主要反映结实类型的影响，第三主成分值大时，则结实类型为表现为单粒。第四主成分特征值为 1.16，贡献率为 9.06%，主要反映百粒重的影响。第五、第六、第七主成分分别反映总苞形状、分枝数和果皮颜色的影响（表 1-8）。通过系统聚类将 65 份供试材料在遗传距离 16.21 水平上聚为 5 个大类（图 1-4）。

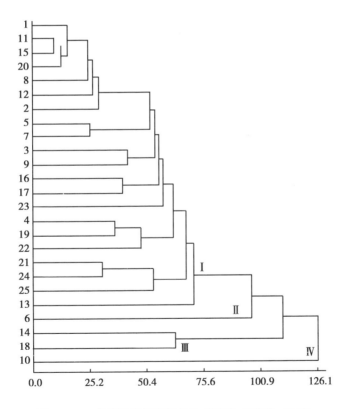

图 1-3 25 份薏苡种质资源的欧式聚类（王硕，2013）

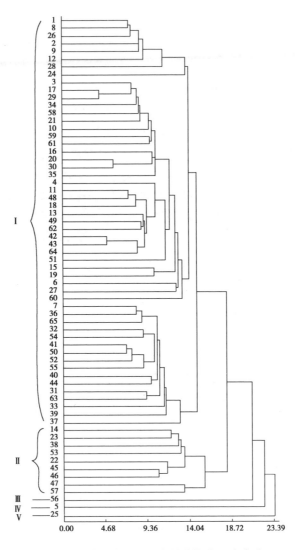

图 1-4　65 份云南薏苡资源的形态性状聚类（李春花，2015）

第 I 类包括 53 份薏苡种质，分别为编号 1、8、26、2、9、12、28、24、3、17、29、34、58、21、10、59、61、16、20、30、35、4、11、48、18、13、49、62、42、43、64、51、15、19、6、27、60、7、36、65、32、54、41、50、52、55、40、44、31、63、33、39、37。主要特点是株高为 128.4～230.5cm；茎粗为 0.6～1.6cm；分枝数为 1～16 个；分蘖数为 2～17 个；叶片长为 32.4～65.7cm；叶片宽为 2.2～5.5cm；百粒重为 3.38～26.53g。本类材料具有植株较矮，叶片较

短的特征。

　　第Ⅱ类包括 9 份薏苡种质，分别为编号 22、45、23、14、38、47、53、57、46。主要特点是株高为 240.3~271.0cm；茎粗为 1.2~1.5cm；分枝数为 0~16 个；分蘖数是 6~17 个，叶片长在 57.7~76.2cm；叶片宽在 3.2~5.2cm；百粒重在 5.13~16.67g，本类材料具有植株较高，叶片较长的特征。

　　第Ⅲ、Ⅳ、Ⅴ类中只有一个种质，分别为编号 56、5 和 25。56 号的株高 280.3cm，茎粗 1.0cm，分枝数 8 个，分蘖数 6 个，叶片长 55.7cm，叶片宽 4.7cm，百粒重 17.50 g，这 3 个类群属于植株高、其他性状中等的特殊类型。

表 1-7　65 份云南薏苡种质资源的名称、来源　　　　　（李春花，2015）

编号	名称	采集地	编号	名称	采集地
1	野生薏苡	中国云南沧源县	22	六谷	中国云南孟连县
2	野生薏苡	中国云南沧源县	23	薏苡	中国云南孟连县
3	野生薏苡	中国云南沧源县	24	薏苡	中国云南沧源县
4	野生薏苡	中国云南沧源县	25	薏苡	中国云南鹤庆县
5	野生薏苡	中国云南沧源县	26	薏苡	中国云南新平县
6	饭薏苡	中国云南沧源县	27	薏苡	中国云南罗平县
7	糯薏苡	中国云南沧源县	28	薏苡	中国云南勐海县
8	野生薏苡	老挝丰沙里县	29	薏苡	中国云南沧源县
9	珍珠薏苡 1 号	缅甸第四特区色勒县	30	六谷	中国云南河口县
10	怵薏苡 1 号	缅甸第四特区色勒县	31	薏苡	中国云南西盟县
11	珍珠薏苡 2 号	缅甸第四特区色勒县	32	薏苡	中国云南西盟县
12	怵薏苡 3 号	缅甸第四特区色勒县	33	薏苡	中国云南鹤庆县
13	糯六谷	缅甸第四特区色勒县	34	六谷	中国云南新平县
14	本地六谷	中国云南勐海县	35	薏苡	中国云南罗平县
15	糯六谷	中国云南勐海县	36	黑薏苡	中国云南双江自治县
16	野生薏苡	中国云南澜沧县	37	薏苡	中国云南河口县
17	野生薏苡	中国云南澜沧县	38	薏苡	中国云南孟连县
18	野生薏苡	中国云南澜沧县	39	六谷	中国云南广南县
19	野生薏苡	中国云南澜沧县	40	糯六谷	中国云南广南县
20	六谷	中国云南澜沧县	41	六谷	中国云南马关县
21	六谷	中国云南孟连县	42	六谷	中国云南河口县

（续表）

编号	名称	采集地	编号	名称	采集地
43	糯六谷	中国云南富宁县	55	黑糯六谷	中国云南河口县
44	八寨六谷	中国云南马关县	56	薏苡	中国云南陆良县
45	铁六谷	中国云南西畴县	57	薏苡	中国云南陆良县
46	数株谷	中国云南昆明市	58	薏苡	中国云南陆良县
47	文茂六谷	中国云南云县	59	薏苡	中国云南陆良县
48	小街六谷	中国云南文山县	60	薏苡	中国云南宣威县
49	小街六谷	中国云南文山县	61	薏苡	中国云南屏边县
50	小街六谷	中国云南文山县	62	六谷	中国云南勐腊县
51	饭六谷	中国云南澜沧县	63	本地六谷	中国云南勐腊县
52	那素六谷	中国云南富宁县	64	本地六谷	中国云南勐腊县
53	旧腮六谷	中国云南富宁县	65	本地六谷	中国云南勐腊县
54	黑糯六谷	中国云南富宁县			

表1-8　65份云南薏苡种质资源主成分特征向量和贡献率（李春花，2015）

性状	因子1	因子2	因子3	因子4	因子5	因子6	因子7
株高	0.46	-0.06	0.19	0.02	0.01	0.29	-0.12
茎粗	0.45	-0.30	-0.12	-0.31	0.12	-0.05	-0.03
分枝数	0.22	0.12	0.29	0.24	-0.39	0.52	-0.38
分蘖数	0.27	0	0.35	0.08	0.19	-0.05	-0.20
叶片长	0.29	-0.36	0.10	-0.26	0.28	0.36	0.33
叶片宽	0.49	0.05	-0.03	0	0.18	-0.28	0.06
百粒重	0.23	-0.07	-0.32	0.69	-0.07	-0.24	0.14
总苞表面特征	0.16	0.66	-0.08	-0.16	0.15	0.05	0.06
总苞质地	0.14	0.66	-0.09	-0.17	0.13	0.05	0.08
总苞性状	-0.30	0	0.34	0.13	0.39	0.14	0.45
总苞颜色	0.12	0	-0.57	0.31	0.24	0.39	0.17
结实类型	0.11	0.13	0.52	0.41	0.10	0.04	0.27
果皮颜色	0.18	0.04	0.04	-0.16	-0.72	-0.12	0.68
特征值	2.83	2.30	1.67	1.16	1.13	0.96	0.80
贡献率（%）	20.91	17.66	12.92	9.06	8.85	7.54	6.10
累积贡献率（%）	21.11	38.10	52.08	59.72	69.43	75.77	85.67

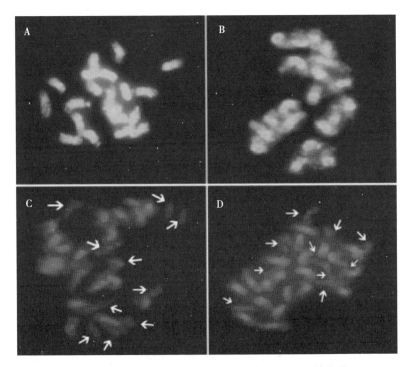

图 1-5 栽培薏苡、野生薏苡和水生薏苡的 FISH 分析（曾艳华，2008）

注：A：栽培薏苡与栽培薏苡的 FISH；B：栽培薏苡与野生薏苡的 FISH；C，

D：栽培薏苡与水生薏苡的 FISH

（四）薏苡属的染色体核型

染色体核型分析是根据染色体的长度、着丝点位置、臂比、随体的有无等特征，并借助染色体分带技术对某一生物的染色体进行分析、比较、排序和编号，其在动植物染色体倍性、数目和结构变异的分析、染色体来源的鉴定、动植物分类和生物进化研究中应用广泛。在分类上，在很长一段时间里一直认为中国薏苡属仅有川谷和薏苡。因此，在薏苡属的早期的细胞遗传学研究报道中，依然保留了上述称谓。早期学者（朴铁夫，1984；林兆平等，1985；杜维俊等，1999）分别对中国的薏苡和川谷进行了染色体核型及带型分析结果，二者的核型极为相似，C-带带型也十分相似，说明二者亲缘关系较近，而薏苡比川谷的带要丰富，异染色质量明显增大，且随体大小也有差异，既表现了种的特异性，也反映了这两个种在进化过程中趋异程度较高。庄体德等（1994）也将不同薏苡种或变种的染色体核型作为其分类的重要依据，提出了薏苡属的"3 种 4 变种"之说，并探讨了该属的种内变异和可能的系统演化关系。张玉玲等（2003）和曾艳华等

（2008）也分别绘制出了薏苡（*C. lacryma-jobi* L.）的染色组核型模式图。栽培薏苡、野生薏苡和水生薏苡的荧光原位杂交（Fluorescence in situ hybridization，FISH）显示（图1-5），野生薏苡与栽培薏苡在基因组染色体水平上的同源程度很高，保守重复序列占很大比重；水生薏苡的基因组中有20条染色体的DNA成分与栽培薏苡的基因组DNA高度同源，推断供试的水生薏苡种属于广西六倍体水生薏苡居群。

在薏苡属的染色体核型及细胞遗传学研究过程中，最令人感兴趣的无疑是六倍（2n=30）水生薏苡的核型鉴定和发现。Han等（2004）采用荧光原位杂交和基因组原位杂交（Genomic in situ hybridization，GISH）的技术，鉴定了一个来自广西的新的六倍体细胞类型的水生薏苡（*C. aquatica* HG），发现该水生薏苡的20条染色体与薏苡 *C. lacryma-jobi* L.（2n=20）的染色体高度同源；Cai等（2014）通过对 *C. lacryma-jobi* L. 和 *C. aquatica* HG 进行了重复序列和核型分析，其核型及其模式图表明（图1-6，图1-7）：该六倍体水生薏苡携带了大部分 *C. lacryma-jobi* L. 染色体组，并推断了该六倍体薏苡的基因组进化过程（图1-8），并推断该六倍体水生薏苡可能是二倍体薏苡（2n=20）与四倍体薏苡（2n=40）杂交加倍而形成的新种。

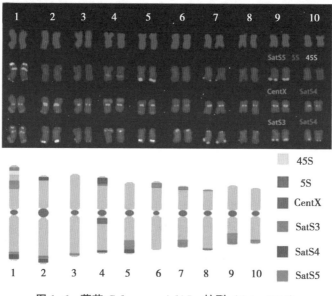

图1-6 薏苡 *C. lacryma-jobi* L. 核型（Cai, 2014）

（五）分子标记技术在薏苡资源研究中的应用

检测遗传多样性的方法随生物学尤其是遗传学和分子生物学的发展而不断提

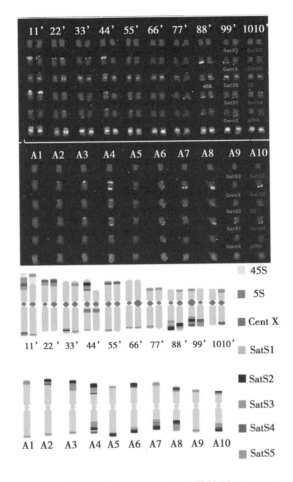

图1-7 水生薏苡 *C. aquatica* HG 的核型（Cai，2014）

高和完善。从形态学水平、细胞学（染色体）水平、生理生化水平、逐渐发展到分子水平，因此研究遗传标记的技术也就相应地被划分形态学标记、细胞学标记、蛋白质分子标记和DNA分子标记，然而不管研究是在什么层次上进行，其宗旨都在于揭示遗传物质的变异。因为DNA分子标记是以脱氧核糖核苷酸多态性为基础的遗传标记，与形态学标记、细胞学标记和蛋白质标记相比，具有标记位点多、特异性强、稳定可靠等特点，而且不受生物个体的年龄、发育阶段和外界环境条件的限制，自问世以来备受遗传学家和育种工作者的青睐。近年来，DNA分子标记在基因定位、品种鉴定、资源评价、分子辅助育种等方面的研究颇多，越来越成为遗传多样性研究和应用的主流。目前，同工酶标记、RAPD、

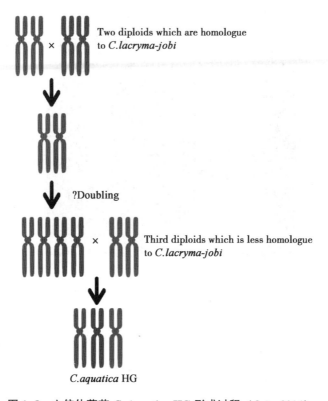

Two diploids which are homologue to *C.lacryma-jobi*

?Doubling

Third diploids which is less homologue to *C.lacryma-jobi*

C.aquatica HG

图 1-8　六倍体薏苡 *C.Aquatica* HG 形成过程（Cai，2014）

注：红色与浅红色表示与 *C.lacryma-jobi* L 高度同源的染色体；
蓝色表示与 *C.lacryma-jobi* L 异源的染色体

AFLP、RFLP、STS、SRAP 和 SSR 标记技术薏苡资源遗传多样性、亲缘关系分析、遗传进化、连锁作图方面均有报道。

1. 遗传多样性和亲缘关系分析

由于薏苡长期以来很少被关注，并逐渐退居为野生或半野生状态，现代生物学技术在该作物中的应用还是比较有限。在 20 世纪末，陆平等（1996）首次使用了酯酶的同工酶酶谱用于辅助薏苡属的分类，但是由于不同种间的同工酶谱带复杂，并受表达的影响，所以当初的研究并不深入。直至 21 世纪初期，Li 等（2001）利用 31 个 RAPD 引物分析了 21 份来自中国、巴西和日本的薏苡资源的多样性和亲缘关系，其聚类结果与其地理来源相一致。郭银萍等（2012）在使用 SSR 分子标记分析贵州种质资源多样性时也发现，其亲缘关系的聚类结果与根据地理来源、种质系谱的分类结果表现基本一致。近期，浙江大学生命科学学院的黄倩等（2016）也以 RAPD 标记分析了 23 份不同来源的薏苡种质资源多样性，其聚类结果也与种质系谱和地理来源相一致；与此同时，还筛选了与薏苡辅助抗癌有效药物（中性油脂）相关的特异标记，通过克隆鉴定找到了一条 600bp 大小的特异性代表条带，该标记在 13 号种质中有 600 bp 特异条带（图 1-9），在其他种质中则没有，因此可作为品种鉴定和知识产权保护的重要依据。

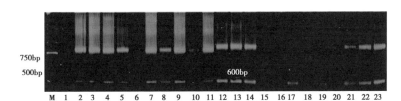

图 1-9　特异标记在 23 份薏苡种质中的鉴定（黄倩，2016）

注：M 为分子量 Marker，1-23 位种质资源编号

相关序列扩增多态性（sequence-related amplified polymorphism，SRAP）标记在薏苡资源研究中应用也已见报道。俞旭平等（2009）首次优化了薏苡 SRAP 反应体系。王硕等（2015）则在此基础上，建立了一套稳定可靠的薏苡 SRAP 分子标记反应体系，继而通过 6 对引物组合，分析了不同来源的 25 份薏苡资源，并将 25 个薏苡居群划分为 4 个类群。

SSR 标记（simple sequence repeats）也称简单重复序列或微卫星，具有多态性高、呈孟德尔共显性遗传、分布广泛等特点，被认为是比较理想的分子标记。Kyung-Ho 等（2006）采用改进的生物素—链霉素亲和捕获的方法开发了 17 对 SSR 引物，并以此分析了 30 个韩国薏苡种质的多样性，其多态等位基因数为 1~5 个，平均 2.8 个等位基因，期望杂合度和多态性信息量在 0~0.676 和 0~0.666；而 Ma 等（2010）也利用上述开发的 17 对引物分析了来自中国和韩国的 79 个薏苡种质资源，聚类分析（图 1-10A）发现，中国薏苡种质资源的多样性远高于韩国，除了 2 个种质之外，大部分中国薏苡聚为一类，而所有的韩国薏苡聚为一类；群体结构分析（图 1-10B）也显示中国所有资源可以划分 G1、G2 两个类群，这也说明中国薏苡和韩国薏苡有着比较远的亲缘关系。

2. 薏苡属及其种间进化

孙凤梅等（2004）的研究建立和优化了薏苡的 AFLP 标记体系，田松杰等（2004）利用 AFLP 分子标记技术对 50 个有代表性的玉米及其野生近缘种大刍草、摩擦禾、薏苡材料进行了遗传关系分析，聚类分析将 50 个材料分为 3 大类，并与已有的玉米族分类一致，但与玉蜀黍属内的种间和种内分类存在差异，说明大刍草各种内存在较大的遗传多样性，而且玉蜀黍属与摩擦禾关系比与薏苡的关

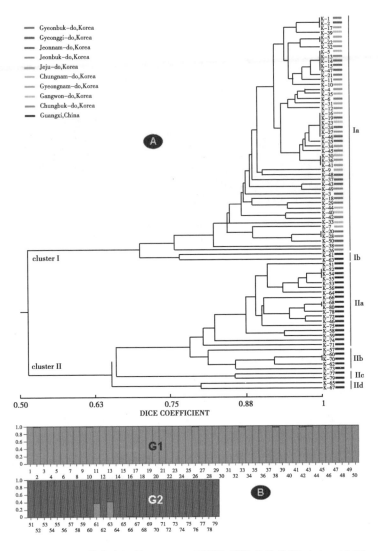

图 1-10　79 份薏苡资源的 UPGMA 聚类和群体结构分析（Ma，2010）

系更近（图 1-11）。关于薏苡属内各种之间的进化，庄体德等（1994）根据不同种的核型演化结果推测了其种内演化关系：小果薏苡和长果薏苡在平均臂比和染色体长度比均具有最小的比值，代表着该属中较为原始的类群，随着平均臂比和染色体长度比的逐渐增加，右上角的类群即菩提子、薏米和台湾薏苡则是属中演化较高的类群，而薏苡处于中等演化水平上；沿着核型的这一演化顺序可以清楚地看出总苞的演化方向大体是硬骨质→软壳质，小型→大型（图 1-12）。各种

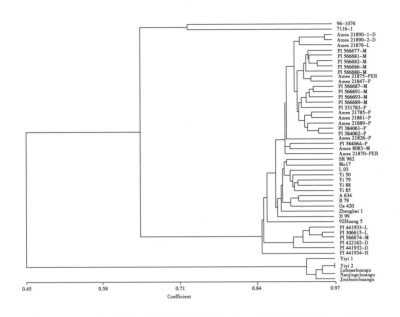

图 1-11 50 个玉米及其野生近缘种的 AFLP 聚类（田松杰，2004）

注：9621076 和 711621 为摩擦禾材料，图中最下面 5 个材料 Yiyi1、Yiyi2、
Luhuachuangu、Nanjingchuangu、Jinzhouchuangu 为薏苡，其他材料后标注有 D
的为 *Z. diploperennis*，标注有 L 的为 *Z. luxuriantes*，标注有 M 的为 *Z. mays
ssp. mexicana*，标注有 PER 的为 *Z. perennis*，标注有 P 的为 *Z. parviglumis*，没有
字母标注的为栽培玉米自交系

类的演化关系应是以小果薏苡为起点，沿着总苞骨质并增大的方向，演化出薏苡
和菩提子；沿着总苞增厚并延长的方向，演化出较为独特的长果薏苡；沿着总苞
变薄成壳质的方向发展，则演化出薏米和台湾薏苡。江忠东等（2013）以薏苡
（原变种）、念珠薏苡（变种）、薏米、水生薏苡、小珠薏苡等 42 份薏苡属植物
为材料，设计与落粒性基因相关的 36 对 STS 引物进行 PCR 反应，从中筛选出 5
对多态性和稳定性良好的引物，对薏苡属植物 DNA 多样性进行分析，并构建了
42 份薏苡属植物的 STS 指纹图谱和系统进化树；他指出其薏苡属内各个种（变
种）进化方向可能是从水生薏苡的原始类型首先分化出小果薏苡，再分化出薏
苡原变种，然后通过薏苡原变种演化出念珠薏苡变种和薏米变种（图 1-13）。相
比之下，这两者关于薏苡属内进化的分析结果基本一致。

3. 遗传作图

相比其他作物（玉米、水稻等）而言，关于薏苡的遗传作图相关研究较少，
目前仅见一篇报道。华中农业大学的李建生和秦峰等（2010）以北京薏苡和武

汉薏苡亲本建立的 F_2 群体为建群群体，首次构建了包含 80 个 AFLP 和 10 个 RFLP 标记的连锁图谱；该图包含了 10 个连锁群，覆盖长度 1 339.5cm，平均间距 14.88cm（图 1-14）。

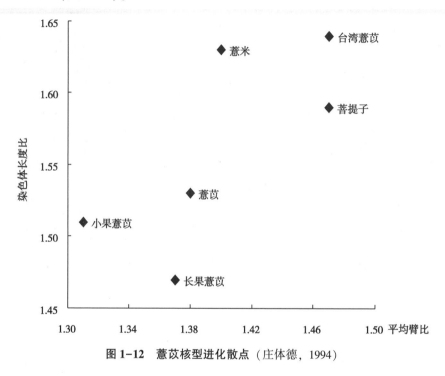

图 1-12　薏苡核型进化散点（庄体德，1994）

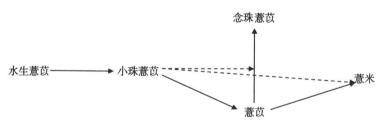

图 1-13　薏苡属可能的进化路线（江忠东，2013）

　　综上所述，尽管现在多种分子标记技术在薏苡研究中有所应用，但是与其他大作物相比，其深度与广度是显然不够的。由于薏苡的基因组序列信息依然空白，高效的特异 DNA 分子标记（如 SSR、SNP、Indel 标记）的开发和应用也极为有限；现有的连锁图谱所含标记少，远远未达到饱和状态，而且这些标记本身有着无法克服的不足，应用效率低。现在的 DNA 高通量测序技术已经相当成熟，在当前深入开展薏苡的基因组学研究也势在必行，以此为基础进行高通量的分子标记开发、构建高密度的遗传图谱和基因定位与发掘，从基因组水平开展薏苡与玉米、高粱、大刍草等近缘禾本科作物的比较基因组学研究等均是以后发展重要方向。

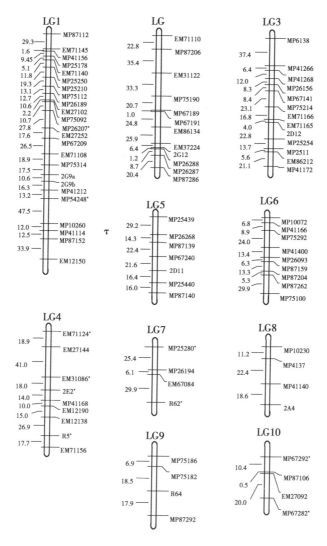

图1-14 薏苡连锁图谱（Qin，2005）

四、品种演替

中国薏苡发展起步晚，直至20世纪80年代才开始资源考察与收集，故而在此之前，其品种选育基本上处于一种农民自发式的选择状态。"八五"之后，随着资源调查的开展，一些地方优良资源（地方种）也开始被发现，但是其栽培状态也是作为一种药用植物进行种植，生产上未形成规模，育种工作多限于优中选优、提纯复壮和"一穗传"的系统选育阶段。20世纪90年代末，广西壮族自治区农业科学院品种资源研究所和中国农业科学院品种资源研究所开展了薏苡地方品种筛选工作，山西农业大学也针对薏苡和川谷之间的远缘杂交进行了一些探索性试验研究。直至2006—2008年，薏苡开始第一轮国家区域试验。截至目前，国家区域试验已进行至第三轮（2015—2017年），有7个品种通过国家审定，分别为桂薏1号、中薏1号、富薏1号、黔薏苡1号、文意2号、安薏1号和黔薏2号。除了上述新品种之外，尚有2个地理保护保护品种"兴仁白壳薏苡"和"福建浦城薏苡"。贵州、云南、浙江、福建等地亦开始进行了一些地方品种审定（登记）工作。由于目前审定品种少，大多数地区生产上所用品种依然是以农家种为主，新品种更新比较缓慢。

五、优良品种简介

（一）薏苡育种途径

1. 常规育种

长期以来，育种工作主要集中在玉米、水稻等大作物上，而对薏苡几乎没有做什么遗传改良工作，基本上退居为野生或半野生的药用植物。由于薏苡属于异花授粉作物，除了水生薏苡与其他种之间存在生殖隔离障碍，其他种与变种之间均能进行基因交流，自然群体的群体杂合度较高，这也就为系统选育提供了大量的变异。目前，各主产区的栽培品种绝大多数是通过对当地种质资源进行选择提纯或引入外地资源进行引种栽培，通过系统选育的方法得到的。因此，在筛选优异种质资源的基础上，通过单株选择、混系选择方法进行系统选育，依然是现在育种手段的主流。

2. 远缘杂交

从生物学形态来看，川谷植株高大，茎秆粗壮，果实呈球形，壳厚而坚硬，具珐琅质，薏仁大有粳性；薏苡果实椭圆形，壳薄易碎，不具珐琅质，薏仁小有糯性。川谷的适应性、抗风、抗涝、抗病等特性均较薏苡强，且米仁、米壳中总蛋白、总氨基酸含量也优于薏苡。最初的薏苡杂交研究工作，主要是以川谷和薏苡之间的杂交。宋秀英（1993）、李桂兰（1994）、乔亚科（1993，1995）和杜维俊等（1998）分别在川谷×薏苡和薏苡×川谷花粉母细胞减数分裂过程中，观察到多种异常现象（即联会配对极不正常，出现单价体、多价体、后期桥、落后染色体，F₁代结实率很低，杂交后代出现大幅度的分离），并认为二者在进化过程中产生了较大的差异，是两个独立的种；此外，薏苡属种间（薏苡×川谷）杂种 F₁ 在植株高度、叶面积、生长势、光合特性等方面表现出了杂种优势。李贵全等（1997）通过薏苡×川谷的远缘杂交，经 8 年选择，获得了两个较稳定且能在生产上应用的杂种新品系（85−15 和 85−18），其百粒重分别为 14.4g、15.9g，亩产分别为 503.5kg、573.8kg，具有较强的抗黑穗病、叶枯病和耐寒能力。在薏苡与其他作物如水稻、薏苡等方面的远缘杂交方面，也曾经有过一些有益探索，用于水稻品种改良。王锦亮等（1982）从 1976 年开始做水稻与薏苡远缘杂交试验，母本选早熟、矮秆、分蘖多的珍珠矮，该品种适合当地早晚季栽培，父本为当地零星栽培的薏苡，该品种耐涝、抗病、秆粗、根系发达且蛋白质含量高，经 3 年试验、观察和选择，已选出了初步稳定的糯稻（2 号）、籼稻（18 号）和粳稻（19 号）等几个品种，其中 2 号、16 号和 18 号的产量均高于母本珍珠矮和对照品种（博罗矮），而且 2 号和 16 号较母本有着更强白枯病抗性。张马庆等（1990）也曾经用晚糯稻品种甲农糯和薏苡进行杂交，获得了 1 粒不太饱满的杂交种子，1980 年他将甲农糯与靖江早杂交，选育出名为"娄青"的 7 个品系，其中"娄青 2 号"等已于 1987 年开始在生产上试种并获得成功。

　　摩擦禾属（*Tripsacum* L）和薏苡属（*Coix* L）是与玉米亲缘关系较近的两个野生近缘属。Haradc 等（1954）尝试玉米和薏苡进行属间杂交，以玉米为父本，薏苡作母本，能够获得杂种 F₁，但反交却未能获得杂种后代。有学者（Mangelsdorf，1961）采用特殊授粉方式并结合胚拯救方法首次获得了玉米和摩擦禾杂种后代。有人（苏子潘等，2011；姚凤娟等，2007）认为玉米与薏苡杂交能获得远缘杂种后代，但必须以薏苡作母本，反交则不能获得杂种。事实上玉米与摩擦禾或薏苡远缘杂交很难成功，其杂交障碍至今还是一个研究热点和难点。段桃利等（2008）采用荧光显微技术对摩擦禾、薏苡花粉在玉米柱头上的萌发和生长过程进行观察，研究了薏苡与摩擦禾、玉米杂交的不亲和性。从表 1-9 中看出，摩擦禾和薏苡的花粉到达花柱基部的百分率均低于对照，表明在玉米花柱中摩擦禾和薏苡花粉管的生长均明显受到阻碍，并且薏苡受阻程度要大于摩擦禾；再者，虽然摩擦禾和薏苡花粉粒均能在玉米柱头上萌发，花粉管能在玉米花柱中生长，但部分花粉管在生长过程中，出现一些区别于玉米花粉管生长（图 1-15a~f）的不正常现象，如花粉粒在玉米柱头羽状组织表面萌发后，盘绕卷曲在羽状组织表面，较迟或很难进入羽状柱头（图 1-15a）；胼胝质分布不均，胼胝质筛长短不一（图 1-16b）；花粉管末端弯曲转折，有的甚至破裂（图 1-15c）；花粉管生长方向背离子房（图 1-16d）等；种种现象表明，摩擦禾与玉米的杂交障碍不是杂交不亲和，而是胚囊不亲和或杂种衰亡，而玉米与薏苡杂交生殖隔离较摩擦禾严格，杂交极其困难，杂交障碍为胚囊不亲和或花柱不亲和，而且玉米与薏苡杂交的花粉管异常率高于玉米与摩擦禾杂交花粉管异常率，也从侧面反映了玉米与摩擦禾的亲缘关系较与薏苡近。

表1-9　玉米授摩擦禾、薏苡花粉后花粉管生长情况比较　（段桃利，2008）

花粉来源	杂交组合	萌发率（%）	进入花柱百分率（%）	到达花柱基部百分率（%）
玉米 Maize（CK）	48-2×48-2	84 b	73	13 a
摩擦禾 Tripsacum	48-2×TL-89	94 a	79	6 a
	48-2×12834	84 b	73	4 a
薏苡 Coix	48-2×T0611	97a	66	4 b
	48-2×T0617	89 b	67	0 b

注：48-2 为玉米自交系，TL-89 和 12834 为摩擦禾，T0611 和 T0617 分别为薏米 *C. lacryma-jobi* L. var. *frumentacea* Makino 和川谷 *C. lacryma-jobi* L；小写字母表示在 5%水平上差异显著

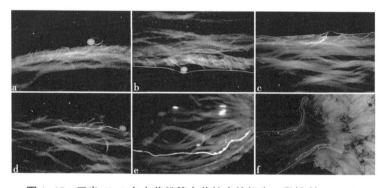

图 1-15　玉米 48-2 自交花粉管在花柱中的行为　（段桃利，2008）

注：a：花粉粒在羽状花柱表面萌发，花粉管很短；b 和 c：花粉管伸长并进入羽状组织；d：花粉管进入花柱；e：花粉管在花柱中快速生长，并到达花柱基部；f：花粉管到达胚囊上部

3. 诱变育种

薏苡在诱变育种方面也有所报道。沈晓霞等（2007）利用薏苡干种子作为诱变材料进行 γ 射线诱变，结果表明，γ 射线对 M_1 幼苗生长产生较重的生理损伤，而且还能在 M_2 诱发较高的叶绿素与株高突变，尤其是矮秆突变。也有人（杜维俊等，1998）利用 γ 射线辐射处理薏苡×川谷杂种分离后代，以此获得了矮秆、早熟等突变体。中国医学科学院协和医学院药用植物研究所以神州一号航天搭载薏苡［（99）京证经字 66390 号］进行太空辐射诱变，系统选育出协和薏

苡Ⅰ号和协和薏苡Ⅱ号2个品系（杨万仓，2007；蒙秋伊等，2013）。此外，也有人曾用 EMS 处理薏苡种子进行诱变研究（Yuan 等，1996；Tetsuka 等，2010），但是 EMS 处理的诱变和损伤效应较强，加强 M_2 后代的选择可能选育出较优品种（系）。

4. 组织培养与细胞工程技术育种

植物组织和细胞培养是植物细胞工程的核心技术，并且是植物遗传转化的基础。20 世纪 80 年代，中国就有研究者对薏苡进行组织培养研究。李民伟等（1981，1984）以薏苡的花药和未受精子房为外植体诱导愈伤组织，获得单倍体植株（N=10），该研究认为，H 培养基是诱导薏苡花药、未受精子房愈伤组织和绿苗分化的最适培养基，且成熟子房在 H 培养基上可不经愈伤组织而直接产生正常的绿苗；未成熟子房的愈伤组织诱导率显著比成熟子房的高，但只有成熟子房可产生单倍体植株。

Sun 等（1986）将薏苡未成熟花序切成 1cm 左右的小段，在含有 1~2mg/L、2，4-D 和 3%~5% 蔗糖的 N_6 培养基上离体培养得到愈伤组织，再将胚性愈伤组织转接到添加了 0.5mg/L 的 K 和 0.01mg/L NAA 的 MS 培养基上获得薏苡（2n=20）再生植株。

周晓丽等（1991）则对薏苡种子胚轴进行培养，在含有不同浓度 2，4-D 的 N_6 培养基上获得愈伤组织和分化出再生植株。贾敬芬等（1995）也报道，选用幼苗叶片中基部切段为外植体，在含高浓度脯氨酸和低浓度的 2，4-D 的 N_6 培养基上获得了生长良好的胚性愈伤组织，在含有 6-BA 或 KT 和 GA_3 的 MS 培养基上获得再生苗。梁玉勇等（2012）以矮秆早熟薏苡品种黔东 1 号的气生根、种子胚、嫩茎为材料，诱导和分化胚性愈伤组织，培养薏苡脱毒再生植株，认为气生根是诱导胚愈伤组织及胚状体最合适的外植体，优于成熟胚和嫩茎，KT 是薏苡芽分化及脱毒种苗生成的主要影响因素。

概言之，组织培养是品种快繁、诱导和体外选择突变体、单倍体育种、体细胞杂交的基础技术，对薏苡进行组织培养研究，如能通过薏苡花药培养和染色体加倍方法获得纯合二倍体，为远缘杂交提供较好的原始材料，或者在组织培养阶段进行诱变处理，即可能获得新的有价值的品种。

5. 基因发掘与分子育种

在薏苡基因发掘方面的研究也有零星报道。吴功庆（2006）利用玉米、水稻、小麦的 ADH1 和 PDC1 基因保守序列设计特异引物，采用 RT-PCR 方法，扩增出薏苡中这两个基因 cDNA 的部分编码区，并用半定量 RT-PCR 方法探索了淹水胁迫下这两个基因的表达特征及其与之对应的酶活性变化规律。朱云芬等

（2008）以上述研究为基础，采用 3'-RACE 技术克隆出 556 bp 的薏苡 *ADH*1 基因的 3' 末端的 cDNA 序列，并通过软件拼接得到 1 个 1 234bp 的 cDNA 序列。Takehiro 等（2012）则利用 PCR 方法分离出了糯性薏苡和非糯性薏苡的 *Waxy* 基因，序列比对分析发现，在在糯性薏苡的 *Waxy* 基因 10-11 外显子之间有 1 个 275 bp 的片段缺失，从而导致 GBSS Ⅰ 缺失，进而导致糯性。关于遗传图谱构建的研究已有报道，虽尚不够完善，但是，上述基因的发掘为后期的功能基因分析和分子辅助选育奠定了基础。

（二）中国薏苡品种名录（表 1-10）

表 1-10　国家和地方常见薏苡审定品种名录

（李祥栋，潘虹，石明，2017）

品种名称	鉴定编号	选育单位	品种来源	应用地区
桂薏 1 号	国品鉴杂 2010022	广西壮族自治区农业科学院水稻研究所	西林县地方品种白壳薏苡经系统选育	云南文山，贵州贵阳、兴义等地区
中薏 1 号	国品鉴杂 2010021	中国农业科学院作物科学研究所	"临沂薏苡"系统选育	北京、云南富源及文山、陕西杨凌等地区
富薏 1 号	国品鉴杂 2010024	云南省富源县农业技术推广中心	富源地方薏苡品种系统选育	云南文山、富源，贵州贵阳、兴义等地区
黔薏苡 1 号	国品鉴杂 2010023	贵州大学农业生物实验教学中心	贵州薏苡地方农家种中优良变异株系统选育	贵州黔西南州、安顺地区、毕节地区和云南的文山州、曲靖地区、宣威地区以及广西适宜地区
文薏 1 号	国品鉴杂 2015016	文山州农业科学院、云南农业大学	本地薏苡品种"小五谷"系统选育	云南文山、昆明，贵州安顺、兴义、凯里等
安薏 1 号	国品鉴杂 2015015	安顺新金秋科技股份有限公司、安顺市农业科学院	紫云县"白壳薏苡"系统选育	云南昆明、文山，贵州凯里、安顺，福建莆田、福州等地区
黔薏 2 号	国品鉴杂 2016	贵州黔西南喀斯特区域发展研究院（黔西南州农业林业科学研究院）、贵州梁丰农业开发有限公司	"晴隆碧痕薏苡（♀）×（♂）普安糯薏苡"杂交选育	贵州兴义、安顺，云南文山，广西百色，福建莆田、福州等
黔薏苡 3 号	黔审薏 2016002 号	贵州黔西南喀斯特区域发展研究院	云南富源黑壳薏苡（♀）×（♂）广西隆林白壳薏苡杂交选育	贵州省
贵薏苡 1 号	黔审薏 2016001 号	贵州省兴仁县农业局	地方品种兴仁小白壳系统选育	贵州省
蒲薏 6 号	闽认杂 2011001	浦城县农业科学研究所	浦城县地方薏苡品种中经集团选择	适宜在福建省海拔 300～600m 地区推广种植

（续表）

品种名称	鉴定编号	选育单位	品种来源	应用地区
浙薏 1 号	浙认药 2008006	浙江省中药研究所	浙江地方薏苡资源系统选育	浙江省低海拔地区的山地、水田、旱地种植，泰顺、淳安等
浙薏 2 号	浙（非）审药 2014004	浙江省中药研究所有限公司	"浙薏 1 号"种子经辐照选育	浙江
仙薏 1 号	闽认杂 2013001	莆田市种子管理站、莆田市城厢区农业技术推广站、福建仙游县金沙薏苡开发专业合作社、仙游县龙华镇金沙村民委员会和莆田市农业科学研究所	莆田市仙游县农家薏苡品种中系统选育	福建仙游、莆田、泉州等
翠薏 1 号	闽认杂 2014001	宁化县种子管理站和宁化县农业科学研究所	宁化县地方薏苡品种系统选育	福建宁化县
师薏 1 号		师宗县农业局中药材工作站	地方品种系统选育	云南师宗、富源等
龙薏 1 号	闽认杂 2009001	龙岩龙津作物品种研究所	新罗区地方薏苡品种经集团选择育	福建龙岩、三明等地

（三）良种简介

1. 桂薏 1 号

由广西壮族自治区农业科学院水稻研究所从西林县地方品种白壳薏苡经系统选育而成。生育日数 147d，植株高大，株高 217.1cm，分蘖性较强，单株分蘖成穗 3~5 个，开花较集中，单穗中上、中、下不同节位籽粒成熟度较一致；主茎节数 11.5 节，穗粒数 115.0 粒，果实白色，果壳较软，椭圆形，千粒重 100.6g，种仁卵形，灰白色，出仁率 70%。抗倒伏，壳较软，耐瘠。籽粒粗脂肪 5.43%，粗蛋白 14.28%，粗淀粉 53.40%，水分 12.18%。2006—2008 年参加国家薏苡品种区域试验，平均产量 3 305.9 kg/hm²，2009 年生产试验中，平均产量 3 319.5kg/hm²，较当地对照品种增产 9.4%。在云南文山、贵州贵阳、兴义等试点表现较好。

2. 中薏 1 号

由中国农业科学院作物科学研究所从"临沂薏苡"中系统选育而来。早熟，生育日数 120d；直立，株高 180cm，主茎分枝 4 个，主茎节数 8.9 节，主茎分蘖 8 个，雄花黄色，雌蕊柱头紫色。穗粒数 98.6 粒，籽粒卵形，褐色，百粒重

11.7g。籽粒粗脂肪1.39%，粗蛋白12.59%，粗淀粉52.28%，水分11.56%。2006—2008年参加国家薏苡品种区域试验，平均产量3 540.9kg/hm²。2008年生产试验中，平均产量2 652.0kg/hm²，较当地品种平均增产45.2%。在北京、云南富源及文山、陕西杨凌等试点表现较好。

3. 富薏1号

由云南省富源县农业技术推广中心，以富源地方薏苡品种资源为亲本材料系统选育而成。中晚熟，生育日数140~155d；株型较紧凑，株高205~230cm，单株分蘖成穗2~3个，主茎节数10~13节，主茎分枝2~7个，穗粒数90~120粒，千粒重90~109g；籽粒灰白色，粗脂肪5.85%，粗蛋白13.80%，粗淀粉63.69%，水分12.78%。2006—2008年参加国家薏苡品种区域试验，平均产量3 227.8kg/hm²，抗逆性强。2009年生产试验中，平均产量3 624.0kg/hm²，较对照当地品种平均增产8.2%。在云南富源、文山、贵州贵阳、兴义等试点表现较好。

4. 黔薏苡1号

由贵州大学农业生物实验教学中心从薏苡地方农家种中优良变异株经系统选育而成。中晚熟，生育日数147d。株型紧凑，植株高大，株高218.4cm，单株分蘖成穗2~3个，主茎节数11.4节，颖果黑色，种仁卵形，灰白色，长约6mm，直径为4~5mm，呈椭圆形。每穗粒数107.1粒，千粒重109.8g。籽粒水分11.71%，粗脂肪5.26%，粗蛋白13.44%，粗淀粉57.33%。2006—2008年参加国家薏苡品种区域试验，平均产量为3 360.4kg/hm²；在2008年的生产试验中，平均产量3 390.0kg/hm²，较当地主栽品种平均增产20.2%。适宜在贵州黔西南州、安顺地区、毕节地区和云南的文山州、曲靖地区、宣威地区以及广西适宜地区推广种植。

5. 安薏1号

由安顺新金秋科技股份有限公司和安顺市农业科学院从紫云县"白壳薏苡"中系统选育而成。中熟，生育期142~151d，株高212.2~217.8cm，主茎节数9.2~9.5节，穗粒数153.3~251.7粒，千粒重102.5~106.1g，苗期叶鞘深紫色、叶片紫色，长势强，分蘖强，成穗率高。总苞颜色灰白色，有光泽，柱头深红色，果皮淡黄色，花粉黄色，叶长42.1cm，叶宽2.9cm。耐旱、耐瘠。籽粒成熟度较为一致，成熟后籽粒饱满，粒状均匀。蛋白质13.65%，碳水化合物62.83%，脂肪5.9%，水分9.36%。在2012—2014年参加国家薏苡品种区域试验，平均单产3 761.5kg/hm²，比对照增产15.67%。2014年生产试验中，平均产量4 224.5kg/hm²，较对照增产13.10%，适宜在贵州安顺、凯里，福建莆田福州，云南文山等推广种植。

6. 文薏 1 号

由文山州农业科学院、云南农业大学从本地薏苡品种"小五谷"系统选育而成。中熟，生育期 150d。株高 201.8cm，籽粒白色，主茎节数 9.3 节，茎粗 1.0~1.2cm，苗期叶色为青绿色，茎秆色为淡绿色，叶型为条型，分蘖及分枝能力强，有效分枝数多，穗粒数 184.6 粒，单株总粒数 600 粒以上，结实率 80% 以上，千粒重 99.5g，株型紧凑，分蘖力强、分枝数多，抗旱性、抗倒伏性较强，成熟一致。籽粒碳水化合物 63.66%，脂肪 6.3%，蛋白质 15.25%，水分 9.79%。2012—2014 年参加第二轮国家薏苡区域性试验，平均产量 3 661.2kg/hm²，比对照增产 12.59%。2014 年生产试验中，平均产量 4 279.1 kg/hm²，比对照增产 10.4%。适宜在云南昆明、文山，贵州凯里、安顺等地区推广种植。

7. 黔薏 2 号

由贵州黔西南喀斯特区域发展研究院（黔西南州农业林业科学研究院）和贵州粱丰农业开发有限公司，用晴隆碧痕薏苡（♀）和普安糯薏苡（♂）杂交选育而成。常规品种，胚乳糯性，生育期 149d，苗期株型直立，芽鞘紫色，茎鞘和叶片均为绿色；分蘖 3~5 个，株高 194.6cm，主茎节数 9~11 节。柱头紫红色、花药黄色；果实白色或灰白色、甲壳质地、卵圆形，千粒重 99.8g。薏苡糙米的直链淀粉含量 2.22%、支链淀粉含量 97.78%，粗蛋白含量 17.54%、粗脂肪含量 7.5%、氨基酸总量 17.62%。2012—2014 年参加国家薏苡品种区域试验，平均产量 234.58kg/667m²，比对照增产 8.20%。2015 年国家薏苡品种生产试验，黔薏鉴 2 号品种较对照增 5.8%~10.93%，平均增产 8.64%。在贵州兴义、安顺，云南文山，广西百色和福建莆田等试点表现较好。

8. 黔薏苡 3 号

由贵州黔西南喀斯特区域发展研究院用云南富源黑壳薏苡（♀）和广西隆林白壳薏苡（♂）杂交选育而成。常规品种，生育期 162d。平均株高 201.3cm，株叶型较好，茎秆较粗壮；苗期叶色浅绿色，叶鞘、叶缘浅紫色；成熟期叶色绿色，叶鞘、叶缘浅紫色；粒型卵圆型，粒色灰褐色一般分蘖 3~5 个，亩有效穗 3.3 万穗。穗型紧凑，穗实粒数为 99.6 粒，结实率 73.51%，千粒重 111.55 g。2014 年省区域试验平均亩产 291.57kg，比对照增产 1.17%；2015 年省区域试验平均亩产 302.12kg，比对照增产 3.10%。两年省区域试验平均亩产 296.85kg，比对照增产 2.08%。2015 年生产试验平均亩产 336.19kg，比对照增产 3.2%。适宜在贵州兴仁、安顺、晴隆等地区推广种植。

9. 蒲薏 6 号

由浦城县农业科学研究所从浦城县地方薏苡品种中经集团选择选育而成。在浦城县种植，全生育期 150~170d；株型紧凑，茎秆粗壮，茎 15~20 节，株高 2.2~2.8m；叶片长披针形，长 20~40cm、宽 1.5~5cm；花单性，总状花序；果实为颖果，成熟颖果为灰白色，颖壳薄；一般亩有效穗 2.2 万个，穗粒数 130 粒，结实率 80%，百粒重 10g，糙米率 65%，精米率 60%，整精米率 50%。籽粒蛋白质含量 13.9%、脂肪含量 6.9%、钙 93mg/kg、锌 18mg/kg、17 种氨基酸含量 135.3 g/kg。在浦城县官路乡、盘亭乡、管厝乡、仙阳镇等地多年多点试种，一般亩产 260kg 左右，比对照浦城农家种增产 10% 以上，适宜在福建省海拔 300~600m 地区推广种植。

10. 翠薏 1 号

由宁化县种子管理站和宁化县农业科学研究所从宁化县地方薏苡品种中系统选育成。全生育期 166d；株型较紧凑，分蘖力较强，茎秆粗壮，茎节 16 个，株高 2.2m，叶片 22 片；花为总状花序，雌蕊紫色，颖壳白色；一般亩有效穗 2.3 万个，每株粒数 145 粒，结实率 84%，百粒重 9.39 g；含蛋白质 16.2%、粗脂肪 4.3%、淀粉 59.9%，每 100g 含氨基酸 15.63g。经宁化县、新罗区、长汀县、浦城县等地多年多点试验，平均亩产 258.5kg，比对照农家薏苡品种增产 20.11%。适用于福建宁化县推广种植。

11. 仙薏 1 号

由莆田市种子管理站、莆田市城厢区农业技术推广站、福建仙游县金沙薏苡开发专业合作社、仙游县龙华镇金沙村民委员会和莆田市农业科学研究所从莆田市仙游县农家薏苡品种中系统选育而成。全生育期 130d 左右；株型较紧凑，分蘖力适中，茎节 12 个；株高 1.60m；主茎叶数 15 片，叶长 30cm、宽 3.2cm 左右，叶长披针形，具白色薄膜状的叶舌，基部鞘状包茎；总状花序，腋生及顶生成束，花单性；颖果椭圆形，果长 0.8cm、宽 0.5mm 左右；种仁白色微透明；一般亩有效穗 4 万个，穗粒数 110 粒，结实率 82% 左右，百粒重 8.6g。种仁含蛋白质 16.96%、粗脂肪 1.0%、淀粉 57.2%、17 种氨基酸 15.24%。经仙游县植保站测试黑穗病、叶枯病较轻，玉米螟、黏虫较少，经莆田市城厢区、涵江区、仙游县和泉州市永春县等地多年多点区试，平均亩产 296.9kg，比对照农家薏苡品种增产 25.27%。适宜在福建仙游、莆田、泉州等地区种植。

12. 浙薏 1 号

由浙江省中药研究所从浙江地方薏苡资源系统选育而来。生育期为 190d 左

右。茎秆粗壮直立，株高 2.0m 左右，多分蘖数 14 个，叶长 53.3cm，叶宽 4.6cm，茎粗 12.4mm。线状披针形，长 30~60cm，宽 2~4cm，果壳灰白色、光亮、薄壳，长 0.8~1.1cm，宽 0.6~0.7cm。区域试验平均亩产 267.1kg，比对照增产 12.8%，甘油三油酸酯平均含量为 0.803%，比对照种高 21.30%，丰产性和稳定性良好。适宜在浙江省低海拔地区的山地、水田、旱地种植，泰顺、淳安等地推广种植。

13. 浙薏 2 号

由浙江省中药研究所有限公司经用"浙薏 1 号"种子经辐照选育而成的薏苡新品种。全生育期 178d。茎秆直立、较粗壮，株高 2.0~2.3m，10~12 节，有效分蘖数 13.7 个；叶长 30~60cm，宽 2.0~4.5cm，叶鞘绿色、光滑，与叶片间具白色薄膜状的叶舌。颖果成熟时，外面的总苞坚硬、较厚，呈椭圆形，种皮红色或淡黄色，种子长 0.8~1.2cm、宽 0.7~0.8cm，千粒重 143g，出仁率 61.8%，糯性，甘油三油酸酯含量分别为 1.23%~1.25%。2012 年浙薏 2 号平均产量 5 390kg/hm²，比对照浙薏 1 号增产 38.5%；2013 年平均产量 4 868kg/hm²，比对照增产 42.8%，适宜在浙江地区种植推广。

14. 师薏 1 号

由师宗县农业局中药材工作站选育的薏苡仁新品种。具有高产、综合性状好、抗逆性强、适应性广等特点。为中熟品种，生育期约 164d，株高 1.9m，平均有效分蘖数 5.2 个，茎粗 0.8cm，平均穗粒数 85.8 粒，结实率 82.2%，千粒重 107.0g，植株长势好，抗病、抗逆性强，籽粒黑色饱满，皮薄，出米率高。在海拔 800m 地区亩产 316kg，在海拔 1 200m 地区亩产 336kg，在海拔 1 600m 地区亩产 310kg。蛋白质含量约 10.9%，脂肪含量约 3.6%，碳水化合物约 61.2%。适宜在云南师宗、富源等地区推广种植。

15. 龙薏 1 号

由龙岩龙津作物品种研究所从新罗区地方薏苡品种经集团选择育成。该品种在新罗区种植，全生育期 170~190d；株型较紧凑，分蘖力较强，茎秆粗壮，茎节 10~20 个，株高 2.4m 左右。叶片 22 片左右、线状披针形，长 20~40cm，宽 1.5~5cm。花为总状花序，腋生及顶生成束，花单性。果实为颖果。一般亩有效穗 2 万左右，每株粒数 220 粒左右，平均结实率 85%，百粒重 7.50g；蛋白质含量 14.8%，每 100g 含氨基酸 11.5g；叶枯病、黑穗病发病程度较当地农家品种轻。产量表现在经龙岩、三明等地多年多点试种，亩产 250~350kg。适宜在福建龙岩、三明等地推广种植。

<h2>本章参考文献</h2>

陈成斌，梁云涛，徐志健，等.2008.广西薏苡种质资源考察报告 [J]. 西南农业学报，21（3）：792-797.

段桃利，牟锦毅，唐祈林，等.2008.玉米与摩擦禾、薏苡的杂交不亲和性 [J].作物学报，34（9）：1656-1661.

杜维俊，赵晓明，李贵全.1998.薏苡属种间杂种 F1 性状遗传的研究 [J]. 山西大学学报，18（1）：20-23.

郭银萍，彭忠华，赵致，等.2012.基于 SSR 标记的贵州薏苡种质资源遗传多样性分析 [J].植物遗传资源学报，13（2）：317-320.

何录秋，罗宝生.2016.湖南薏苡资源考察及生产调研 [J].现代农业科技（9）：53-54.

华东师范大学，上海师范学院.1981.种子植物属种检索表 [M].北京：人民教育出版社.

黄亨履，陆平，朱玉兴，等.1995.中国薏苡的生态型、多样性及利用价值 [J].作物品种资源（4）：4-8.

黄倩，叶聪莹，刘小川.2016.薏苡胚油脂分子标记鉴定及遗传多样性分析 [J].浙江理工大学学报（自然科学版），35（3）：458-462.

贾敬芬，林红.1995.薏苡叶片的组织培养和植株再生 [J].植物生理学通讯（3）：208.

江忠东，郭菊卉，陈庆富.2013.薏苡属植物 DNA 多样性分析 [J].广东农业科学，40（2）：124-127.

蓝日春.2014.壮药薏苡起源初探 [J].中国民族医药杂志（10）：35-37.

乐巍，吴德康，江琼.2008.薏苡的本草考证及其栽培历史 [J].时珍国医国药，19（2）：314-315.

李春花，王艳青，卢文洁，等.2015.云南薏苡种质资源农艺性状的主成分和聚类分析 [J].植物遗传资源学报，16（2）：277-281.

李贵全，赵晓明，宋秀英.1997.薏苡×川谷远缘杂交的研究 [J].作物学报，23（1）：119-123.

李民伟.1981.薏苡花药培养研究初报 [J].植物生理学通讯（3）：32-34.

李民伟，张彬.1984.从薏苡的未授粉子房培养出单倍体植株 [J].遗传，6（3）：5-6.

李新蕊.2007.主成分分析、因子分析、聚类分析的比较与应用 [J].山东教育学院学报（6）：23-26.

李英材，覃祖贤．1995.广西薏苡资源形状分析与分类［J］.西南农业学报，8（4）：109-113.

梁玉勇，左北梅，张著明．2012.薏苡愈伤组织的诱导与分化［J］.贵州农业科学，40（5）：12-16.

梁云涛，陈成斌，梁世春，等．2006.中日韩三国薏苡种质资源遗传多样性研究［J］.广西农业科学，37（4）：341-344.

梁云涛，陈成斌，徐志健，等．2008.东亚薏苡遗传资源研究（英文）［J］.广西农业科学，39（4）：413-418.

林汝法，柴岩，廖琴，等．2002.中国小杂粮［M］.北京：中国农业科学技术出版社．

陆平，左志明．1996.广西水生薏苡种的发现与鉴定［J］.广西农业科学（1）：18-20.

陆平，左志明．1996.广西薏苡资源的分类研究［J］.广西农业科学（2）：81-84.

蒙秋伊，刘鹏飞，张志勇．2013.薏苡种质资源及育种研究进展［J］.贵州农业科学，41（5）：33-37.

彭建明，高微微，彭朝忠，等．2010.西双版纳野生薏苡种质资源的性状比较［J］.中国中药杂志，35（4）：415-418.

乔亚科，李桂兰，高书国，等．1993.薏苡类型间杂交 F2 代的性状分离［J］.河北农业技术师范学院学报，7（4）：48-51.

乔亚科，李桂兰，高书国，等．1995.两种类型薏苡及其 F1 性状表现［J］.中草药（2）：88-91.

沈晓霞，王志安，余旭平．2007.γ射线对薏苡诱变效应的初步研究［J］.中国中药杂志，32（11）：1016-1018.

宋秀英，赵晓明，李明山，等．1993.薏苡属种间杂种形态的观察和比较［J］.山西大学学报，13（3）：199-222.

苏子潘．2001.86451玉米新物种种质核型及分析［J］.河南职技师院学报，29（4），14-16.

孙凤梅，沈晓霞，沈宇峰，等．2014.薏苡 AFLP 体系的建立与优化［J］.浙江农业学报，26（1）：14-19.

田松杰，石云素，宋燕春，等．2004.利用 AFLP 技术研究玉米及其野生近缘种的遗传关系［J］.作物学报，30（4）：354-359.

童应鹏，朱虹，李珊，等．2011.不同产地栽培薏苡种子性状的变异分析．

西北植物学报，31（10）：2008-2013.

王锦亮，程治英，蹇明泽.1982.水稻和薏苡远缘杂交初步小结[J].云南农业科技（2）：31-32.

王硕，何金宝，农民英，等.2015.薏苡种质资源的SRAP分子标记研究[J].中草药，46（1）：112-117.

王硕，张世鲍，何金宝，等.2013.薏苡资源性状的主成分和聚类分析[J].云南农业大学学报，28（2）：157-162.

闫艳，王宏蕊.2015."薏苡"的命名来源及其文化意义[J].内蒙古师范大学学报（哲学社会科学版），44（6）：39-41.

杨万仓.2007.中国薏苡遗传改良研究进展[J].中国农学通报，23（5）：188-191.

杨志清，何金宝，农丕忠.2011.云南薏苡种质资源形态和经济性状评价[J].云南农业大学学报，26（2）：185-189.

姚凤娟，袁继超.2004.薏苡细胞遗传学及生理生化研究进展[J].耕作与栽培（4）：3-6.

俞旭平，李钧敏，金则新.2009.薏苡SRAP反应体系的优化[J].中草药，40（增刊）：243-245.

曾艳华，谢莉 陈志坚，等.2008.薏苡不同种质的基因组原位杂交分析[J].广西农业科学，39（2）：119-122.

张马庆，罗佩芬，王祥根.1990.薏苡稻的选育及其生产上利用情况初报[J].种子世界（12）：25-26.

张玉玲.2003.薏苡和薏米的染色体倍数鉴定及核型分析[J].辽宁农业职业技术学院学报，5（4）：14-16.

赵晓明，宋秀英，马巧珍.1994.六千年来汾渭流域薏苡栽培地位的变化[J].古今农业（4）：1-7.

赵晓明，乔永刚，宋芸，等.2007.甲骨文披露夏商时代薏苡的栽培[J].山西农业大学学报（社会科学版），6（4）：360-364.

中国农业百科全书编辑部.1991.中国农业百科全书.农作物卷（下）[M].北京：农业出版社.

中国科学院中国植物志编辑委员会.1997.中国植物志（第10卷）[M].北京：科学出版社.

周晓丽，杨文杰，奚春荣，等.1991.薏苡的组织培养及过氧化物酶分析[J].东北师大学报（自然科学版），1（2）：99-102.

朱云芬，陈大清，李亚男.2008.薏苡乙醇脱氢酶基因（ADH1）3'末端序列的克隆［J］. 长江大学学报（自然科学版），5（1）：52-54.

庄体德，潘泽惠，姚欣梅. 1994. 薏苡属的遗传变异性及核型演化［J］. 植物资源与环境，3（3）：16-21.

Cai Z, Liu H, He Q, et al. 2014. Differential genome evolution and speciation of Coix lacryma-jobi L. and Coix aquatica Roxb. hybrid guangxi revealed by repetitive sequence analysis and fine karyotyping［J］. BMC Genomics, 15（1）：1025.

Feng Qin, Jiansheng Li, Xinhai Li, et al. 2005. AFLP and RFLP linkage map in Coix［J］. Genetic Resources and Crop Evolution, 52（2）：209-214.

Haradc K, Murka M. 1954. Studies on the breeding of forage crops（Ⅰ）：On inter generie hybridization between Zea and Coix［J］. Agric Japanese, 6：138-145.

Hore D K and Rathi R S. 2007. Chracterization of jobi's tears germplasm in northeast India［J］. Natural Product Radiance, 6（1）：50-54.

Mangelsdorf P C. 1961. Introgression in maize［J］. Euphytica, 10：157-168.

Sun C C, Chu C C. 1986. Somatic embryogenis and plant regeneratation from imature inflorencents segments of Coix lacryma-jobi［J］. Plant cell tissue organ culture（5）：175-178.

Hachiken Takehiro, Masunaga Yuya, Ishii Yuta, et al. 2012, Deletion commonly found in Waxy gene of Japanese and Korean cultivars of Job's tears（Coix lacryma-jobi L.）［J］. Mol Breeding, 30：1 747-1 756.

Tetsuka T, Matsui K, Hara T, et al. 2010. New job's tears variety 'Akishizuku'［J］. Rep Kyushu-Okinawa Agric Res Cent, 53：33-41.

Xinhai Li, Yiqin Huang, Jiansheng Li and Harold Corke. 2001. Characterization of genetic variation and relationships among Choix germplasm accessions using RAPD markers［J］. Genetic Resources and Crop Evolution, 48（1）：189-194.

Yong-Hua Han, Dong-Yu Li, Ying-Cai Li, et al. 2004. Cytogenetic Identification of a new hexaploid Coix aquatica cyto-type［J］. Acta Botanica Sinica, 46（6）：724-729.

Yuan Y P, Piao T F, Li G Q. 1996. Studies on damage effect of EMS to Coix Lacryma-jobi［J］. Journal of Jilin agricultural university, 18（1）：18-20.

第二章　薏苡生长发育

第一节　形态特征和生活习性

一、薏苡形态特征

（一）物种典型特征

一年生粗壮草本植物。须根黄白色，海绵质，直径约3mm。秆直立丛生，高1~2m，具10多节，节多分枝。叶鞘短于其节间，无毛；叶舌干膜质，长约1mm；叶片扁平宽大，开展，长10~40cm，宽1.5~3cm，基部圆形或近心形，中脉粗厚，在下面隆起，边缘粗糙，通常无毛。总状花序腋生成束，长4~10cm，直立或下垂，具长梗。雌小穗位于花序下部，外面包以骨质念珠状总苞，总苞卵圆形，长7~10mm，直径6~8mm，珐琅质，坚硬，有光泽；第一颖卵圆形，顶端渐尖呈喙状，具10余脉，包围着第二颖及第一外稃；第二外稃短于颖，具3脉，第二内稃较小；雄蕊常退化；雌蕊具细长之柱头，从总苞顶端伸出，颖果，含淀粉少，常不饱满。雄小穗2~3对，着生于总状花序上部，长1~2cm；无柄雄小穗的第一颖草质，边缘内折成脊，具有不等宽之翼，顶端钝，具多数脉，第二颖舟形。外稃与内稃膜质。第一及第二小花常具雄蕊3枚，花药橘黄色，长4~5mm；有柄雄小穗与无柄者相似，或较小而呈不同程度的退化。花果期6—12月。

染色体2n=10或2n=20。

（二）形态特征与分类

1. 形态特征

（1）根　薏苡的根为须根系，由初生根和次生根（地下节根和地上节根）组成。

地上节根为支持根（或气生根）。

第1次旺长阶段包括鞘叶节根、第1节根、第2节根的生长，在孕穗初期停止生长；第2次旺长阶段包括第3、第4、第5节根的生长。在始花期停止生长。

薏苡根的寿命较长，长江流域以南地区的薏苡根还具有宿存性。

（2）茎与分枝 茎直立、粗壮，圆形；有10～12节，节间中空，基部节上生根。高秆种株高1.5～2m，矮秆种株高1～1.5m。

地下茎形成的侧枝长出地面后称为分蘖，地上茎形成的侧枝称为分枝。

薏苡在4片真叶展开后开始进入分蘖期。

（3）叶 叶互生，披针形。如玉米叶，但叶较小，叶脉较厚。薏苡出叶是前期慢而后期快，与水稻的出叶情况正相反。晚播薏苡出叶速度快，植株营养生长期缩短，加之高温易造成叶片早衰。对产量的形成不利。

（4）花 总状花序。花单生。雌雄同株。

雌花序位于花序下部，硬质总苞内有3个小花，两枚退化仅具长柄，一枚结实。结实小穗由两颖片及两朵小花组成。雄花序从硬苞内穿出，有1～3个小穗，每小穗具2花，一花无柄，每花具3枚雄蕊。

薏苡单株整个抽穗时间可持续30～40d，抽穗开始后的第15d左右为抽穗盛期。

（5）果实与种子 授粉后2d左右，雌蕊柱头即萎蔫，5d后子房迅速膨大，13d后胚已形成，胚乳开始充实，20d后颖果壳由绿转黄，籽粒充实完毕。30d后果实颖壳变褐色，籽粒成熟。

颖果成熟时，外面的总苞坚硬，呈椭圆形，淡褐色，有光泽。胚和胚乳为白色、糯性，有黏牙之感。带壳果千粒重86.5g。

成熟的薏苡果实易脱落，应注意及时采收。

2. 薏苡分类

详见第一章。

栽培薏苡的总苞（果壳）较薄，易破碎，果形卵圆，直径约10mm，出仁率60%左右。

野生薏苡的总苞珐琅质，壳厚坚硬，平滑有光泽，手压不易破碎，果形蒜头形（扁圆形），米质粳性，出仁率30%左右。

中国薏苡资源分布区域广泛，与地理环境、气候及栽培条件的差异和变化相适应，遗传多样性十分丰富。栽培薏苡的形态差异因品种和栽培条件而异。

李学俊等（2010）对不同地区的12个薏苡种质资源的10个主要数量性状进行了相关分析、通径分析和主成分分析。10个主要数量性状之间有相关关系。生育期与株高、主茎小花数、节数、千粒重呈极显著正相关，而与穗粒数呈极显著负相关。生育期长的品种正向效应大于负向效应。生育期、主茎小花数、小花结实数是影响单株产量的主要因素，且以主茎小花数影响和贡献最大。

申刚等（2015）认为薏苡的株高、主茎节数、单株粒数是育种中应着重考虑的问题。

杨志清（2011）通过对云南11份薏苡种质资源的生育期、形态性状和经济性状的比较分析。结果表明：薏苡种质资源的生育期为150~170d，株高为205~282cm，茎粗为0.3~0.8cm，实果率为74.6%~91.6%，百果重为12.5~21.5g；株型主要以紧凑型为主；叶色均为浅绿色，果色有灰白色和灰黑色两种。杨志清等（2015）分析了薏苡的生产力水平，结果表明，有效分蘖数、单株总果数、百粒重与产量呈正相关，百粒重与产量的相关性显著。

陈成斌等（2008）于2002—2007年采用全球定位技术GPS仪，对广西境内薏苡种质资源进行全面考察和收集。研究发现，目前，广西广泛存在着野水生薏苡资源和野生薏苡资源，并有大面积的原生地。野生水薏苡在水中生长，具有无性生殖特性，形态特征表现较原始，并据此推断广西应是薏苡的重要起源之一。

黄亨履（1995）于1992—1994年，在全国各地收集了102份薏苡资源，结果引种栽培发现，薏苡植株高大，茎叶繁茂，在北京种植时，南方的种质平均株高3m左右，长江中下游的种质平均株高2.2m左右，北方的种质株高平均为1.6m左右。相同生态区栽培种与野生种的株高差别不大，主茎节数是南多北少。茎粗与叶形上，南方种质多数表现秆粗叶大（但广西的水生薏苡是秆细叶窄），北方种质茎粗仅1cm左右，叶面积平均为120cm²左右，叶窄茎细。在南宁种植，株高普遍比在北京降低一半左右，如南方种质株高仅170cm，长江中下游仅125cm，北方种质仅60cm左右。茎粗、叶形也略为细小。植株的分蘖，野生种为8~16个，栽培种为3~7个。通过试验观察，中国各省（区）薏苡和川谷在形态、生育特性上具有明显的多样性，从花序和籽粒的形成和发育的变化来看，主要与光照长度和后期的气温相关，即主要与地理纬度密切相关，其次是与垂直分布的海拔高度相关。而且南方生态区（包括海南、广西、云南、贵州等）的种质也能在7月中下旬抽穗，但在正常光照下则南方生态区的种质多数不能成熟。由此充分证明薏苡是短日性作物，对光周期敏感。尤其是南方的野生种质对短日要求更为严格，表现出原始的特性。对异地试验的结果进行分析，不同生态区种质的结实状况有一定的规律。即低纬度产区的种质到高纬度地区种植，如海南、广东的种质在南宁种植，百粒重增加2~4g；长江中下游产区的种质到北京种植，百粒重也普遍增加0.5~1g，相反从高纬度到低纬度地区种植，则粒重普遍下降，纬度相差愈大则粒重降低愈多。同纬度地区的种质则与海拔高度有关，海拔高处的种质在低海拔地区种植，则粒重下降，如贵州种质到广西南宁种植，百粒重下降2~3g，山西山区的栽培品种平定五谷到北京种植，百粒重也下降0.8g。由此可见，灌浆与结实状况主要决定于开花与灌浆期间的气温状况，在气温适宜情况下，昼夜温差大，气温凉爽，生育期延长，则有利于籽粒的结实与饱满。并据此中国薏苡初步可分为南方、长江中下游和北方三大生态型。

赵扬景等（2002）对产于吉林、河北、安徽、四川、江西、贵州、湖南等省以及邻国日本等12份薏苡种质进行经济性状和质量的比较研究发现，四川重庆紫秆薏苡产量高，品质较好，中熟，可作为在中国北方种植薏苡的品种；而贵州青龙薏苡品质佳，产量和出米率都高，适宜南方栽培。贵州省具有发展薏苡产业的地域资源、品种和品质优势，近年来薏苡种植面积及产量发展迅猛，产业发展迅速，种植面积和产量均居全国第一，已成为全国乃至东南亚地区最大的薏苡加工销售集散地。

彭建明（2010）对生于中国西双版纳海拔550~1 550m地区不同生态环境中的野生薏苡种质资源的植物学、生物学及经济学性状进行对比分析发现，该地区野生薏苡种质资源在植株形态特征、生物学及品质特性方面均存在较大差异，多样性丰富，可为薏苡品质改良提供育种材料。

范巧佳（1997，1998）研究发现，薏苡干物质积累的动态变化与其他许多大田作物一样，表现为"S"形曲线，满足罗杰斯蒂函数，但不同品种和不同栽培条件下"S"形曲线的形态有一定差异。另外还采用了多种叶面积测量方法，研究了薏苡叶片的生长与叶面积的变化，发现薏苡主茎叶片数因品种而异，叶片的大小因着生部位叶序不同而有较大差异。主茎叶片的长和宽以中上部较大，基部叶最短小，叶片的长宽比则以中下部叶片较大，上部和基部的叶片均较小，即品种之间各叶片的长宽比有一定的差异。而叶片的厚薄和叶面积不仅在叶序和品种间有差异，还因栽培方法的不同而有一定变化。薏苡在水生栽培条件下，叶片较嫩绿，含水量较高，较低。而叶面积在整个中后期均以中上部的比例大，顶部叶片小，面积比重不高。

赵场景（1992，1994）研究发现：N、P、K营养元素对薏苡茎叶干重的影响顺序为N>P>K，对根干重的影响则为N>K>P，缺N时籽粒产量几乎没有，缺P使结粒率下降，缺K则提高了空壳率，降低了千粒重，缺少N、P、K三种营养元素中的任何一种，均使植株内相应的元素含量显著降低，缺P或K影响植株对N的吸收，而缺N时，植株体内P、K含量较高。虽然增施钾肥不能提高薏苡总茎数，也不降低籽粒空批粒数，但是，钾肥对薏苡的千粒重却有明显的提高作用。钱晓晴（1995）发现追氮肥的植株上部茎叶增重明显，与P、K配合的植株上部茎叶增重明显，与P、K配合追肥的作用更大。追肥处理的植株，特别是单追氮肥者成熟期根重明显增大。追肥虽然有利于薏苡生物产量的大幅度提高，但经济产量下降，原因不详。单追氮素的处理颖果的N积累量甚至还低于不追肥的处理。黄玉芬（2002）不同用量的过磷酸钙对薏苡的产量有显著影响，施过磷酸钙80kg产量和经济效益最佳。陈成斌（1991）对不同分布地区、不同类型的薏苡资源（19份）的干种、胚、根、幼苗做酯酶同工酶分析，不同器官及不同类型有不同的酶谱带型，可作为薏苡资源遗传分类等研究的生化指标。乔亚科（1995）等对薏苡和和川谷在不同生育时期、不同器官进行了过氧化物同工酶及酯酶同工酶的测定表明，薏苡的过氧化物同工酶带比川谷的丰富，抽穗期多于拔节期，叶片组织中多于雌穗组织中。而不同时期不同器官的酯酶同工酶却没有差异。

表 2-1　薏苡早、中、晚熟品种的植株形态及主要
生态适应性差异（北方春播区）　　（李泽锋等，2012）

按熟期分类	早熟（矮秆）	中熟（白壳、黑壳）	晚熟（高秆）
生育期（d）	110~120	150~160	210~230
株高（m）	0.8~1.1	1.4~1.7	1.8~2.5
茎粗（cm）	0.5~0.7	1.0~1.2	1.2~1.4
分蘖力	强，分枝多	较强	强
抗倒伏	较强	较弱	差
抗旱力	一般	较强	强
耐寒性	强	一般	不耐寒
耐肥性	强	较强	一般
出仁率（%）	55.4~60	64~66	
亩产（kg）	100~200	100~300	150~300

二、生活习性

（一）生长环境

薏苡多产于亚洲热带、亚热带地区，广布于中国南北各省。

由于薏苡多生于湿润的屋旁、池塘、河沟、山谷、溪涧或易受涝的农田等地方，在沼泽、河岸、湖边、下湿地以及有灌溉条件的旱地都可以生长良好，广布于不同海拔地区。薏苡为湿生作物，也具有一定的抗旱性，生产力相对较强，可获得满意的收成。

黄羌维（1988）在福建省浦城县的稻田和山坡地，福州的苗圃地，闽侯县和南安县的红壤坡地等进行大田实验，研究发现，薏苡种子属需暗种子，在光亮处芽鞘和中茎伸长受抑制，在暗处发芽中茎又易于伸长而导致幼苗瘦弱，所以播种时应以浅覆土盖密种子为佳。要早施分蘖肥，春播掌握在 5 叶期，夏播在 4 叶期。

薏苡是短日植物，不同品种类型对短日条件的敏感程度不同，生育期也各不相同，一般在140~200d。

薏苡性喜凉爽湿润的气候，高温易引起叶片早衰和花粉败育，所以安排播种期时，应控制抽穗扬花避过高温季节，可有效提高千粒重和颖果的营养成分。

（二）对环境条件的要求

薏苡适应性强，喜温和潮湿气候，忌高温闷热，不耐寒。苗期、抽穗期和灌浆期要求土壤湿润，如遇干旱，则植株矮小、开花结实少、籽粒不饱满、严重减产，黄羌维等（1988）实验结果表明，采用"两头湿、中间干"的方法在分蘗末期搁田，控制无效分蘗，在苗期和抽穗扬花期充分供水结合施肥。因此，干旱无水源的地方不易获得高产。

薏苡对土壤要求不严，耐盐碱和潮湿，各类土壤均能种植，但以肥沃的砂质壤土为好。氮素影响籽粒形成，磷素促进小穗分化，增加粒数，钾素可提高粒重，减少空壳率。因此，氮肥应以早施分蘗肥、重施穗肥，磷肥应底施或在分蘗期追施，钾肥常用作底肥，但在抽穗结实应适当增加P、K肥。左明玉（2016）认为薏苡施肥的原则是基肥足，苗肥轻、壮蘗肥和攻穗肥重，均对增加粒重有利。

钱兵等（2015）归纳，薏苡喜温暖气候。要求较强的直射光，日照百分率60%以上，气温在18~35℃生长旺盛。始花期后光照充足，生长量可达峰值。在保证水分充足的条件下，在各种类型土壤均可种植，耐性强。

薏苡湿生，干旱条件不利于其生长，尤其在孕穗到灌浆阶段，水分不足可使产量大幅度降低。

以北方早熟生态区的辽宁省为例，薏苡适播期中的气候和土壤条件如下。

1. 辽宁省自然条件与薏苡种植

（1）主要气候特征　辽宁省地处欧亚大陆东岸，中纬度地带，因此气候类型仍属于温带大陆性季风气候。但由于地形较为复杂，有山地、平原、丘陵、沿海之别，所以省内各地气候也不尽相同。总的气候特点是：寒冷期长、平原风大、东湿西干、雨量集中、日照充足、四季分明。

全年平均气温多在5~10℃，自沿海向内陆逐渐递减，南北年平均温差可达5℃左右。辽东半岛及沿海各地年平均气温均在9℃以上，而西丰至新宾一带以东地区在5℃以下。全省大部地区最低气温≤0℃日数在170~210d。

年降水量一般在500~1 000mm，由东向西逐渐减少。辽东山区多达800~1 200mm，西北风沙区少至500mm左右。全年降水量主要集中在夏季，6—8月降水量约占全年降水量的60%~75%。

中部平原地区年平均风速一般在 3~4m/s。年日照时数多数地区为 2 300~2 900h。无霜期除西丰、新宾在 130d 以下，大连南端和长海在 200d 以上，其他地区一般在 130~200d。

（2）土壤状况　土壤区域分布是指由于中小地形、水文地质条件和成土母质等区域性成土条件的变化而引起的土壤有规律的变化。

根据地貌和土壤组合特点，辽宁土壤的区域性分布可分为辽东山地丘陵区、辽西低山丘陵区、辽河平原区 3 种类型。

①辽东山地丘陵区：辽东山地丘陵位于长大铁路线以东，为长白山山脉的西南延续部分，包括大连、丹东、本溪、抚顺市的全部和铁岭、辽阳、鞍山、营口市的东部。全区可分为东北部中低山地区和辽东半岛丘陵区 2 个类型。

东北部中低山地区：本区山体较高，沟谷发育明显，水系多呈枝状伸展，沿水系自山顶至谷底发育的土壤多为枝状分布，土壤组合具有明显的规律性。山的中上部分布着酸性棕壤或棕壤性土，下部分布着棕壤，在坡脚或缓坡平地上，受侧流水和地下水的影响，形成了潮棕壤，呈窄条带状，面积较少。河流两岸分布着草甸土。河滩洼地和河谷洼地分布着沼泽土和泥炭土。部分耕地在长期水耕熟化条件下形成了水稻土。低山丘陵缓坡和平地上有白浆化棕壤分布。

辽东半岛丘陵区：本区主要为低山丘陵，由于山体不高，丘陵上部无酸性棕壤发育。

相反，受地质过程以及人为活动的影响，大部分丘陵的上部植被稀少，岩石裸露，土壤侵蚀严重，发育着大量的棕壤性土、粗骨土或石质土。

由丘陵中部向下至谷底，发育的土壤与辽东北山地区大体相同，依次为棕壤、潮棕壤、草甸土、沼泽土和水稻土。另外，在富钙的石灰岩风化物和部分黄土母质上还有褐土发育。

所以，该区土壤主要为枝状分布，粗骨土、石质土和棕壤性土之间存在复区分布；由石灰岩残积物发育的褐土呈岛状分布。

②辽西低山丘陵区：本区包括朝阳市的全部和阜新市、锦州市的西部。

南部以松岭山脉为界，是棕壤与褐土的过渡地带，相互间呈镶嵌分布，甚至犬牙交错，全区土壤组合有 3 种类型。

努鲁儿虎山和松岭山地西麓低山丘陵区：由于本区成土母质主要为富钙的石灰岩、钙质砂页岩和黄土母质，所以土壤呈以褐土为主的枝状分布。

除较高山地上部有棕壤或棕壤性土分布外，一般的低山丘陵上部分布着褐土性土，下部为褐土、石灰性褐土，缓坡坡脚分布着潮褐土，河谷平原分布着潮土。

医巫闾山和松岭山地东麓低山丘陵区：由于本区成土母质多为酸性结晶岩类

和基性结晶岩类风化物及其黄土状母质，所以土壤呈以棕壤为主的枝头分布。低山丘陵上部分布着棕壤性土和粗骨土，下部分布着棕壤，坡脚平地分布窄条状潮棕壤，河流两岸河漫滩和河成阶地上分布着潮土。

阜新、北票等山间盆地区：本区地貌类型为盆地，地形由四周向中心倾斜，所以由于成土条件、地形的变化，土壤类型也相应发生变化，土壤组合呈盆形分布。由盆地中心而外依次出现沼泽土、潮土、潮褐土、褐土或石灰性褐土。

③辽河平原区：本区介于辽东、辽西山地丘陵区之间，属松辽平原南端，由辽河及其支流冲积而成，是辽宁的主要商品粮基地。全区可分为辽北低丘区、中部平原区和辽河三角洲 3 种类型。

北部低丘漫岗区：包括昌图至法库至彰武县，地形起伏不平，丘陵平地相间，沙丘沙地相间，坡度平缓，土壤类型比较复杂，风沙土、盐土、碱土、黑土、草独轮车土等均有分布。土壤分布规律为：丘陵漫岗中上部分布着棕壤；下部分布着潮棕壤；平地分布着草甸土，低洼处分布着沼泽土，常与盐化、碱化草甸土呈复区分布。本区北部昌图县八面城一带的岗地上有黑土发育。

中部平原区：本区地势平坦，土层深厚，土壤类型以草甸土和滨海盐土为主。受分选作用的影响，河流沉积物质按一定的规律进行沉积分异作用，由于沉积物的不同，土壤亦呈有规律的变化。在近河床浅滩处为流水沉积物，形成无剖面发育的新积土；在远离河床的河漫滩外分布着砂质草甸土；超河漫的一级阶地上分布着壤质草甸土；二级阶地上分布着黏质草甸土，同时，有的冲积物含有碳酸盐，形成石灰性草甸土。

土壤组合与河流呈平等的带状分布。此外，在平中洼地及牛轭湖处则分布着沼泽土和泥炭土，面积不大，呈零星分布。

辽河三角洲：辽河三角洲为退海之地，是由浑河、太子河水系（在辽河）、辽河及其支流绕阳河（双台子河）、大凌河入海口冲积而成。其成土母质为海相沉积物与河流冲积物。该地区是辽宁省滨海盐土和盐渍化土壤分布区。

由于海水和海潮的影响，土壤也呈有规律的分布。近海岸目前仍受海潮侵袭分布着滨海潮滩盐土（亚类）；远海岸带已脱离海潮影响的平地分布着滨海盐土（亚类）；再往内陆多分布着盐化草甸土；低洼积水地区分布着滨海沼泽盐土和盐化草甸土。滨海潮滩盐土、滨海盐土和盐化草甸土等于海岸呈带状分布。盐化草甸土、滨海盐土已有很大一部分由于受到人为活动的影响，经水耕熟化和洗盐等措施，已发育成盐渍型水稻土。

（3）薏苡种植 李泽锋等（2012）以辽宁省的薏苡作为对象，研究发现：辽宁省种植的薏苡品种以早熟、中熟薄壳品种为主，产品皮薄粒大，外壳色油黑，有光泽，粒状均匀。早熟种生育期为 110～120d。植株耐寒、耐旱，抗倒伏能力强。中熟种生育期 150~160d，抗风、抗旱能力较弱。如辽薏苡 1 号、辽薏苡 2 号。以选向阳、排灌方便、排水良好的黏质壤土为好。薏苡对盐碱地、沼泽地的盐害和潮湿有较强的耐受性，故也可在海滨、湖泊、河道和灌渠两侧等地种植。因此播前要浇好底墒水或趁雨抢墒耕翻，以利根系发育。耕深 20~25cm，耕后应耙、耱 2~3 次，使土壤上松下实。薏苡的施肥以基肥为主，一般施用土杂肥 2 000~3 000kg/亩作为基肥，如每亩能加入 100~150kg 的鸡、鸭干粪和 100kg 饼肥、15kg 过磷酸钙则更好。有灌溉条件的土地，应每隔 2m 开 1 条墒沟（20~30cm 深），以利灌溉和排水。

辽宁省薏苡多在 4 月下旬至 5 月中旬播种。多作为旱作作物，可条播、穴播和撒播，也可采用育苗和营养钵育苗移栽方法。其中条播、穴播比撒播产量高，移栽的比直播的产量高，营养钵育苗移栽比普通育苗移栽产量高。辽宁省一般播种量为 2~3kg/亩，密度约 3 万株/亩。当薏苡幼苗长出 2~3 片真叶时间苗、5~7 片真叶时定苗。全生育期间，中耕除草 2~3 次。第 1 次在苗高 7cm 左右时进行，并同时进行间苗工作；第 2 次在苗高 12~20cm 时结合定苗一起进行；第 3 次在苗高 30cm 左右时结合施肥进行，此次中耕应注意培土，以防薏苡倒伏。整个生育期一般分 3 次追肥。第 1 次在分蘖初期进行，可施硫酸铵 5~10kg/亩；第 2 次多结合第 3 次中耕除草进行，可施硫酸铵或氯化钾 10~15kg/亩；第 3 次追肥在抽穗后进行，可施速效性肥料 5~10kg/亩。

根据薏苡的习性，田间水分以湿、干、水、湿、干相间管理为原则，即采用湿润育苗、干旱拔节、有水孕穗、湿润灌浆、干田收获。一般可在田间下部叶片叶尖变黄、80% 籽粒变成黑色或原种壳色时收获。

2. 云南省自然条件与薏苡栽培

云南省是中国重要的薏苡起源初生中心地区之一，由于山区"立体气候"和复杂的地形条件，生态环境变化多样，薏苡种质资源非常丰富。薏苡在云南省主要分布在文山壮族苗族自治州、曲靖地区、德宏州、西双版纳州等地。

作为南方晚熟生态区的云南省，薏苡适播期中的气候和土壤条件如下。

（1）云南省的气候特点　云南气候兼具低纬气候、季风气候、高原气候的特点。

一是气候的区域差异和垂直变化十分明显。这一现象与云南的纬度和海拔这两个因素密切相关。从纬度看，其位置只相当于从雷州半岛到闽、赣、湘、黔一带的地理纬度，但由于地势北高南低，南北之间高差悬殊达 6 663.6m，大大加剧了全省范围内因纬度因素而造成的温差。这种高纬度与高海拔相结合、低纬度和低海拔相一致，即水平方向上的纬度增加与垂直方向上的海拔增高相吻合的状况。使得各地的年平均温度，除金沙江河谷和元江河谷外，大致由北向南递增，平均温度在 5~24℃，南北气温相差达 19℃ 左右。由于受地形的影响和天气系统的不同，全省气温纬向分布规律中常会出现特殊的情况，这种情况反映了气候的区域差异和垂直变化。出现了"北边炎热南边凉"的现象。特别是在垂直分布上，因境内多山，河床受侵蚀不断加深，形成山高谷深，由河谷到山顶，都存在着因高度上升而产生的气候类型差异，一般高原每上升 100m 温度即降低 0.6℃ 左右。"一山分四季，十里不同天"，表明了"立体气候"的特点。

二是年温差小，日温差大。由于地处低纬高原，空气干燥而比较稀薄，各地所得太阳光热的多少除随太阳高度角的变化而增减外，也受云雨的影响。夏季，最热天平均温度在 19~22℃；冬季，最冷月平均温度 8℃ 以上。年温差一般为 10~15℃，但阴雨天气温较低。一天的温度变化是早凉，午热，尤其是冬、春两季，日温差可达 12~20℃。

三是降水充沛，干湿分明，分布不均。全省大部分地区年降水量在 1 100 mm，但由于冬夏两季受不同大气环流的控制和影响，降水量在季节上和地域上的分配是极不均匀的。降水量最多是 6—8 月，约占全年降水量的 60%。11 月至次年 4 月的冬春季节为旱季，降水量只占全年的 10%~20%，甚至更少。不仅如此，在小范围内，由于海拔高度的变化，降水的分布也不均匀。云南无霜期长。南部边境全年无霜；偏南的文山、蒙自、思茅，以及临沧、德宏等地无霜期为 300~330d；中部昆明、玉溪、楚雄等地约 250d；较寒冷的昭通和迪庆达 210~220d。云南光照条件也好，每年每平方厘米为 90~150kcal，仅次于西藏、青海、内蒙古等省（自治区）。云南的这种气候特点，有利方面是适宜多种农作物和经济作物的生长和发展，同时也为旅游业的发展提供了有利的条件。不利方面是干季和雨季过于集中，分布不均，还伴随有洪涝、低温冷冻、冰雹等灾害，会给农业带来危害。

（2）云南土壤分布的特点及地带性规律　云南省位于祖国的西南部，面积约 39.43 万 km²。省境主体部分属于云贵高原西部，称为滇东高原，西北部则为青藏高原南延部分，称滇西纵谷。这两部分构成云南高原的基本轮廓。从地势上来看，大致呈北高南低倾斜的梯层性高原地貌，在南北跨越了 1 000km 以上范围内，海拔相差达 3 000m 以上，形成了明显的南北向的热量和水分梯度，加之地形错综复杂，生境多样，各种土壤类型的交错，镶嵌现象相当普遍，与国内外邻近地区间土坡的连接和过渡现象也极其多样。

云南独特的景观特征的形成，与青藏高原的巨大隆起有关。云南高原是上新世末期或更新世初期大面积强烈的差别上升所形成，由于差别上升中运动是间歇的，在停顿阶段高原面上发育了一些宽谷盆地。以后地面继续上升，河流随之下切，分水岭多呈中山，而其顶部常保留有过去长期剥蚀所形成的高原面。至南部地势稍趋平缓，由于大河的侵蚀作用形成宽阔的河谷盆地。在北高南低的地势中，按各类河谷盆地的海拔，大体上可将其分成三级"阶梯"：北部以滇中高原为主体，盆地海拔一般在1 600~1 900m；中部残留高原面的山间盆地海拔一般为1 200~1 400m，南部的河谷盆地海拔为500~960m。各类盆地四周山峦连绵起伏，山地的高度亦随整个地势由北向南逐渐降低。总的看来，云南是一个地势北高南低的多层性山原，每一级"阶梯"均占据一定的纬度范围，形成东西延伸的带状，自南向北上升。

云南高原受西南季风和西风南支急流的影响，这两股气流的季节性更替，控制了云南全省的气候，使得云南的气候具有热带季风气候的特征。主要表现在：年温差较小而日温差大，冬季较温暖；年降水量中等但季节分配不匀，有干湿季之分，冬干夏湿，冬暖夏凉。云南省总的热量水平比中国东部同纬度地区稍偏低，但最低气温却高，由北至南，气温（包括年均温、最热月均温和最冷月均温，≥10℃积温等）的差异显著，与地势上的各级"阶梯"相对应，并占据一定纬度范围的热量带。至于降雨的空间分布，就大范围而言，南部降水量较大，北部降水量稍少，但是雨量的分布更多与季风来向及较高山体的阻挡有关，如哀牢山系把云南分成两个气候区，哀牢山以东雨水稍多，湿度较大，常受寒潮影响；哀牢山以西雨水较少，湿度偏干（干季较长），寒潮影响较小。迎东南季风和西南季风的山前地区雨水多，背风区则雨水少，这些对土壤发生及其理化性质均有很大的影响。

从景观发生的原则上来看，山原地貌和热带季风的影响是云南土壤形成中自然环境的两个基本因素。

①云南土壤发生的特点：云南土壤发生和分布与周围地区土壤间既相似又对应，但是云南从南到北，水平方向海拔相差达3 000m以上，使得云南的土壤分布，既有水平带又兼有垂直带的性质，形成一种纬度地带与垂直地带相结合的水平地带，可以称为"山原型水平地带"，它和中国东部的"平原型水平地带"在发生上不同，和青藏高原的"高原型水平地带"在发生上有联系，但环境特点和土壤类型又有较大差异。

上述三类水平地带，各有其生物气候的特点，但在水平带划分的标准上是一致的。土壤类型均适应于大的生物气候条件，都占据了一定的水平范围，而且是有规律地彼此交替。

各盆地的海拔不整齐，均处于整个向南倾斜的一级地形"阶梯"之中，各土壤带之间所代表的土壤类型在接触面上互相交错或在局部地点还有混杂的现象，但不同水平带内的代表性土壤类型各具其本身的特征，类型之间的区别还是明显的。

水平地带含有垂直地带的性质，但是它并不就是垂直带的类型，海拔必须和纬度结合在一起才能显示其作用。例如，处于北纬22°偏南的南糯山，在海拔1 600~1 750m的山地上分布黄棕壤；而位于北纬25°偏北的富民，海拔1 680m，其主要土壤是中亚热带的典型山地红壤。一个是热带山地，一个是中亚热带的盆地，海拔高度相当，纬度相差约3°，两地的土壤类型就没有任何共同之处。同为山地也是如此，不同水平带的土壤类型就没有任何共同之处。例如滇东南热带山地的逢春岭、黄草岭，至海拔2 900m仍为潮湿的苔藓常绿阔叶林及灌丛草甸植被，土壤为黄棕壤或亚高山草甸土，而在亚热带山地哀牢山北端，以海拔2 700m开始就有铁杉出现，2 800m以上还有小片冷杉林，土壤则为棕壤或暗棕壤。这说明不同纬度之间，海拔相当的山地，土壤类型及垂直带谱并不就是一样的。海拔高度不能取代纬度变化对土壤类型分布的影响。在云南山原全部受热带季风控制的生物气候条件下，恰恰是海拔的增高而突出了南北向纬度地带的气候分异，即土壤类型的分异基础之一。

水平地带性中的经向地带性分异也十分明显，它与云南独特山原地貌，特别是横断山脉的南北走向密切相关。如果不是综合地分析土壤形成的因素，只单纯强调某一因素，而忽略了土壤类型的明显差异，都将有碍于较为完整地阐明云南土壤发生特点及其形成原因和分布规律。

②云南土壤的水平分布特点：云南南部热带雨林区是砖红壤地带。砖红壤的各个亚类主要分布于北纬23°30′以南，海拔800m以下盆地周围丘陵或阶地上，在滇西南局部生境优越的地段，可沿沟谷分布至海拔1 000m的高度。

砖红壤可分为黄色砖红壤、砖红壤、褐色砖红壤三个亚类。黄色砖红壤仅分布滇东南海拔500m以下的河谷区，处于承受东南季风的山前地带，气候常年高温多雨，几乎无干季，是东南亚雨林向北楔入部分森林植被下形成的土壤类型，是一种局部分布的现象，以河口为代表。这类土坡的特点是：pH值4~6，代换量3~10mg当量，黏粒硅铝率为1.06~1.15，含铁盘（Fe_2O_3）23.16%~26.09%，游离铁含量18.72%~22.69%，游离铁占全铁80.8%~86.9%。

在云南南部，热带季雨林下形成的砖红壤具有最广泛的分布，典型分布地区为西双版纳，向东分布至滇东南海拔500~700m的盆地或峡谷的暴露坡面；向西则分布到滇西南的南汀河下游以南的山地下部。其气候条件是：夏半年气温高，但多阴雨，冬半年日温差稍大，少雨而多雾，真正的干热季节在每年的4—5月上旬，约1个月。在这种气候条件下的砖红壤，风化强烈，脱硅富铝化作用强，渗透水中氧化硅含量达3~5mg当量/L，土壤中盐基和硅酸严重淋失，盐基饱和度16.34%~22.85%，pH值4.5~5.5，代换量10~14mg当量，黏粒铁铝率和硅铝率分别为1.7和1.5~1.9，全铁含量9.26%~12.43%，游离铁含量7.60%~

10.95%，游离铁占全铁 82.0%~88.9%，参加土坡生物循环的物质远较亚热带高。每年凋落物 11.61t/hm²，残落物 9.79t，二氧化碳 450kg/hm²，比亚热带、温带地区高，有机质含量也高，达 4.00%~11.23%，但又比典型的砖红壤低，故曾称准砖红壤，不是典型的砖红壤，也不是砖红壤性红壤，因为它是热带雨林植被下发育的土壤类型，不是季风常绿阔叶林下发育的砖红壤性红壤。这种热带砖红壤是纬度和海拔均达到极限的情况下向砖红壤性红壤过渡的类型，是中国式的砖红壤。这种土壤类型分布于盆地四周低中山山麓，土壤具有良好的发育条件。

在云南西南部，热带季甫林下发育的褐色砖红壤也是云南南部分布较广泛的类型。分布在海拔 1 000m 以下的阳坡或盆地中央，集中分布在滇西南德宏州南部，该地区所处纬度偏高，已达 N24°30′，但处于承受西南季风的前沿地段。年均温 20℃左右，年降水量 1 200~1 500mm，集中于雨季，干季长达 2~3 个月，天气晴朗少雾，基本不受寒潮影响，但因纬度和海拔偏高，冬季常因地面强烈辐射而降温，对热带橡胶生长有一定的影响。季雨林植被中主要的乔木树种多喜阳耐干，代表树种有大青树和阴麻栋等。土坡 pH 值 6.0~6.2，代换量 11~17mg 当量，黏粒硅铝率比前二者高，Fe_2O_3 含量较前二者高，但土壤诊断层比前二者薄一些。

上述热带雨林植被下发育的砖红壤类型的分布来看，由东到西，由低海拔地区至高海拔地区，气温由高而逐渐降低，干湿季由不明显到有一个月的干季、至干季加长，形了一个气候的梯度（能量和水分梯度）。而土壤类型由东至西的分布格局则是黄色砖红壤、砖红壤、褐色砖红壤。具体地说，热带雨林下发育的黄色砖红壤分布于滇东南海拔 500m 以下的沟谷中，热带季雨林下发育的砖红壤分布于滇南西双版纳的大部地区，向西分布至南汀河下游以南地区的沟谷中。由此向西北直至德宏州南部，主要是热带半常绿季雨林下发育的褐色砖红坡。黄色砖红壤是局部生境下发育的类型，只有砖红壤和褐色砖红壤具有地带性，共同形成复合的水平地带性土壤。

云南亚热带南部，盆地海拔 1 000~1 400m，因纬度偏南和海拔相对较低，常绿阔叶林群落的种类组成较为丰富，而且含有某些热带植物种，如蒲桃、密花树、安纳香、信筒子等，说明受热带季风影响较深，称为季风常绿阔叶林，在此林下发育的土壤为砖红壤性红壤。

从砖红壤性红壤分布范围来看，由于哀牢山阻挡，东部兼受西南季风和东南季风的影响，气候偏湿。组成群落树种中，上层除以罗浮拷、杯状拷为优势种外，其他壳斗科树种不多，而樟科和木兰科树种却较多。土壤的表层具有黄化现象，称为黄色砖红壤性红壤，在发生特征上表现有砖红壤与红壤之间的过渡特征，土壤的 pH 值 4.5~5.0，土壤代换量 9~16mg 当量，黏粒硅铝率为 1.9~2.0，Fe_2O_3 含量 7~10mg 当量，盐基饱和度 30% 左右，这一类型与我国东部特别与广西南亚热带非石灰岩地区的土壤类型相似。哀牢山以西地区全部受西南季风影响，干季明显且长，季风常绿阔叶林组成树种偏干的类型，如印栲、红稚、截果石栎等，樟科植物很少，与印缅北部和喜马拉雅山地成分极为近似。在此森林植被下发育的土壤，称砖红壤性红壤或红色砖红壤性红壤，土壤 pH 值 5~5.5，代换量 10mg 当量以上，硅铝率 1.9~2.4，Fe_2O_3 含量高于 10mg 当量，盐基饱和度较高，表层含量有 47.91mL/100g，代换性酸以铝为主，由东到西共同形成复合的水平地带性土壤。

云南亚热带北部相当于中国东部的中亚热带，是典型的亚热带气候，年均温 14℃ 以上，海拔为 1 600~1 900m，植被属半湿性常绿阔叶林，但在组成成分上随着生境条件的变化而有所不同。如土层较薄的坡地上，上层以滇青桐为优势种；在土层深厚的酸性土壤上，则以元江栲为上层林木的优势种；海拔较低而稍干热的地段，滇栲成片分布；而在海拔较高处，则红栲小片成林。在演替上紧密联系的是云南松等，上述生物气候条件下发育的土壤，称为山原红壤或山地红壤。土壤的基本特点是：母岩风化程度较砖红壤和砖红壤性红壤低，从形态结构上来看，它仍具有明显红色氧化层和黏化层，富铝化作用仍较明显，黏粒硅铝率为 2.3 左右，碱金属和碱土金属 CaO、MgO、K_2O 分别为 0.81、0.80、4.43。pH 值 5.5 左右，代换量为 9~21mg 当量。全铁含量 21%~25%，游离铁含量 6.43%~16.04%，游离铁占全铁 30.6%~64.2%，盐基饱和度多数高 30%，除古红土上发育的山原红壤外，结核与胶膜发育不明显。所有这些性质与东部区红壤接近，但是深度发育的铁质富铝化红色风化壳，除反应古红土影响外，还反映出干湿交替明显的山原型山地红壤的特征，即氧化铁含量高于中国的东部区红壤。

从分布上来看，由于云南地貌类型多样复杂，生物气候条件随地貌（或地势）起伏发生分异，对山地红壤形成和性质有很大的影响，根据它的形态和性质将红壤分为三个亚类。一是山原红壤，主要分布于滇东高原，是古红土上发育的红壤类型，具有一些古代遗留特征，如铁子、铁盘及胶膜。另一类是山地红壤，主要分布于滇西横断山区，因地势的强烈隆起，原来的高原面保留极少，大多数土壤是从母岩上发育生成，土壤沙性比东部高原古红土上发育的重。第三类是山地黄红壤，主要分布于迎风坡面上或者是海拔稍高的地段，湿度较大，表层产生黄化现象。

青藏高原东南边缘高寒高原，海拔 3 200m 以上，是云南省最高的梯层，属于寒温带气候。植被为暗针叶林和高山草甸，分别发育有棕色暗针叶林土和高山草甸土。棕色暗针叶林土在长期湿冷的条件下，以酸性淋溶作用为主导过程，土壤中活性酸及潜在酸很高，土壤水浸液 pH 值 4~4.5，盐浸液 pH 值 3~4，胡敏酸和富里酸之比约为 0.4 或更低，腐殖质含量很高，流动性很大，铁铝也有淋溶，尤以铁的淋溶特别明显，SiO_2 有相对积累现象，具有灰白色土层（不是灰化层），但黏粒含量没有明显下降，养分状况较好，还有微团聚结构的发育。

另外，西北一隅独龙江河谷是东喜马拉雅山南坡热带，亚热带森林红壤地带延伸至云南的部分，为砖红壤性红壤或红壤；东北角则为湿性常绿阔叶林或常绿阔叶混交林下发育的黄红壤、黄壤和黄棕壤，属四川盆地边缘山地的土壤类型。

③云南土壤垂直分布特点：云南山原山地连绵起伏，由北而南，随着纬度和盆地海拔高度的下降，山地的高度也相应降低。超过海拔 5 500m 的高山集中于滇西北一角，其他大部分地区都为不超过海拔 3 200m 的中山。一般盆地四周，山地的相对高度较小，峡谷两侧，山地相对高度就大。

土壤垂直带谱的发育决定于山地气候。云南山地气候的共同特点是气温相对较低而大气湿润，其中突出的是"湿"，故在热带和亚热带南部山地下部和中山上部常出现湿性常绿阔林（或叫苔藓林），树干上覆被苔藓。土壤表层黄化现象突出，称为黄红壤或黄棕壤，与典型的黄壤不同。在一定的水平地带中，土壤垂直带谱及主要土壤类型均有各自的特点。

潮湿的热带山地垂直系列只存在于滇东南不太大的地区，以金平、励拉坝一带为例，其土壤带系列是：热带湿性雨林下发育的是黄色砖红壤（海拔 300~700m），湿性季风常绿阔叶林下发育的是黄色砖红壤性红壤（海拔 700~1 100m），湿性或半湿性常绿阔叶林下发育的是黄红壤或红壤（海拔 1 200~1 500m），苔藓常绿阔叶林下发育的是黄棕壤（1 600~2 100m），山顶苔藓灌丛林下发育的是草甸土（2 500m 以上）。这一垂直系列处在高大山体迎东南季风坡面及山前地区，空气湿度大，地面特别潮湿，垂直带主要土壤偏于潜育化，是这一垂直系列的特点。

热带地区哀牢山以西，雨量稍减并出现干季，因极少超过海拔 2 000m 以上的山地，土壤垂直带谱是：热带季雨林下发育的是砖红壤（海拔 500~800m），山地季风常绿阔叶林下发育的是砖红壤性红壤（海拔 800~1 000m），红壤或黄红壤（海拔 1 000~1 500m），1 500m 以上为黄棕壤、草甸土。

滇西南热带季雨林下发育的是褐色砖红壤（海拔 960m 以下），海拔 1 000m 以上的山地季风常绿阔叶林下发育的是砖红壤性红壤，在垂直带上这一类型占有较大的空间，热带山地的这一类型与哀牢山以西亚热带南部的水平带土壤类型有很大的相似之处。两地分布的海拔高度相近，地势相连，其他热带山地的季风常绿阔叶林破坏后，不见松林取而代之的现象，但在滇西南德宏州南部，山地季风常绿阔叶林破坏后，出现大面积的旱冬瓜或云南松林。这是滇中高原山地常见的次生群落"云南松",这一类型在热带山地的存在,说明是热带纬度偏北和海拔偏高的真实反应。

亚热带南部山地土壤垂直带自下而上主要是:季风常绿阔叶林下发育的是砖红壤性红壤(海拔1 000m以下),半湿性常绿阔叶林下发育的是山地红壤、山地黄红壤(迎风坡海拔1 800m以下),湿性常绿阔叶林下发育的是黄棕坡(海拔2 200~2 400m以下),苔藓林、铁杉、常绿或落叶混交林下发育的是棕壤和暗棕壤(海拔3 000~3 200m以下)。

亚热带北部的土壤垂直系列是:常绿阔叶林、云南松林下发育的山原红壤或山地红壤(海拔1 600~2 200m),半湿性常绿阔叶林或针阔叶混交林下发育的红棕壤及棕壤(迎风山前有黄棕壤,海拔2 200~3 000m),针阔叶混交林下发育的暗棕壤(海拔3 000~3 600m),冷杉、云杉纯林下发育的棕色暗针叶林土(海拔3 200~3 800m)。在滇西北的高山上部还有高山灌丛和高山草甸植被下发育的高山草甸土(海拔3 800~4 200m),再以上是雪线。

总的来看,亚热带作为一个自然地带,植被的垂直系列基本上是一致的,南北两半部间的差异主要在于基带土壤类型不同,以及亚热带北部金沙江中下游高山、亚高山上部有一些特殊的土壤类型,如亚高山草甸土、高山草甸土,是亚热带北部山地土壤垂直带的特殊类型干热河谷及隐域性土壤在云南山原中,大小不等和流向不同的河流纵横穿插,除了滇中高原北侧金沙江中下游和南侧的南盘江开远以东为自西向东外,其他大小河流则为有南有北,这些河流的河谷底部一般较干热,有一些深陷的河谷盆地以特别干热著称,如元江中游的元江坝,把边江上游的景东,威远江中游的景谷,怒江中游的潞江坝,金沙江中下游的元谋、巧家,以及南盘江向北转折处的开远等。星散分布于N23°30′以北的亚热带半湿润生物气候地区。

干热河谷存在的地形条件是:河流切割较深。河谷较狭窄,两侧为高大山体禁闭。例如位于亚热带南部的元江坝,海拔380m,低于水平带基准面900~1 000m,盆地虽呈狭长形,并具有一定的宽度,但顺河流进出口河谷狭窄,两侧高大山体的阻挡,使得这一深陷盆地处在西南季风和东南季风的背风河谷中,表现在焚风效应大而具有负向垂直分异,元江年平均温度24.1℃,较其下游偏南的河口(年均温22.6℃)还高,但年降水量不及河口的一半且更为集中,干季更长。天然植被的主要树种有木棉、虾子花、扭黄茅稀树灌木草丛和石质地上的仙人掌、霸王鞭等肉质多刺灌丛。河谷底部土壤为红褐土,上部为褐红壤。它的基本性质是:在形态、土体结构上具有明显的发生层次,表土有机质含量常高达3%~4%,黏粒的铝硅率为2.1~2.4,淋溶作用较弱,又受旱季水分蒸发的影响,盐基有向表层聚积的趋势,土壤pH值为6.0~6.5,局部石灰岩母质上发育的红褐土，pH 可达 6.5~7.5，阳离子交换量较高，可达 18~30mg 当量，盐基饱和度可达 70%~90%，而且常有石灰反应，是一种非地带性土集类型。所谓非地带性类型是与地带性相对而言的。非地带性的任何类型，不管其形成原因多么特殊，都不会全脱离地带因素的影响，从红褐土的性质和生产力来看，一种是湿热类型，主要分布于亚热带南部干热河谷，另一种是冷热类型，主要分布在亚热带北部的干热河谷。

隐域性土壤是指地带性不明显的土壤，即同一发生的土类或亚类可以分布在不同的地带中，它和地带性土壤在成因上有显著不同。隐域性土壤是非地带性因素（如母质、地形）及人类生产活动为主的条件下形成的，例如石灰性土、紫色土、水稻土可分布在全省各个地带中。隐域性土壤仍或多或少地受地带因素的影响，特别表现在土壤的生产力上，处在不同地带的同一种土壤，它的生产力是不同的。

（3）薏苡种植　杨志清等（2011）提出云南薏苡主要栽培措施为：前作收获后，及时翻犁耙地，并人工分墒，细碎平整，墒面整洁，干净无杂草。在当地薏苡适宜播种期播种，以雨水来临时抢墒播种较好，于 4 月下旬播种，播种量为每塘 4~5 粒，播种方式采用人工打塘点播，每塘留 2 苗。结合当地生产情况，按每亩施农家肥 500~1 000kg，拌普钙 30~50kg 作种肥施用。齐苗后及时进行间苗和定苗，对出苗较差的地块进行补种，保证全苗，并进行薅锄和培土，及时防治病虫害，薏苡有 80% 的坚果变黄变硬时及时进行收获。

第二节　薏苡生长发育

一、生育期和生育阶段

（一）生育期

薏苡生育期指播种至成熟或出苗至成熟天数，是判断品种熟期类型的重要标志。

在山东临沂地区，春播在 4 月上旬（日平均气温 10℃ 时）播种，7 月中旬现花，营养生长期 70 d 以上，9 月底收获，生殖生长大致在 80d 左右。夏播，6 月中旬播种，8 月初现花，营养生长 50d 左右，10 月初收获，生殖生长 60d 左右。夏播可在麦收后抢时播种，也可实行麦田套种或育苗移栽。育苗的播种期在 5 月 10—15 日，苗龄 30~35d。其壮苗指标为 5~6 叶，单株带两个分蘖，次生根 6~8 条。

同一品种的生育期长短也随种植地域不同（经纬度、海拔、气候带等差异）

而有变化；即使在同一种植地点，同一品种的生育期也因播期不同而异。

不同熟期生态型品种的生育期如下：

1. 南方晚熟生态型

包括海南、广东、广西、福建、台湾、云贵高原、湖南南部与西藏南部（即 28°N 以南，全年日平均气温≥10℃的积温 5 000℃以上，年日照时数 2 000h 以下）的种质。在北京长日照下多数不能抽穗或成熟，在南宁出苗到成熟的生育日数为 175d 左右。植株高大，秆粗叶宽，株高在南宁和北京分别为 2m 和 3m 以上。

这里野生种广为分布，除旱生型野生种外，在广西还分布有只开花不结实靠根茎繁衍的水生型野生种。这些种质对日长反应敏感，特别是野生种更为严格，在北京要经过 40d 以上短日处理，才能在育种上利用。

2. 长江中下游中熟生态型

包括苏、浙、皖、赣、川、鄂、陕西南部、湖南北部等地（即 N28°~33°，全年日平均气温≥10℃的积温在 4 500℃左右，年日照时数为 2 000~2 400h）的种质，野生种也分布很广。在北京和南宁种植，株高分别为 2.2m 和 lm 左右，出苗到成熟的生育日数分别为 20d 和 14d。

这一生态区种质引到北京种植，生育期比原产地延长，籽粒灌浆期昼夜温差较大，因此粒重比原产地增加，产量较高。

3. 北方早熟生态型

包括北京、河北、河南、山东、山西、辽宁、吉林、黑龙江、内蒙古、新疆等省（区、市）（即 N39°以北，全年日平均气温≥10℃的积温 40℃以下，年日照时数 2 400h 以上）的种质。植株中矮，在北京和南宁的株高分别为 1.6m 和 0.8m 左右，秆细叶窄，主茎节数较少。出苗到成熟的生育日数分别为 150d 和 80d 左右。对日长反应敏感，引到南方种植，生育加速不能形成经济产量。东北与内蒙古的种质引到北京，也提前成熟，产量很低。同纬度或海拔相近的山东、山西的栽培品种，在北京种植，每亩产量可达 200kg 左右，可直接利用。

播种期对薏苡生长和产量的影响十分明显。播种过早，土温低，发芽慢，幼苗生长势弱，容易感染黑穗病；播种过晚，生育期短，分蘖少，产量低，种实甚至不能成熟。播种期与品种、气候等有关。

如在黔西南地区，播种期从 3 月 20 日至 4 月 3 日（清明），产量之间没有明显差异，清明节过后，播种期每晚 1 个节气产量均明显下降，5 月 7 日和 5 月 20 日播种与 3 月 20 日相比产量分别下降了 24.17% 和 42.93%，到芒种节气后，产量仅有清明节播种的 25.44%，下降了 74.56%，说明该地区适播期应在清明节

之前。而北京地区则为 4 月 27 日左右。有的品种生育期较短，播种期可推迟至夏季，如新品种"仙薏 1 号"。

（二）生育时期

不同品种薏苡完成全生育期约历时 140~200d。薏苡的生育时期（物候期）通用划分为 5 个时期：播种出苗期、苗期、拔节期、孕穗期和抽穗灌浆期。各生育时期的标准如下。

1. 播种出苗期

气温 15℃以上时，7~14d 就可出苗。当种子吸水达自身干重的 50%~70%时即开始萌发。种子在 4~6℃时开始吸水膨大，35℃吸水最快，40℃以上反而减慢。当有 80%的植株出现两片叶时即为出苗期。

2. 苗期

历时约 40d，叶龄为 1~8。此期生长点为半圆形，不断分化出叶原基，并在茎基部发生一级、二级分蘖。

当田间有 80%的植株出现两片叶时，即为苗期。

3. 拔节期

历时 15d。叶龄 8~10.5，此期为营养生长和生殖生长交错时期。主茎顶部生长点经历了性器官形成期，包括枝梗、小穗、小花分化各个时期。薏苡是分枝性极强的作物，决定有效枝（主茎和分蘖）上分枝数的关键时期。分枝多少直接影响结实数。

当田间有 80%的植株开始长出节时，即为拔节期。

4. 孕穗期

历时 8~10d。叶龄 11~15。此期以生殖生长为主。主茎顶花序进入性器官分化时期，历经花粉母细胞形成、减数分裂和花粉形成等阶段。平均每天要增加 20 个花序。

此期是水肥需要的临界期，应抓住良机，加强水肥管理，是促使多分化花序、提高结实率、争取高产的关键时期。

当田间有 80%的植株开始孕穗时，即为孕穗期。

5. 抽穗灌浆期

历时 60~70d。薏苡是分枝性极强的植物，很难把抽穗和灌浆分开。此期在产量上主要决定实粒数和千粒重，是决定高产稳产的第二个关键时期。

当田间有 80%的植株开始抽穗灌浆时，即为抽穗灌浆期。

收获薏苡应选择晴天进行，收获后经 2 次堆沤，晒干后，用碾米机碾去外壳和种皮、过筛、装袋即可。

（三）生育阶段

按生理特点，薏苡一生可分为苗期、拔节期和孕穗抽穗灌浆期三个阶段。三个阶段生理生育特征和栽培上的主攻方向如下。

1. 苗期阶段

营养生长阶段。生理特点是氮代谢为主，主要以根系生长为主，同时不断分化出叶原基，植株长出 1～8 叶，在茎基部发生一级、二级分蘖。此阶段是决定田间基本苗数和有效分蘖数的关键阶段。田间管理主要任务是抓全苗壮苗，给下阶段发育打好基础，确保苗全、苗匀、苗齐，促进花芽分化。

2. 拔节阶段

营养生长和生殖生长同时进行，是决定有效枝（主茎和分蘖）上分枝数的关键阶段。分枝多少直接影响结实数。植株长出 8～11 叶和各级分枝，主茎顶部生长点经历了性器官形成期，包括枝梗、小穗、小花分化各个时期。生理特点是糖、氮代谢并重。田间管理的重要任务是增花保穗，协调营养生长和生殖生长平衡发展，控制徒长防止倒伏，确保多花多穗。

3. 孕穗、抽穗、灌浆阶段

薏苡从孕穗期开始，主要以生殖生长为主。生理特点以糖代谢为主。此期是水肥需要的临界期，田间主要任务是应抓住良机，加强水肥管理，促使多分化花序、提高结实率、争取高产。

到抽穗灌浆阶段，在产量上主要决定实粒数和千粒重，是决定高产稳产的第二个关键阶段。尽可能延长植株功能叶寿命，提高光合能力，促早熟，增粒重，实现高产稳产。

二、环境条件对薏苡生长发育的影响

（一）温度的影响

1. 种子萌发和出苗的三基点温度

薏苡是喜温作物，种子容易萌发。种子萌发需较湿润的条件，在 4～6℃时吸水膨胀，35℃吸水最快。当种子吸水达自身干重的 50%～70% 时开始萌发，胚根首先伸出种壳。发芽最低温度为 9～10℃，最适宜温度为 25～30℃，最高温度为 35～40℃。

在土壤含水量 20%～30%，气温 10℃以上种子即可萌发，但出苗缓慢，约需 20～25d 出苗；16℃以上播种，7～14d 出苗；高于 25℃，相对湿度 80%～90%以上时，幼苗生长迅速，6d 出苗，发芽率达 85% 左右。种子萌发时需要充足的氧气和水分，但淹水条件下则不能萌发出苗。

种子寿命一年，忌连作。

2. 生育期的适宜温度

薏苡在 4 片叶时开始分蘖；主茎 8 片叶时开始拔节，生长锥开始伸长；9 片叶时生长锥分化出小穗原始体；10 片叶时进入小花原始体分化期；11~12 片叶时，在小花原基继续分化的基础上，雌、雄花继续分化；13 片叶时是药隔和雌蕊形成期；14 片叶时，花药内的花粉经过减数分裂后成熟。

在主茎幼穗分化的同时，各分蘖和分枝相继进行着幼穗分化。薏苡抽穗后 1~2d 开花。雄花 8 时开始散粉，花粉数量多，以群体授粉为主，属常异花授粉植物。由于主茎、分枝、分蘖分期开花，种子分期成熟，成熟期需 60~80d。一般 9 月底至 10 月上、中旬成熟。

薏苡分蘖、拔节最适温度为 32~25℃，灌浆成熟最适温度为 25~30℃。其他生育期以日均温不超过 26℃ 为宜。尤其是抽穗、灌浆期，气温在 25℃ 左右有利于薏苡的抽穗扬花和籽粒的灌浆成熟。在上述气温条件下，叶片老化慢，功能期长，有利于物质积累，提高产量。

（二）光照的影响

光周期对作物生长发育的影响极为明显。

从光周期反应来看，薏苡是不典型的短日植物。

黄羑维（1985）研究发现，薏苡种子属需暗种子，新种子在全光下不能萌发，但在暗室浸种催芽，肥细土盖密，种子发芽率高。

从对光照强度的要求看，薏苡是喜光作物，充足的阳光有利于薏苡的生长。生产上可通过调整种植密度来满足薏苡植株对光照的要求。一般控制每亩苗数 1 万~2 万株，分蘖后茎的总数达 5 万~6 万株。

1. 光周期对薏苡生长发育的影响

姚凤娟（2005）选用来自山东、江苏南京、四川雅安和北京等 4 个地方的品种，通过两种处理时间，即照光 8h（自 17 时至早 9 时遮光）处理和照光 11h（自 19 时至早 8 时遮光）处理，分别在 4 个时期（一叶一心期、三叶期、五叶期和八叶期）对薏苡进行了光周期处理，研究了光周期和播种期对薏苡生长发育及其产量的影响，结果发现：从分蘖数、叶片的生长速度、最终叶片数和株高几个方面分析表明，南京品种一叶一心期处理效果明显大于三叶期，而山东品种则相反，三叶期大于一叶一心期；五叶期处理效果山东品种和北京品种较雅安品种和南京品种大，这说明南方品种的感光期可能比北方品种早，而北方品种的感光期持续时间较南方品种长。光周期对南方品种的影响时期比北方品种早，而且从短日促进率看，北京品种的感光性最强，其次是山东品种，雅安和南京品种最弱。4个品种的三叶期处理与五叶期和八叶期处理相比不仅分蘖数增多，叶片数减少，而且导致植株高度变矮，开花提早，生育期变短，这和喻玉林（1999）对墨西哥玉米的研究是一致的，喻玉林通过对墨西哥玉米进行9h和11h的短日照处理后，发现玉米主茎开花期大幅度提前。张桂茹（1997）通过对大豆进行短日处理后也发现，8h短日下大豆各品种的总叶片数均比自然照光下减少。因此，在不减少产量的前提下，理论上矮秆的薏苡应该比高秆的抗倒伏能力强，提早开花、生育期变短可以减少农耗，增加单位面积产投比，从而提高收入。

2. 光周期对薏苡产量及产量性状的影响

姚凤娟（2005）从处理时期影响产量构成的因素分析，三叶期处理的有效穗数和穗实粒数比对照、五叶期处理和八叶期处理影响都显著，但是千粒重和结实率反而是五叶期处理影响更为明显。由于产量是由有效穗数、穗实粒数和千粒重三者的乘积构成的，因此从最终的产量结果看，处理时期对产量的影响不显著，但是三叶期处理的产量均值却比对照和其他处理都高。这说明遮光处理的三叶期对产量有一定影响，但是影响不显著。

照光8h处理和照光11h处理对薏苡的产量构成因素的影响也不一致，照光11h处理的穗实粒数和结实率显著高于照光8h处理和对照，但是有效穗数和千粒重两个处理时间的影响不显著。最终的产量，照光处理11h和对照相比差异显著，显著高于对照，但是和照光8h相比差异不显著，均值却比8h处理要高。这说明照光11h反而能增加薏苡产量。

（三）水分的影响

1. 薏苡需水规律

薏苡外形与玉米、高粱相近，历来农艺上把它划为旱地作物，生产上亦习惯以旱地栽培。有人研究表明，土壤水分对薏苡产量影响甚大，进而观察到其叶脉、叶鞘、茎、根中有大量的通气组织存在，其解剖结构与沼泽植物水稻十分相似，具有湿生习性，干旱条件不利于其生长，尤其在孕穗到灌浆阶段，水分不足可使产量大幅度降低。

北方干旱地区种植时，薏苡出苗要求土壤含水量为田间最大持水量的70%以上，墒情不足要浇水造墒。也可先播种再浇蒙头水，浇后及时破除板结，以利出苗。拔节前需水较少，出苗期和分蘖期土壤含水量应保持在田间最大持水量的70%～75%；孕穗、开花至灌浆，保持田间持水量的80%～90%，成熟期土壤含水量不低于田间持水量的80%。拔节期蹲苗，以控为主，孕穗至开花期遇旱应及时浇水。

2. 薏苡的水分管理

吴永祥（1990）根据薏苡的湿生性，有产区创造出了湿生栽培法。试验表明，湿生栽培优于旱地栽培，1hm²产量可达 6 000kg。湿生栽培要点如下。

（1）湿润促苗　播种后保持土壤湿润，有利于苗全、苗齐、苗匀、苗壮、增强分蘖能力；但在田间总茎数达到预期数目时，应排水干田，尤其在大雨后应及时排水，控制无效分蘖的发生。

（2）干旱拔节　在田间总茎数达到预期数目时，应排水干田，尤其在大雨后应及时排水，控制无效分蘖的发生。

（3）有水孕穗　孕穗阶段应逐步提高增大灌水量，增大灌水量直至田间有2cm左右成水层，有利幼穗分化，形成大穗。

（4）足水抽穗　穗期气温高，植株茎叶多，是需水量最大的时期。此时应勤灌、灌足，保持田间 3~6cm 深的水层。抽穗期干旱会导致产量大幅度下降。

（5）湿润灌浆　灌浆结实期要以湿为主，干湿结合。前半个月湿润可保持植株生长势，防止早衰，而且可增加粒重，减少自然脱粒。

（6）干田收获　灌浆结实期后半个月则应放水干田，以利收获。

在江苏昆山和宿迁等地推广类似于水稻的干湿相间的湿生栽培法，春播薏苡一般亩产均在 400kg 左右，比旱地栽培提高 2 倍以上。

（四）矿质养分的影响

1. 薏苡的需肥规律

薏苡是喜肥、耐肥的作物，分蘖期、幼穗分化期和抽穗开花期是薏苡需肥关键期。

分蘖开始产生时，充足的 N 肥、P 肥，对其分蘖的产生和健壮生长极为有利。

幼穗分化盛期，植株已基本定型，这时适量施肥对促进穗的分化、增加粒数、提高产量有利。

抽穗开花期追施 P 肥、K 肥对授粉后的果实灌浆、营养物质的积累、增加粒重甚为有利。

2. 肥水运筹

赵杨景等（1992）薏苡虽耐旱、耐瘠薄，但争取高产仍需供给充足的养分和水分。N、P、K 营养元素对薏苡茎叶干重的影响顺序为 N>P>K；对根干重的影响为 N>K>P。N 素影响籽粒形成和粒重；P 素促进小穗分化，增加粒数；K 素可提高粒重，减少空壳率。因此，N 肥应早施分蘖肥，重施穗肥；P 肥应作底施或在分蘖期追施；K 肥常用作底肥，但在抽穗结实期应适当补加。

章国（1995）在河北省冀东地区的肥效试验研究表明，在亩产 400kg 时，每生产 100kg 籽粒需施纯 N 3.3kg，P_2O_5 2.1kg，K_2O 3.3kg；亩产 500kg 以上时，每生产 100kg 籽粒需施纯 N 3.4kg，P_2O_5 2.7kg，K_2O 4.55kg。

庞锡富等（1996）在山东临沂地区通过调整 N、P、K 的比例，下述四种施肥方案都可获得亩产 400kg 以上产量。

（1）纯 N 17.8~21.4kg，P_2O_5 10.7~12.9kg，K_2O 16~21.3kg。

（2）纯 N 21.5kg，P_2O_5 10kg，K_2O 15kg。

（3）纯 N 15kg，P_2O_5 14.3kg，K_2O 15kg。

（4）纯 N 15kg，P_2O_5 10kg，K_2O 25kg。

试验表明，当亩施纯 N 18.7~23.5kg，P_2O_5 12.4~14.6kg，K_2O 22.2~24.7kg 时，可获得亩产 500kg。随着产量的提高，对 N、P、K 的需要量也相应增加。在高产水平下，应在施足 N 肥的前提下，特别重视 P、K 肥的应用。基肥以有机肥、P、K 肥为主，每亩施圈肥 2 500kg，过磷酸钙（含磷量 15%）35kg，K 肥（含钾量 70%）20~25kg。N 肥用总量的 20%，在耕翻时一次施入，拔节期追施 N 肥总量的 20%，其余 N 肥在大部分分枝开始开花，株高已不再上升时施用。若该生长前期较耐旱，中后期较耐涝。

三、薏苡生育过程的有关代谢活动

（一）水分代谢

水是植物生命活动不可缺少的物质，在植物生长发育过程中起着很重要的作用，是其生存的载体。对于植物，水是植物养料的运输工具，也是合成纤维、蛋白质的原材料，同时也是构成内环境（细胞外液+细胞内液）的成分。各种植物对水的需求不同，所以造成的生理影响也不同，但大致是相似的。

水是植物体的成分之一，其含水量常因植物的特性及环境条件而异。一般植物的含水量占组织鲜重的 70%~90%，水生植物比陆生植物含水量高，可达鲜重的 90% 以上；肉质植物的含水量约占鲜重的 90%，草本植物含水量约占鲜重的 70%~80%，木本植物叶的含水量占鲜重的 79%~82%，树干含水量占鲜重的 40%~50%，休眠芽的含水量约占鲜重的 40%，成熟种子的含水量占鲜重的 10%~12%，岩石上的低等植物含水量约占鲜重的 6%。薏苡这种湿生性植物，植物含水量占鲜重的 70%~80%。

1. 水在植物体内的重要生理作用

（1）水是原生质的主要成分　原生质的含水量一般在 80%~90%，这些水使

原生质呈溶胶状态，从而保证了新陈代谢旺盛地进行。例如根尖、茎尖就是这样。如果含水量减少，原生质会由溶胶状态变成凝胶状态，生命活动就大大减弱，例如休眠的种子就是这样。如果细胞失水过多，就可能引起原生质破坏而招致细胞死亡。

（2）水是新陈代谢过程的反应物质　在光合作用、呼吸作用、有机物的合成和分解的过程中，都必须有水分子参与。

（3）水是植物对物质吸收和运输的溶剂　一般说来，植物不能直接吸收固态的无机物和有机物，这些物质只有溶解在水中才能被植物吸收。同样，各种物质在植物体内的运输也必须溶解于水中才能进行。

（4）水能保持植物体的固有状态　细胞含有大量水分，能够维持细胞的紧张度（即膨胀），使植物体的枝叶挺立，便于充分接受光照和交换气体，同时也使花朵开放，有利于传粉。

（5）水能维持植物体的正常体温　水具有很高的汽化热和比热，又有较高的导热性，因此水在植物体内的不断流动和叶面蒸腾，能够顺利地散发叶片所吸收的热量，保证植物体即使在炎夏强烈的光照下，也不致被阳光灼伤。

2. 薏苡生育过程中对水分的需求及田间管理

吴永祥（1990）建立的薏苡湿生栽培法中将薏苡全生育期对水分的要求总结以下几点：湿润生苗 40d；干旱拔节 15d；有水孕穗 8d；足水抽穗灌浆 60d。所以，薏苡一生中对水分要求大，起码保持土壤湿润是关键。

薏苡种植田间管理，以湿、干、水、湿、干相间管理，即湿润育苗、干旱拔节、有水育穗、足水抽穗、湿润灌浆、干田收获。生长前期需水分多，生长中期适当控制水分，从播种到出苗保持湿润，出苗后至分蘖到一定天数后，应放水晒田几天，控制分蘖过多。出苗 50~70d 植株进入拔节期时，为了防止倒伏，这时严格控制水分。孕穗、灌浆期应每天灌水 1 次，保持足够水分，但不宜积水。成熟前 10d 停止灌水，以便收获。

（二）光合生理

1. 光对植物的作用

间接影响：主要通过光合作用，是一个高能反应。

直接影响：主要通过光形态建成，是一个低能反应。光在此主要起信号作用。

（1）光形态建成的概念　光控制植物生长、发育和分化的过程。为光的低能反应。光在此起信号作用。信号的性质与光的波长有关。植物体通过不同的光受体感受不同性质的光信号。

（2）光形态建成的主要方面 蓝紫光对植物的生长特别是对茎的伸长生长有强烈的抑制作用。因此生长在黑暗中的幼苗为黄化苗。光对植物生长的抑制与其对生长素的破坏有关。

蓝紫光在植物的向光性中起作用。

光（实质是红光）通过光敏色素影响植物生长发育的诸多过程。如：需光种子的萌发；叶的分化和扩大；小叶运动；光周期与花诱导；花色素形成；质体（包括叶绿体）的形成；叶绿素的合成；休眠芽的萌发；叶脱落等。

光信号受体：光敏色素、隐花色素、UV-B 受体。

（3）光敏色素

①光敏色素的概念：光敏色素是 20 世纪 50 年代发现的一种光受体。该受体为具有两个光转换形式的单一色素。其交替接受红光和远红光照射时可发生存在形式的可逆转换，并通过这种转换来控制光形态建成。

②光敏色素的分子结构：光敏色素的单体由一个生色团（发色团，chromophore）及一个脱辅基蛋白（apoprotein）组成，其中前者分子量约为612KD，后者约为 120KD。光敏色素生色团由排列成直链的 4 个吡咯环组成，因此具共轭电子系统，可受光激发。其稳定型结构为红光吸收型（Pr），Pr 吸收红光后则转变为远红光吸收型（Pfr），而 Pfr 吸收远红光后又可变为 Pr。其中，Pfr 为生理活化型，Pr 为生理钝化型。

③光敏色素的生物合成与理化性质：光敏色素的 Pr 型是在黑暗条件下进行生物合成的，其合成过程可能类似于脱植基叶绿素的合成过程，因为二者都具有 4 个吡咯环。

光敏色素理化性质中最重要的是其光化学特性。光敏色素的 Pr 和 Pfr 对小于 800nm 的各种光波都有不同程度的吸收且有许多重叠，但 Pr 的吸收峰为 660nm，Pfr 的吸收峰为 730nm。在活体中，Pr 和 Pfr 是"平衡"的。这种平衡取决于光源的光波成分。此即光稳定平衡（Φ）：在一定波长下，具生理活性的 Pfr 浓度与光敏色素的总浓度的比值。即：$\Phi = [Pfr] / ([Pr] + [Pfr])$。不同波长的红光和远红光可组合成不同混合光，可得到各种 Φ 值。在自然条件下，Φ 为 0.01~0.05 即可引起生理反应。

Pr 与 Pfr 除吸收红光与远红光而发生可逆转换外，Pfr 在暗中也可自发地逆转为 Pr（此为热反应），或被蛋白酶水解。Pr 与 Pfr 之间的光化学转换包含光化反应和暗反应，其中暗反应需要水。故干种子不具光敏色素反应。

光敏色素的其他理化性质：光敏色素可溶于水。光敏色素的 Pr 为蓝绿色，Pfr 为黄绿色。

④光敏色素的分布：除真菌外，各种植物中都有光敏色素的分布。其中尤以

黄化苗中含量为多（可高出绿色苗含量的 20～100 倍）。光敏色素在植物体内各器官的分布不均匀，禾本科植物胚芽鞘尖端、黄化豌豆苗的弯钩、含蛋白质丰富的各种分生组织等部位含有较多的光敏色素；在黑暗中生长的植物组织内光敏色素以 Pr 形式均匀分布在细胞质中，照射红光后，Pr 转化为 Pfr 并迅速地与内膜系统（质膜、内质网膜、线粒体膜等）结合在一起。

在高等植物中，黄化组织中的光敏色素含量高，光下不稳定，为光不稳定光敏色素（PhyI）；而绿色组织中的光敏色素在光下相对稳定，为光稳定光敏色素（PhyII）。PhyII 的红光吸收峰为 652nm（蓝移）。

2. C_4 同化

C_4 植物的碳同化能力强，其光饱和点和饱和光强下的光合速率也较高。植物出现光饱和点实质是强光下暗反应跟不上光反应从而限制了光合速率随着光强的增加而提高。因此，限制饱和阶段光合作用的主要因素有 CO_2 扩散速率（受 CO_2 浓度影响）和 CO_2 固定速率（受羧化酶活性和 RuBP 再生速率影响）等。所以，C_4 植物的碳同化能力强，其光饱和点和饱和光强下的光合速率也较高。

C_3 植物的 CO_2 补偿点比 C_4 植物高。C_3 植物的 CO_2 固定是通过核酮糖二磷酸羧化酶的作用来实现的，C_4 途径的 CO_2 固定是由磷酸烯醇式丙酮酸羧化酶催化来完成的。两种酶都可使 CO_2 固定，但它们对 CO_2 的亲和力却差异很大。磷酸烯醇式丙酮酸羧化酶对 CO_2 的 Km 值是 7μmol/L，核酮糖二磷酸羧化酶的 Km 值是 450μmol/L（Km 值越大，亲和力越小）。前者比后者对 CO_2 的亲和力大得多。科学实验证明，C_4 植物的磷酸烯醇式丙酮酸羧化酶的活性比 C_3 植物的强 60 倍。因此，C_4 植物的光合速率比 C_3 植物快许多，尤其是在 CO_2 浓度低的环境下，相差更是悬殊。一般来说，C_3 植物的二氧化碳补偿点约为 50mg/kg，C_4 植物的补偿点在 2～5ng/L。

由此可见，C_3 植物的 CO_2 补偿点比 C_4 植物高，而且 C_4 植物在 CO_2 浓度低的环境下，其光合速率的增加比 C_3 植物要快一些。

C_4 植物在大气 CO_2 浓度下就能达到饱和，而 C_3 植物 CO_2 饱和点不明显，光合速率在较高 CO_2 浓度下还会随浓度上升而升高。这是主要因为空气中的 CO_2 含量一般只占总体积的 0.036%（相当于 350μl/L），在它到达同化部位的通路上，要经历周围大气—叶片表皮—叶肉细胞表面—叶绿体内这 3 大阶段的阻力，所以扩散到叶绿体基质中的 CO_2 浓度就很低了，几乎接近 C_3 植物的 CO_2 补偿点。但 C_4 植物有 "CO_2 泵" 的作用，甚至在外界 CO_2 浓度为小于 0.036% 时就会达到 CO_2 饱和点。

C_4 植物的 CO_2 饱和点比 C_3 植物低的原因可能有如下两个方面：C_4 植物的气孔对 CO_2 浓度比较敏感，在 CO_2 浓度超过空气水平后，C_4 植物气孔开度就会变小；C_4 植物磷酸烯醇式丙酮酸羧化酶的 Km 低，故对 CO_2 亲和力高，有浓缩 CO_2 的机制。

3. 与薏苡光合作用有关的研究

近年来，对薏苡形态生理特性的研究逐渐增多。20 世纪 70 年代后期研究发现，薏苡由根到叶片都有丰富的通气组织，属于湿生性植物，采用淹水的湿生栽培可以大幅度增产，而以前薏苡通常被划为旱地作物，生产上亦以旱地栽培，是其产量难以提高的原因之一。

关于拔节期光合作用日变化特征。舒志明等（2007）等研究了薏苡拔节期光合作用的日变化特征及其影响因素。试验研究结果表明，光合速率、气孔导度、蒸腾速率的日变化呈单峰曲线。净光合速率的峰值出现在 11 时，气孔导度和蒸腾速率出现在 15 时，影响光合速率的主要因素是光照和温度。光合作用最适温度是 31~37℃，相对湿度 33%~44%。光合有效辐射 470~710μmol/m²/s。

李慧玲等（2012）研究了薏苡生育期中叶片的光合性能。利用可溶性糖与游离氨基酸的比值反映薏苡的 C/N。发现叶片中可溶性糖和游离氨基酸开始就随生育进程逐渐提高。游离氨基酸在分蘖期最高，可溶性糖在穗花期最高；进入成熟期后可溶性糖稍有下降，游离氨基酸大幅度下降，C/N 在穗花期有提高，成熟期大幅度提高。这种变化有利于穗发育和开花的生理状态。使得苗期、分蘖期、穗花期、成熟期的 C/N 有较明显的差异界限，甚至可作为生育阶段划分的依据之一。

（1）薏苡生育期间的光合性能及其可能的影响因素 关于薏苡全生育期叶片光合性能的变化，尚未见有研究报道。研究表明，薏苡的 Pn（光合速率）、E（蒸腾速率）和 WUE（水分利用效率）随生育进程的变化动态均呈单峰曲线，其中 Pn 和 E 最高的阶段都在 6 月中旬的苗期末到 7 月中旬的分蘖期末。这种变化特点可能是薏苡的生长节律与生态条件共同影响的结果。

从研究中的生理特点看，这一时期的叶绿素等光合色素和标志着光合酶含量的可溶性蛋白质含量，也都比生长初期有所增加，标志着进入了光合作用旺盛期。而且这一时期的温度较高，光温条件也适合光合作用的进行。但是，在稍后的穗花期和成熟期初期，在光合色素没有明显降低，可溶性蛋白质含量有所增加的情况下，Pn 和 E 却逐渐下降，这可能与这期间进入多雨季节，光照条件总体上不如 6 月中旬至 7 月中旬有关。

李雁鸣（2010）在研究高粱叶片在全生育期中光合速率的变化时，也发现本应光合速率最高的生育中期，平均光合速率反而因为阴雨天气较多而降低的现象，也说明了这一点。

（2）薏苡光合性能日变化及其与生态条件的关系 研究中晴天条件下 Pn 和

E 和 Gs（气孔导度）的日变化与前人的结果相似，E 的日变化则与前人结果略有不同，在光合参数的最高值及其出现时间等方面也有差异。

本研究中晴天的 Pn 和 Gs 的最高值均出现在 11：30，Pn 的最高值为 27.7μmol/（$m^2 \cdot s$）；E 则在 11：30 的上午高峰后，12：30 出现短暂小幅降低才继续升高，但维持了较长时间的下午峰值。

舒志明等（2007）发现薏苡拔节期 Pn 的最高值出现在 11：00，达到 29.8μmol/（$m^2 \cdot s$）；E 和 Gs 的最高值则都出现在 15：00。

杨念婉（2010）研究了两种薏苡的叶绿素和光合速率的日变化。研究发现两种薏苡 Pn 的最高值均在 12：00，分别为 18.2μmol/（$m^2 \cdot s$）和 18.9μmol/（$m^2 \cdot s$）。

以上不同研究的结果虽然有差异，但总的看来都与生态条件尤其是 PAR（光合有效辐射）的变化有关。Pn 和 E 和 Gs 的最高值均出现在 PAR 最高（一般温度也最高）的时间或时段，这在本研究阴天条件下取得的结果中更为明显。

薏苡光合性能日变化对光温条件的这些反应特点，与具有 C_4 光合途径的黍类作物玉米和高粱的表现形式相同，而与在强光高温的中午光合速率出现"午睡"现象的具有 C_3 光合途径的麦类作物有显著的差异。

由此可见，薏苡似应属于 C_4 植物，但还需要从多方面进行研究证明。不过可以肯定的是，在薏苡栽培生产中，应该保证较好的光照条件。

（3）薏苡的光合产物代谢与生育阶段　20 世纪末期，Champigny（1995）大量试验研究表明，开花的决定因素是植物体内碳水化合物与含 N 化合物的比值，C/N 高促进开花，C/N 低则不开花或延迟开花。

杨念婉（2010）研究利用可溶性糖与游离氨基酸的比值来反映薏苡的 C/N，发现薏苡叶片中的可溶性糖和游离氨基酸从苗期开始就随生育进程而逐渐提高，游离氨基酸在分蘖期最高，可溶性糖在穗花期最高；进入成熟期后可溶性糖稍有下降，游离氨基酸则大幅度下降，使得 C/N 比值在穗花期有所提高，到成熟期大幅度提高。

这种变化可能是有利于穗发育和开花的生理状态，也使得营养生长为主的苗期和分蘖期、营养生长与生殖生长并进的穗花期、生殖生长为主的成熟期的 C/N 比有比较明显的差异界限，甚至可以作为生育阶段划分的依据之一。

杨志清等（2015）分析了云南省文山市 10 个薏苡品种的光合特性。Y12-2 品种的净光合速率高于其他 9 个品种，Y3-1 品种的最低。各品种的净光合速率、蒸腾速率、气孔导度日变化均呈单峰曲线。净光合速率在 11 时达最大值，与舒志明等的结果一致。下午逐渐下降。蒸腾速率、气孔导度在 15 时达最大值。胞间 CO_2 浓度日变化在 9 时最高，呈现"高—低—稍高—低"趋势。

另外，范巧佳（1997，1998）等对叶片的生长、叶面积消长和干物质积累规律进行了研究。

本章参考文献

陈成斌，李英材.1991.薏苡资源酯酶同工酶的初步研究［J］.广西农业科学（4）：145-148.

陈成斌，覃初贤.1999.提高薏苡发芽率方法研究［J］.广西农业科学（5）：230-233.

陈成斌，覃初贤，陈家裘.2000.提高野生薏苡种子发芽率的试验研究［J］.中国农学通报，16（5）：26-28.

范巧佳，袁继超，吴卫.1997.薏苡叶片的生长与叶面积的研究［J］.四川农业大学学报，15（2）：211-217.

范巧佳，袁继超，吴卫.1998.薏苡干物质积累特性的研究［J］.四川农业大学学报，16（2）：237-241.

黄亨履，陆平，朱玉兴，等.1995.中国薏苡的生态型、多样性及利用价值［J］.作物品种资源（4）：4-8.

黄羌维，陈由强.1985.薏苡的生育与栽种特性的研究［J］.作物栽培（4）：12-15.

李慧玲，白岩，李雁鸣.2012.薏苡生育期中叶片光合性能的研究［J］.河北农业大学学报，35（5）：9-14.

李学俊，舒志明.2010.薏苡主要农艺性状的相关及通径分析［J］.中国农学通报，26（16）：349-352.

李泽锋，刘昆.2012.辽宁薏苡的特征特性及高产栽培技术［J］.农业科技与装备（1）：66-69.

庞锡富，张守维，曲宗昌，等.1996.薏苡的生育特点与高产栽培技术［J］.山东农业科学（3）：15-17.

彭建明，高微微，彭朝忠，等.2010.西双版纳野生薏苡种质资源的性状比较［J］.中国中药杂志，35（4）：415-418.

乔亚科.1996.我国薏苡属植物学名及中名的应用现状及分析［J］.河北农业技术师范学院学报，10（3）：67-70.

申刚，刘荣，蒙秋伊，等.2015.不同薏苡品种（系）农艺性状的比较研究［J］.种子，34（10）：80-82.

舒志明，梁宗锁，孙群，等.2007.薏苡拔节期光合作用日变化特征研究［J］.中国农学通报，23（3）：164-170.

吴永祥 . 1990. 薏苡湿生栽培法 [J]. 农业科技通讯 (4)：8-9.

杨念婉，李爱莲，陈彩霞 . 2010. 种植密度和播期对薏苡产量的响应及相关
性分析 [J]. 中国农学通报，26 (13)：149-152.

杨志清，张世鲍，蒙海铁，等 . 2015. 云南文山 10 个薏苡品种光合特性分析
[J]. 云南农业大学学报，30 (3)：440-444.

姚凤娟 . 2005. 光周期和播种期对薏苡生长发育及其产量的影响 [J]. 耕作
与栽培 (4)：21-25.

章国 . 1994. 冀东地区薏苡高产栽培技术 [J]. 作物栽培 (3)：11.

赵杨景，陈震 . 1992. 氮、磷、钾营养元素对薏苡干物质积累和养分含量的
影响 [J]. 中国中药杂志，17 (7)：400-403.

赵杨景，杨峻山，张聿梅，等 . 2002. 不同产地薏苡经济性状和质量的比较
[J]. 中国中药杂志，29 (9)：694- 696.

Champigny M L. 1995. Integration of photosynthetic carbon and nitrogen metabolis
in higher plants [J] Photosynthesis Research (46)：117-127.

第三章 薏苡栽培

第一节 熟制和茬口衔接

一、熟制

由于各地接受太阳辐射量不同，大气环流状况及下垫面性质也各不相同，各地的气候有着明显的分异。由于太阳辐射和大气环流直接影响着热量、降水等特征，所以气候分异也随着太阳辐射和大气环流的特征表现出明显的地带性和周期性。同时，由于地形地貌、距海远近等的差异，又从气候的地带性中分化出非地带性的差异。1984年，农业部根据全国各地的热量、降水等长期平均统计特征，并综合分析其基本特点，对中国的农业气候区域、气候带和亚带进行了划分，大体上可以将中国划分为3个气候大区、14个气候带，气候分布规律则直接体现在各类型区的排列组合上（表3-1）。中国的农业生产，从北到南，经历了不同的纬度带和不同气候区，同时，作物种植的熟制也有多种类型，有一熟制、二年三熟制、二熟制、多熟制。

所谓农作物熟制是指一定时间内，作物正常生长收获的次数。一年内，作物正常生长，只收获一次的，叫一年一熟制，依此类推。

薏苡在中国有6000~10000年的栽培历史，种植遍及全国，南北方都有种植。长期的自然选择与人为选择，形成了多种栽培类型的起源地和生态型。

中国薏苡资源丰富多样，除在生态类型上可分为相对独立的三大类型（即从北向南，薏苡种植主要包括北方早熟生态区、长江中下游中熟生态区、南方晚熟生态区）外，在生长习性上可分为水生、旱生两类，在形态上如株型、花序稀密、果实大小、果形、粒色、茎色、苗色和分蘖习性上均有较大差异。例如，广西的多年生水生型野生种株型瘦高，叶片窄长，花序稀疏，是一种开花不结实的类型。薏苡雌花柱头可分为紫色、白色两种；果实大似樱桃，如北方野生种果形为扁球形，百粒重可达50g以上，而海南岛的白沙川谷，粒小如高粱，百粒重仅6.7g；栽培品种中，大粒的滇二，百粒重达16g，而安徽的石英薏苡，百粒重才5.9g，粒重相差一倍以上。此外，同省不同海拔高度的种质，粒重差异也大，

表 3-1　气候带和亚带的划分指标

气候区域	气候带和亚带	范围	指标	参考指标	农业特征
东部季风区域	**温带** 寒温带 1	大兴安岭北端	最冷月气温<0℃ 积温<1 700℃	低温月平均值<-10℃	有"死冬" 一季极早熟的作物 春小麦为主
	中温带 2	东北平原, 内蒙古高原, 准噶尔盆地; 华北平原, 黄土高原, 河西走廊, 塔里木盆地	>10℃积温1 700~3 500℃	>10℃日数<105d 106~180d	一年一熟 冬小麦为主, 苹果, 梨
	暖温带 3		3 500~4 500℃	181~225d	两年三熟
	亚热带 北亚热带 4	秦岭—淮河以南, 青藏高原以东	最冷月气温>0℃ >10℃积温4 500~5 300℃	低温月平均值>-10℃ >10℃日数226 241~285d	无"死冬" 稻麦两熟 有茶, 竹 双季稻—喜凉作物两年五熟 油桐, 油茶
	中亚热带 5		5 300~6 500℃	240d	
	南亚热带 6		6 500~8 000℃	286~365d	双季稻—喜温或喜凉温作物一年三熟 龙眼, 荔枝
	热带 边缘热带 7	滇, 粤, 台的南部和海南省	最冷月气温>15℃ 积温8 000~8 500℃	低温月平均值>5℃ 最冷月气温15	喜温作物全年都能生长 双季稻—喜凉作物一年三熟; 椰子, 咖啡, 剑麻
	中热带 8		>8 500℃	~18℃	木本作物为主, 橡胶, 椰子, 产量高, 质量好
	赤道热带 9		>9 000℃	>18℃ >25℃	可种赤道带, 热带作物
西北干旱区域	干旱中温带 10	西北内陆区	>10℃积温1 700~3 500℃	>10℃日数100 ~180d	可种冬小麦
	干旱暖温带 11		>3 500℃	>180d	可种长绒棉
青藏高寒区域	高原寒带 12	青藏高原	>10℃日数不出现 <50d	最热月气温<6℃	"无人区" 牧业为主
	高原亚寒带 13		50~180d	6~12℃	可种青稞等 牧业为主
	高原温带 14			12~18℃	农业为主 可种青稞等

注: 引自《中国自然区划概要》, 1984

如贵州盘县的五谷子（海拔 1520m）百粒重达 10.7g，而海拔 640m 的望漠县大观乡五谷，百粒重仅 6.9g。

综上所述，中国薏苡可分为南方、长江中下游和北方三个多样性中心，从种类多样和野生种分布密度来分析，广西、海南、贵州、云南应为中国的初生中心地区，而长江中下游及北方各省（区），应是薏苡逐步北移、驯化、选择而形成的次生中心。

按照分布区域，又可以将薏苡种植区域分为如下 5 个区域。

（一）北方薏苡区

包括黑龙江、吉林、辽宁、内蒙古、宁夏等地。

本区属寒温带湿润或半湿润气候。薏苡生育期间降水量与生育期需水量相一致，光照充足，但有效积温不足，无霜期短，薏苡产量稳而不高。薏苡种植主要为一年一熟制。采用育苗移栽法可以适当选用生育期长的中熟品种。

（二）黄淮海平原薏苡区

属温带半湿润气候。包括河南、山东全省，河北省的中南部，江苏、安徽省北部。温度较高，无霜期较长，日照、降水量均较充足，适宜于薏苡种植，而且产量稳而高。薏苡种植可以一年一熟制，如采用育苗移栽法可以适当选用生育期长的中熟品种。

（三）西南山区丘陵薏苡区

属亚热带的湿润和半湿润气候。包括四川、云南、贵州全省。生长前期可刈割 1~2 次作饲草用，后期留种收籽粒用。唯阴天过多（一般在 200d 左右），日照不足，是本区薏苡种植的主要不利因素。薏苡种植主要为一年一熟制，或采用育苗移栽法进行一年两熟制。

（四）南方薏苡区

属热带、亚热带的湿润气候。包括海南、广东、广西、浙江、福建、江西等省区。气温高，无霜期长，适宜于薏苡生长的有效温度日数在 250d 以上。年降水量多，一般均在 1 000mm 以上。薏苡种植以主要一年两熟制为主。

（五）西北内陆薏苡区

本区属大陆性气候，气候干燥。包括甘肃省河西走廊和新疆全区。薏苡种植面积很少。日照充足，生长期短，薏苡生长期间的水分不能满足，需靠灌溉。薏苡种植主要为一年一熟制。

薏苡在相应的熟制中，理论上一年四季都有可以播种的地区。但在目前的实际生产中，以春播为主，夏播为辅，其他播种方式较为少见。

如在长江流域种植薏苡,一般采用种子直播,春播和夏播时间分别是:春播在早春4月中、下旬,在冬闲地和绿肥田中播种,其生育期较长、产量较高。夏播则是在油菜或大、小麦收获以后播种,生育期较短、植株比较矮小,可适当增加密度。一般以行株距20cm×10cm,播种量为每亩2.5~3.5kg,田间基本苗在每公顷37.5万株左右为宜。

另外,由于品种类型不同,播种期也不同。播期早熟品种3月上中旬播种;中熟品种3月下旬至4月上旬播种;晚熟品种在4月下旬至5月初播种。

黄亨履等(1994)在北京中国农业科学院品种资源研究所的试验地里,安排了薏苡引种和栽培试验。供试品种来自山东、山西、江苏和韩国,并采取春播、夏播和麦茬套播(套栽)三种方案。结果表明:稻茬田春播产量最高,平均亩产276.03kg;稻田夏播平均产量为113kg;麦地套种(5月27日播种,6月21日移栽于2m宽小区内,移栽2行,行距均为66.67m),平均亩产94.32kg。当年气候干旱,管理粗糙,产量水平较低,供试品种中以江宁薏苡和临沂薏苡表现较好,同时这两个品种品质较优,因此应继续试验示范,为生产利用打基础。

沈宇峰等(2008)对"浙薏1号"薏苡新品种的特征及栽培技术进行研究发现,"浙薏1号"喜光照,生长期需要充足的阳光,适宜在向阳、湿润、土壤肥沃且稍黏的土地中种植。喜温暖湿润、雨量充沛的气候,海拔300~700m,年平均气温16℃左右,平均相对湿度80%左右,年降水量约2 000mm,年日照时间约2 000h。"浙薏1号"生长期为190d左右,4月初育苗,5月中旬移栽,6月中旬开始拔节,8月中旬拔节完毕,8月底开始开花,花期至9月底,9月中旬开始灌浆,10月底至11月初成熟,可以进行采收。"浙薏1号"适应性较广,适宜在浙江省低海拔地区的山地、水田、旱地种植,如泰顺、淳安等地。在江浙地区,"浙薏1号"一般实行一年一熟的农作制,于当年春季采用种子直播,在清明节前后播种。"浙薏1号"平均亩产达到267.1kg,比对照提高12.8%。

李泽锋等(2012)对辽宁薏苡的特征特性及高产栽培技术进行研究发现,辽宁省种植的薏苡品种以早熟、中熟薄壳品种为主,产品皮薄粒大,外壳色油黑,有光泽,粒状均匀,产品品质为全国之最。其中,早熟种生育期为110~120d,株高为0.8~1.0m,分蘖强,分枝多,茎粗0.5~0.7cm,果壳黑褐色,质坚硬。植株耐寒、耐旱,抗倒伏能力强。一般产量100~150kg/亩,高的可达200kg/亩,出米率55.4%~60.0%。中熟种生育期150~160d,株高1.4~1.7m,分蘖能力较强,茎粗1.0~1.2cm,抗风、抗旱能力较弱。一般产量150~200kg/亩,高的可达350kg/亩,出米率为64.0%~73.0%。如辽薏苡1号、辽薏苡2号。薏苡用种子繁殖,可育苗移栽或大田直播。辽宁省栽培薏苡一般采用一年一熟制,生产上应用的品种主要是早熟或中熟品种,所以多在4月下旬至5月中旬播种。可条播、穴播和撒播，也可采用育苗和营养钵育苗移栽方法，其中条播、穴播比撒播产量高，移栽的比直播的产量高，营养钵育苗移栽比普通育苗移栽产量高。

二、茬口衔接

茬口即前后作物的相互衔接关系。茬口特性是指栽培某一作物后对后作物的影响好坏的特性。茬口的好坏最终体现在后作物的生育和产量上。因此，了解各种作物的茬口特性对于安排复种轮作的顺序，具有重要的意义。

（一）茬口的评价依据

茬口特性是作物生物学特性及其栽培措施、当地的气候、土壤条件等因素对土壤共同作用的结果。这种特性主要表现如下。

1. 土壤肥力方面

豆类作物、瓜类、芝麻等作物茬地有效肥力较高，称为油茬（黑茬），为好茬口。和油茬相反，作物种植后土壤有效肥力低，下茬作物必须施肥才能生长好，称为白茬，如甘薯、荞麦等。

从土壤有机质来看，中耕作物对土壤有机质耗损厉害，豆科、绿肥、牧草等有补充或增加土壤有机质培肥土壤的作用。

2. 宜耕性方面

根据耕地性状况茬口又有硬茬、软茬之分。硬茬作物如高粱、谷子、向日葵等有较大韧硬的根系，使土壤板结，耕耙时易起坷垃，不易整地。软茬如豆类、麦类茬地，土性较软，易于整地。后茬作物若是小粒种子就宜选择软茬为前茬。

3. 季节性方面

收获期的早晚在复种指数较高的地区，这一特性极为重要。

4. 病、虫、杂草、根分泌物方面

某些作物根系分泌物，特别是通过土壤感染为主的病害，如连作，其影响可及一至数年，其不良后效还有积累作用。如甜菜褐斑病、大豆紫斑病、马铃薯软腐病、线虫病等。有些地区，常把消除杂草的状况，作为评价茬口特性的一个重要内容。

5. 栽培措施方面

土壤耕作、施肥、灌水、菌肥等影响土壤理、化、生物性状的措施，不仅影响当季作物，而且使后作也受到一定的影响。

茬口的好坏是相对的，主要看对什么后作而言。如苜蓿是许多作物的好茬口，但其茬口若种植啤酒大麦、烟草，则将使产品需氮量过多而降低质量。

（二）各类作物的茬口特性

根据茬口的评价依据，一般可将作物分为养地作物、用地作物及兼养作物三大类。

1. 养地作物

这类作物有豆类作物、绿肥作物、多年生牧草。它们种植后起养地的作用，可以直接增加土壤养分、有机质等。

（1）豆类作物　豆科作物生产的有机物、落叶、根茬等残留归还土壤的量多，残留物的碳氮比较窄，分解快，所含养分易为下茬作物吸收利用。豆类作物根系为直根系，根系发达，吸收能力强，可吸收土壤深层的养分和难溶的 Ca、P 养分，对下层土壤的理、化性状和微生物活动都有改善，吸收养分的总量也较禾本科作物少。种植豆类作物还可增加土壤 N 素含量，对后作有明显好处。故豆类作物是多种作物的好前茬。豆类作物的后茬多安排种植经济价值高或主要的粮食作物。

（2）绿肥作物　绿肥作物是花工少、成本低、肥效高的养地作物。绿肥的作用首先是改善土壤养分状况，多数豆科绿肥作物翻压后，将把固定的 N 素全部还回土壤。因绿肥种类不同，大约每年每亩可为土壤增 N 1~5kg。绿肥翻压后分解快，养分很快就可为后茬作物吸收利用。所以绿肥茬口也是很理想的养地茬口，后作可种多种作物，一般可增产 10%~20%。此外，由于绿肥作物茎叶繁茂，根系发达，可有效地阻止水土流失。

（3）多年生牧草　多年生牧草不仅是牲畜的好饲料，同时也是极好的养地和减轻水土流失、改良盐碱地的好作物。

苜蓿以其强大的固氮能力，纵深的根系，以及给土壤遗留下大量养分丰富的根茬等有机物，对提高土壤养分和改善土壤耕层的结构性能、疏松下层土壤等都具有十分良好的作用，是多种作物的好前茬，尤其适于种植小麦和棉花。

多年生牧草种植在盐碱地上，能减少土表蒸发，降低地下水位，减轻或消除返盐为害。需要注意的是牧草茬地虫害（如地老虎、棉铃虫）较重，应注意防治。

2. 用地作物（耗地作物）

包括禾谷类作物、块根（块茎）类作物、麻类作物及烟草等。

（1）禾谷类作物（如小麦、玉米、水稻、荞麦等）　这类作物需要从土壤中吸取大量的 N、P、K 等多种营养元素，籽实及茎秆多数被收获离开农田，残留物较少。对这类茬口应大力提倡秸秆还田，增施有机肥以补充土壤被前作吸收掉 N、P 等养分。

小麦的收获期早，根茬细密柔软，是多种作物的好前茬。玉米适应性广，在秋作物中收获又较早，所以在轮作中可以把它作为由秋作物倒冬麦的调剂茬口来安排。水稻种植后土壤盐分及病虫、草害都得到了较好的控制，是小麦、棉花等作物的好前茬。

（2）甜菜、马铃薯、甘薯等块根、块茎类作物　这类作物的生物产量大，大部分都为产品或副产品而移出农田，田间遗留量很少，加之中耕管理频繁，土壤养分及有机质损耗都较大。特别是甜菜收获期又较晚，腾地工作量大，秋耕往往受到一定影响。所以甜菜的茬口在新疆属于最次的茬口之一，后作需多施有机肥。

这类作物都易使土壤感染病害，均不宜连作。如甜菜连作易感染褐斑病，马铃薯连作易感染软腐病、线虫病等。甜菜抑制杂草能力弱，一般以玉米、大豆、小麦为前作。

（3）麻类及烟草等　这类作物多属于经济价值高、地区性强的作物。以茎叶营养器官为收获物，需要大量 N、P、K 等养分及有机质，残留物又不大，对肥水条件要求一般较高。而且苗期和播种都要求良好的土壤条件，所以一般以养地改土作用良好的作物为前作，同时由于施肥水平较高，因而也常是其他作物较理想的前茬。

这类作物的传染病害较多。烟草连作病害严重，茄科、葫芦科作物与烟草都有共同病害，不能做烟草的前茬。豆科作物也不宜做烟草的前茬，否则烟叶含 N 过多，品质变劣。麻类作物也不宜连作。

3. 兼养作物

包括棉花、油菜、油葵、胡麻等经济作物以及蔬菜和饲料作物。这类作物有大量的落叶、落花和根茬残留物，常常还有饼粕可以还田，或有大量茎叶做饲料后以厩肥还田，所以在一定程度上可以维持原有地力。加上它们的经济价值高，施肥多，管理精细，地内杂草少，其茬口对多种作物皆宜，尤其适合种植麦类作物。

如新疆地区，棉花是当地主要的经济作物，布局较集中，比重也较大。种植时投资、投工较多，施肥量大，常连作 2~3 年。由于棉花收摘很晚，不能秋耕，后作不能安排冬麦，也影响春麦适期早播，大大降低了它的茬口价值，所以后作一般安排玉米，种植玉米后再倒种小麦。

油菜、油葵的前作多为谷类作物，土壤养分较差，故油菜需多施肥，管理细，这样地力可有一定恢复。油葵耐旱、耐盐、耐瘠薄，对前茬要求不严，可安排在小麦、玉米之后。油葵的后作多种植小麦或棉花。油菜的后作可安排小麦、水稻等主要粮食作物。如将它们的秸秆还田，可大大提高它们的茬口价值。油葵不宜连作。

胡麻耐瘠薄，种植期间也很少施肥，所以种植后土壤水分、养分状况更差，一般都安排休闲或种植养地的作物。

根据各类作物的茬口特性，对于种植区而言，由于薏苡黑穗病较重，因此不宜连作，前茬以豆科、十字花科、棉花及根茎类作物为宜，其中以豆茬作为前茬效果最好。忌与禾本科作物连作。地块种植捡净枯枝残叶，前作收获后应及时耕翻，耕深 20～25cm，同上结合耕翻施入基肥，以有机肥为主，亩施农家肥 3 000～5 000kg，尿素 10～15kg，过磷酸钙 15～25kg，氯化钾 10kg，翻耕后整平耙细，作畦或作垄后待播。

薏苡种植能获得高产，与选择优良品种有密切关系。薏苡在中国栽培历史悠久，各地在长期栽培中已形成地方栽培品种，如四川白壳薏苡、辽宁薄壳薏苡、广西糯薏苡等。近几年，许多单位投入大量人力、物力搜集资源，开展人工育种，先后选育出龙薏 1 号、浙薏 1 号、仙薏 1 号等多个优良品种。

（1）龙薏 1 号　福建省龙岩市龙津作物品种研究所选育。该品种株型紧凑、分蘖力强、抗病性强、丰产性好、品质优。全生育期 170～190d，4 月下旬播种，7 月下旬开始幼穗分化，10 月 26 日成熟。产量 3 750～5 250kg/hm²，高产达 6 000kg/hm²。甘油三油酸酯含量为 0.95%，比 2010 年版《中国药典》规定的最低标准（0.50%）高 0.45 个百分点。海拔 300～1 200m 的田地及坡地均可种植。品种审定编号：闽认杂 2009001。

（2）浙薏 1 号　浙江省中药研究所选育。该品种茎秆粗壮直立，株高 1.9～2.1m，多分蘖和分枝。全生育期为 190d 左右，4 月初育苗，5 月中旬移栽，6 月中旬开始拔节，8 月底开始开花，9 月中旬开始灌浆，10 月底至 11 月初成熟。产量 4 000kg/hm²。甘油三油酸酯含量为 0.80%，比 2010 年版《中国药典》规定的最低标准（0.50%）高 0.30 个百分点。海拔 300～700m，年平均气温 16℃左右，平均相对湿度 80% 左右，年降水量约 2 000mm，年日照时间约 2 000h 的地区可种植。品种审定编号：浙认药 2008006。

（3）仙薏 1 号　福建省莆田市种子管理站选育。该品种株高 1.60m 左右，茎节 12 个，株型紧凑，分蘖力适中；有效穗 60/hm²，穗粒数约 110 粒，结实率 82%，百粒重 8.6g。全生育期 130d，7 月中下旬播种，9 月中下旬开始幼穗分化，11 月上旬成熟。福建省福州市以南，海拔 400m 以下地区可种植。品种审定编号：闽认杂 2013001。

除此之外，还有报道称由贵州大学、黔西南州农业科学研究所培育出来的黔薏苡 1 号是贵州省首个小杂粮国审新品种。

第二节 薏苡实用栽培技术

一、选用优良品种

良种作为农业生产特殊的、不可替代的最基本的生产资料，是农业科学技术和各种农业生产资料发挥作用的载体，是农业增产的内因，直接决定农作物的产量和品质。大量实践证明，优良品种在农业生产中具有不可替代的重要作用，有了优良品种，在不增加其他投入的条件下，也可获得较好的收成，一般可增产15%~20%，若能做到良种良法配套，增产增收潜力更大。

优良品种是指在一定的地区和耕作条件下，能够比较充分利用自然、栽培环境中的有利条件，避免或减少不利因素的影响，并能有效解决生产中的一些特殊问题，表现为高产、稳产、优质、低消耗、抗逆性强、适应性好，在生产上有其推广利用价值，能获得较好的经济效益而深受群众欢迎的品种。优良品种是一个相对的概念，它的利用具有适应性、地域性和时间性。

生产上应用的薏苡品种主要为地方品种和杂交种两大类。薏苡地方品种是在局部地区内栽培的品种，多未经过现代育种技术的遗传修饰，又称为农家品种，其中有些材料虽有明显的缺点但具有稀有可利用特性。另外，地方品种适应性好，种子繁殖简便，但单产比杂交种低。杨志清等（2011）认为在坚持高产的前提下，薏苡应该选择生育期短，株高适中，分蘖力强，单株总果数多，百粒重高等的组合，这样有利于将优质和高产很好地结合在一起。

各地自然条件复杂，栽培制度各异，在选用薏苡优良品种时，要根据不同生态区的需要，选用熟期类型适宜、适应性强、高产、优质、抗逆性强等品种，选择经过国家或省农作物品种审定委员会审定的品种，并具有"二证一照"的种子，即种子管理部门核发的"种子许可证""种子质量合格证"和工商部门核发的"营业执照"。

根据当地种植制度合理确定适宜良种。薏苡主要以春播为主，在北方早中熟生态区，薏苡一般在4月中、下旬播种，宜选用早熟或中熟品种，如早熟品种中薏1号，生育天数为120d；在南方晚熟生态区，薏苡一般在4月上、中旬播种，生育期一般在140~160d，热量条件较好，宜选用中晚熟品种，如黔薏苡2号、贵薏苡1号、桂薏1号、富薏2号等。

二、整地

薏苡的适应性较强，对土壤要求不高，水田和旱地均可种植。忌连作，不宜与禾本科作物轮作，前茬以豆科、十字花科、块根和块茎类（甘薯、马铃薯）为佳。

良好的土壤条件是薏苡生长发育的基础，薏苡生长所需的水、肥、气、热等因素都直接或间接来自土壤。虽然薏苡适应性很强，自身生长对土壤的要求不是十分严格，但要实现薏苡高产则需要有一定的土壤基础。如果土壤过于疏松肥沃，则会导致薏苡茎叶茂盛徒长，容易倒伏，最后反而结实低。干旱瘠薄的沙土和保水保肥力差的土壤也不利于薏苡生长。薏苡宜选择在向阳、中等及以上肥力、保水性能较好、质地疏松、排灌方便的沙质壤土种植。种植区域环境空气质量应符合《环境空气质量标准》（GB 3095—2012）要求，土壤环境质量应符合《土壤环境质量标准》（GB 15618—2008）要求。

（一）对土壤土壤条件的要求

1. 土层深厚，结构良好

土层深厚指活土层（即熟化的耕作层）要深，心土层和底土层要厚。结构良好要求土壤疏松，大小孔隙比例适当，水、肥、气、热各因素相互协调。薏苡根数的多少、分布状况、活性大小与土层深厚有密切关系。赵晓明等（2000）指出，薏苡良好的土壤基础要求整个土层厚度达80cm以上，其中活土层约厚30cm，团聚体占40%左右，总孔隙度占55%左右，非毛管孔隙占15%左右。活土层以下要有较厚而紧实的心土层和底土层，土壤渗水保水性能好，不仅抗自然灾害的能力强，而且能满足薏苡对水分和养分的需求，利于薏苡生长，为薏苡稳产高产奠定了良好的基础。

2. 通气良好，保水渗水强

土壤容重是反映土壤松紧程度、孔隙状况等特性的综合指标。容重不同，直接或间接地影响土壤水、肥、气、热状况，从而影响肥力的发挥和作物的生长。有研究表明，土壤的毛管孔隙度与容重呈正相关，通气孔隙度与容重呈负相关，低容重土壤上根系纵向分布均匀，数量多，根细而长，而高容重土壤上根系短而密度小。容重过大，土壤通气差，养分转化和供应慢，薏苡根系生长缓慢，吸收功能减弱，高容重土壤不易于植物根系对养分及水分的吸收从而影响到地上部的正常生长发育，致使生物学产量和籽实产量降低。土壤疏松通气，利于根系下扎。赵晓明等（2000）指出通气不良，薏苡吸收各种养分的功能，按下列次序降低：K>Ca>Mg>N>P；通气后薏苡对各种养分的吸收能力，按下列次序增加：K > N > Ca > Mg > P。这说明通气良好的土壤，可以提高N的肥效，对薏苡生长有利。

薏苡丰产田要求土壤熟化土层深厚，有机质含量丰富，水稳性团粒结构多，耕层以下较紧实。因为熟化土层渗水快，新土层保水性能好，所以在表层以下常呈湿润状态，具有较强的耐旱能力。要获得薏苡的高产，就要狠抓土、肥、水的基本建设，提高土壤的保水、保肥能力，不断改善生产条件，为薏苡生产提供一个良好的土壤条件。

3. 酸碱度适宜，养分含量高

土壤含盐量和 pH 值对薏苡生长发育有很大影响。土壤 pH 值低于 5 或大于 8，作物生长会受到严重的伤害，只有在土壤呈中性或近于中性的条件下，农作物才能从土壤中得到全面的营养。薏苡适宜的 pH 值为 6.5~7.0，接近中性。薏苡与玉米、高粱、黍子、向日葵、甜菜相比，耐碱能力强。赵晓明等（2000）指出薏苡苗期在 0~15cm 的土层中全盐量为 0.41%、氯离子为 0.031%时，薏苡生长良好；全盐量达 0.68%，氯离子达 0.083%时，薏苡就会生长不良。因此，盐碱较重的土壤，需要进行改良再行薏苡种植。

土壤有机质含量高，水稳性团粒结构多，潜在肥力大，各种养分比例适当，养分转化快，速效养分丰富，能持续均衡地供给薏苡养分，肥沃的土壤特性是薏苡高产的物质基础。薏苡吸收的养分主要来自土壤和肥料，有研究表明，薏苡所需养分的 60%~80%依靠土壤供应，20%~40%来自肥料。因此，提高土壤的养分供应能力，是获得薏苡高产的物质基础。赵晓明等发现各地薏苡稳产高产田土壤的耕层有机质和速效性养分含量较高，耕层有机质含量为 1.5%~2%，速效性 N 和 P 约为 30mg/kg，速效 K 为 150mg/kg，都比一般大田高 1~2 倍，能形成较多的水稳性团粒结构。

（二）整地时期

薏苡播种常见春播和夏播，不能连作，连作会生长不良，易患病害。前茬以豆科、十字花科及根茎类作物为宜，以豆茬最好。春播薏苡应在冬闲地或前茬作物收获后，及早灭茬进行秋深耕，若前茬腾地晚，来不及冬深耕，应尽早春耕，耕后及时耙耢保墒。无灌水条件的旱地，春季应多次耙耢保墒，趁墒播种。在南方有些薏苡产区，有薏苡与水稻轮作的习惯，稻田的免耕直播种植，可在早稻收割前一周排干田水，早稻收割时齐泥割、低留稻桩以便播种作业。

夏播薏苡的整地要在小麦、油菜等前茬作物收获后，及时深耕作业，边耕边播种，或者利用前茬作物深耕的后效，实行免耕直播等。

（三）整地标准

整地质量的好坏对薏苡生长影响很大。整地总体要求适时翻犁，一般深耕 20~25cm 为宜，耕后应耙耢 2~3 遍，地块四周开好 20~30cm 的排水沟。精细整地，破碎田间残茬杂草，去除石砾，掩埋肥土，地面平整，消除寄生在土壤或残茬上的病虫害，增加有机质含量。疏松土壤，耕作表面有一层细土覆盖，上虚下实，水、肥、气、热等相互协调，达到深、松、细、平、净、肥、软、润的标准，要求播种部位的土壤比较紧密，以利保墒，促进种子萌发，而覆盖的土层则要求松软，以利于透水透气，促进发芽出苗，即所谓的"硬床软被"，适应薏苡生长发育的需求。

不同的种植方式对整地有不同的规格要求。薏苡的种植方式一般有平作和垄作两种，华北地区雨量少，且分布不均匀，多采用平作以利保墒；在东北地区多采用垄作以提高地温。垄作要求起垄，一般垄面宽 45cm、高 10cm，瓦背形，在垄面上开播种沟。地膜覆盖往往与垄作相结合，又分为膜内种植和膜侧种植两种，膜内种植是在垄面上开播种沟，播种后进行覆膜；膜侧种植是在垄面上覆膜，覆膜时在膜侧同时开好播种沟。陈文现等（2014）试验研究发现"垄作+覆膜+膜侧直播"比传统平作直播方式增产 10.3%、增效 8.9%，表现株高增高、田间长势强、生物产量高，该方式能有效收集膜面雨水，特别是对 10mm 以下的降雨能够有效拦截，使其就地渗入薏苡种子处，保障种子萌发和幼苗生长对水分的需求，有效避免了缺窝断行现象。

三、播种

（一）选种和种子处理

薏苡陆续抽穗、开花，成熟不一致。早开花的早灌浆、早成熟，这些早成熟的籽粒充实饱满、发芽率高、染病率低，其幼苗健壮，抗病性也较强。后开花的小穗，籽粒会出现不饱满的现象。所以，在播种前，要做到精选种子。选用当年种子进行播种，切忌使用陈年种子。播种前采用风选、粒选或水选等方法将未成熟的白粒、不饱满的绿粒以及病虫害粒去除，选择具有光泽、粒大、饱满、无虫蛀、无霉变、无破损的种子。播种用的种子要求纯度达到 98% 以上，净度达到 90% 以上，发芽率达到 95% 以上。生产上一般薏苡种子每亩按 4kg 准备，如发芽率低于 95%，要酌情增加播种量。

为使薏苡种子播种后发芽迅速，出苗率高，达到苗早、苗齐、苗全、苗壮的效果，在精选种子以保证种子质量的基础上，还需对种子进行播种前的处理，种子处理是防治薏苡多种病害的简便、经济、有效的方法，可防治多种种传、土传和苗期病虫害。生产上薏苡种子的处理方法有以下几种。

1. 晒种

晒种能促进种子后熟，降低含水量，可提高种子酶的活性和胚的生活力，增强种皮透性，种子干燥一致，吸水均匀，提高发芽率和发芽势；同时由于太阳光谱中的短波光和紫外线具有杀菌能力，晒种处理还能对种子起到一定的杀菌作用，保证种子的"健康"。实践证明，经晒后出苗率可提高13%～28%，提早出苗1～2d，并能减轻病菌的危害。生产上薏苡种子精选后，选择晴天进行播前连续晒种2～3d，晒种时注意经常翻动种子，力求晒到、晒匀。

2. 去壳

薏苡种子外壳较厚，表面呈微蜡质，吸水率较低，只有顶端与果柄连接处有孔与外界连通，孔内还有种衣阻隔，影响水分、空气进入。去掉外壳与种衣，有利于种胚与胚乳吸水萌动，从而提高发芽率。由于去壳不易操作，容易去掉种胚，但在生产上可采取破壳方式（不完全去掉），有利于水分的浸入，促进种子吸水萌动。

邓伟等（2016）研究发现，白壳薏苡最适发芽温度为30℃，去壳薏苡在30℃条件下发芽率为93%，而未去壳薏苡在30℃条件下发芽率为87%，去壳处理发芽率高于未去壳处理。

3. 浸种

浸种处理可增强种子新陈代谢作用，提高种子生活力，促进种子萌动，提高发芽能力。生产上薏苡浸种方法主要有冷水浸种、温汤浸种、变温浸种、石灰水浸种、药剂浸种等。但在天气干旱、土壤水分不足又无灌溉条件的情况下，不宜浸种催芽。因为浸种后的种子胚芽已经萌动，播在干旱的土中容易造成"回芽"（又叫"烧芽"），不能出苗，造成损失。包衣种子不宜浸种。

（1）冷水浸种或温汤浸种　薏苡可用冷水浸种24h；或者用"两开一凉"（即两份开水加一份凉水）或水温为55～58℃的温水进行温汤浸种6～12h。比播种干种子有增产效果。

（2）变温浸种　适当的变温处理对提高薏苡发芽率有促进作用，但不同薏苡品种对变温要求有差异。邓伟等（2016）研究发现变温处理对提高白壳薏苡发芽率有促进作用，采取25℃处理8h后，转到35℃下16h变温处理，可使白壳薏苡种子达到73%的发芽势与90%的发芽率。在生产上也有用沸水浸种的，在沸水中拖过的时间不能超过8秒，以免烫伤种子而不能发芽，之后，轻轻地将种子平摊开，待水气晾干后进行播种。

（3）石灰水浸种　石灰水膜可将空气和水中的种子隔绝，种子携带附着的病菌得不到空气就会窒息而死。因此，用石灰水浸种时，石灰水面要高于种子10～15cm，浸种过程中注意不要弄破水膜，以免空气进入。生产上一般常用5%的石灰水浸种1～2d，浸种后用清水冲洗干净种子。

（4）药剂浸种　生产上可用1∶1∶100倍液波尔多液浸种1～2d，浸种后用清水冲洗干净种子。也可用 500 倍磷酸二氢钾溶液浸种 12h，有促进种子萌发，增强酶的活性等作用。

陈成斌等（2000）研究发现化学试剂处理能提高薏苡的发芽率。采用 0.1mol/L HNO$_3$ 浸种 24h 后，洗净再用 GA$_3$ 2 000mg/kg +Zt 250mg/kg 溶液浸种 24h，洗干净后在 25℃ 16h/35℃ 8h 下变温催芽，可使新收野生薏苡种子发芽势达 73%，发芽率达 86%，旧种子发芽率达 90% 以上。

4. 拌种

浸种后的种子如需拌种，则需晾干后进行。生产上薏苡药剂拌种常用多菌灵、三唑酮（粉锈宁）、戊唑醇等拌种。如防治黑穗病，可用 20% 的粉锈宁，按种子量的 0.4% 进行药剂拌种；防治纹枯病，可用 2.5% 适乐时悬浮剂，按种子量的 0.1% 进行药剂拌种；防治线虫，可用 1.8% 阿维菌素乳油，按种子量的 0.1%~0.2% 进行药剂拌种；防治蝼蛄、金针虫等地下害虫，可用 50% 辛硫磷乳油 30mL 对水 200mL，可拌种 10kg。

5. 种子包衣

种衣剂是由杀虫剂、杀菌剂、微量元素、植物生长调节剂、缓蚀剂等加工制成的药肥复合型产品。用种衣剂包衣，既能防止病虫，又可促进玉米生长发育，还能改善品质和提高产量。可用复配种衣剂"酷拉斯"包衣，能有效防治薏苡黑穗病的发生，一般 200mL 酷拉斯水剂可包衣 100kg 种子。生产上也可以直接购买商品包衣种子。

（二）适期播种

薏苡的播种期不仅要保证发芽所需的各种条件，满足薏苡各生育期处于最佳环境条件，还要考虑避开低温、高温、干旱、霜冻和病虫等不利因素，使薏苡生长良好，达到高产优质。薏苡的适宜播种期，一般根据气候条件、种植制度、品种特性、病虫害发生规律等综合考虑。在全国，薏苡可以四季种植。生产上以春播和夏播薏苡为主。

1. 春播

春播薏苡的播种期大多在清明至谷雨前后，随纬度升高而推迟，平原地区偏早，丘陵山区稍迟。南方大多数薏苡产区都是春播，播种期大部分在 3 月下旬至 4 月下旬；东北春播薏苡在 5 月上旬。

2. 夏播

夏播薏苡播种时温度较高，温度并非限制因子，但正值夏收时节，机械、劳力条件，前作让茬时间，土壤墒情等是确定播种期的重要因素。一般夏播薏苡在

5月下旬至6月中旬播种。

近年来，关于薏苡适宜播期的研究较多。丁依悌（2006）在福建的试验结果是早熟薏苡品种在3月上、中旬播种，中熟品种在3月下旬至4月上旬播种，晚熟品种在4月下旬至5月初播种；林仁东等（2008）认为，在福建，秋播薏苡的适宜播期在"大暑"后5~10d，最迟不超过8月1日；黄金星等（2010）的试验结果是，福建海拔300~800m处的夏播薏苡"蒲薏6号"在5月下中旬播种，7月中下旬幼穗分化，10月底至11月成熟；陈宁等（2013）用黔薏苡1号在贵州种植，4月9日播种，全株干物质积累的动态变化呈S型曲线；李松克等（2013）在贵州做了5个播期的试验，播种晚，无效分蘖增多，侧枝少，穗粒数低，千粒重小，大粒百分率低，产量降低，品质差。为了获得高产，播种期应选在清明节之前；陈文现（2014）在贵州用"兴仁薏苡"试验的结果是4月上旬播种增产；李凤琼（2015）总结云南省西双版纳薏苡种植技术，适宜播种期是4月，台田种植是5月播种。

（三）合理密植

单位面积产量决定于群体生产力，群体生产力受单位面积的株数和单株生产力两因子的影响。种植密度是指作物群体中每个个体占有的营养面积的大小。种植过稀则产量低，种植过密则通风透光不良，易感病害，产量也会降低。薏苡产量由每亩株数、穗数、每穗粒数和粒重构成。合理密植能有效利用光、水、气、热和养分，妥善解决分蘖、分枝、穗大、粒重、粒多之间的矛盾，协调群体和个体间的矛盾，在群体最大发展的前提下，保证个体健壮地生长发育，增加了同化物的实际积累，达到穗多、粒大、粒重，提高产量。合理密植的原则就是根据内外因素确定适宜的密度，使群体与个体矛盾趋向统一，提高单位面积产量。

生产上，广西壮族自治区种植薏苡的种植密度控制在27万株/hm^{2}以上；贵州省种植薏苡基本苗控制在16.5万~27万株/hm^2；云南省在富源低热河谷槽区种植富薏2号的密度为22.5万~30万株/hm^2；云南省文山州种植文薏1号、文薏2号的密度为12万~15万株/hm^2。

近年来，对薏苡适宜种植密度的研究报道较多。杨念婉等（2010）根据在北京的试验结果，认为在4月27日左右播种，种植密度为0.55万株/亩（株行距40cm×60cm）产量最高；邹军等（2014）在贵州做的密度试验结果，8 892株/亩的密度配合合理施肥，可得到417.66kg/亩的理论产量；杨连坤等（2015）研究发现，兴仁县白壳薏苡合理种植密度为3 706窝/亩，每窝留苗2株，即种植密度为7 412株/亩时，单产最高，达359.28kg/亩；雷春旺（2015）以翠薏1号、龙薏1号、台湾薏苡3个薏苡品种为材料，研究4种栽培密度对产量的影响，结果表明，翠薏1号以栽培密度120cm×25cm产量最高，龙薏1号以栽培密度 120cm × 30cm 产量最高，台湾薏苡以栽培密度 120cm×20cm 产量最高；郑明强等（2016）研究表明以 3 500 窝/亩、每窝留苗 3 株的栽培方式最佳，获得最高产量；钱茂翔等（2016）依据在北京的试验结果，认为 5 万株/hm² 密度的产量最高。

（四）种植规格

生产实践表明，在种植密度增大时，配合适当的种植方式，更能发挥密植的增产效果。薏苡一般有等行距种植和宽窄行种植。

1. 等行距种植

等行距种植要求行距相同，种植密度通过株距进行调节。这种种植方式的特点是薏苡在抽穗前，地上部叶片与地下部根系在田间均匀分布，能充分地利用养分和阳光。且这种种植方式有利于机械化操作。缺点是在肥水高、密度大的条件下，生育后期行间荫蔽，光照条件差，群体与个体矛盾尖锐，影响产量的进一步提高。在贵州薏苡产区，等行距穴播的种植密度因不同肥力水平而不同，一般来说，下等肥力地块的薏苡种植规格为行距 50cm，穴距 30cm；中等肥力地块的种植规格为行距 60cm，穴距 30cm；下等肥力地块的种植规格为行距 60cm，穴距 40cm。

2. 宽窄行种植

宽窄行种植是行距有一宽一窄，株距依据种植密度确定，其特点是植株在田间分布不匀，生育前期对光能和地力利用较差，但能调节薏苡后期个体与群体的矛盾，这种种植方式既保证了单位面积总株数，又便于田间操作，适用于高肥水、高密度的条件，能实现薏苡增产。但在种植密度较小情况下，光照矛盾不突出，宽窄行种植就没有明显增产效果，有时反而会减产。在贵州薏苡产区，宽窄行穴播的一般规格为：宽行 70cm，窄行 50cm，穴距为 20cm。

钱茂翔等（2016）研究不同的种植方式对薏苡花后光合生理、籽粒灌浆及产量的影响，结果表明，宽窄行种植改善了薏苡的群体结构，提高了叶片光合性能和籽粒灌浆能力，与等行距种植的薏苡相比，宽窄行种植使得薏苡分蘖数平均增多 12.38%，单株实粒数增多 6.96%，结实率提高 1.43%，百粒重提高 1.09%，单株粒重提高 8.13%，产量提高 8.10%。

2014 年贵州省农作物技术推广总站在紫云县开展了薏苡不同宽窄行对比试验。试验设置 3 个处理：第一个是（70+50）cm×20cm，即宽行 70cm，窄行 50cm，窝距 20cm；第二个是（80+40）cm×20cm，即宽行 80cm，窄行 40cm，窝距 20cm；第三个是 60cm×20cm，即行距 60cm，窝距 20cm。以上 3 个处理的每亩窝数均为 5558 窝，每个处理 3 次重复，共 9 个小区，随机区组排列，小区面积 18 m^2（6m×3m）。试验结果表明，薏苡宽窄行种植明显优于等行距种植，当薏苡种植方式为（70+50）cm×20cm，即宽行为 70cm，窄行为 50cm，窝距为 20cm 时，获得最高产量。

（五）播种方法

薏苡的播种方式主要有穴播和条播，以穴播为主，农机直播将是今后的发展趋势。

1. 穴播

又称点播，是按一定的株行距打窝播种。种子或移栽苗播在穴内，深浅一致，出苗整齐。虽较费工，但能够保证播种质量，可以节约种子和肥料用量。福建省仙薏 1 号穴播规格多为行距 80cm，穴距 50cm；广西百色市的薏苡种植规格常为行距 50cm，穴距 30cm。

2. 条播

条播具有植株分布均匀，便于田间管理和机械化栽培等优点。薏苡条播主要为宽幅条播，即在播幅内撒播，幅间为空行。机播可用玉米条播机进行播种。

播种量因种子大小、种子生活力、种植密度、播种方法和栽培目的而不同。薏苡在生产上一般需要间苗，播种量需要根据间苗量相应增加，一般播种量是留苗量所需种子的 2~5 倍。生产上薏苡的播种量应根据种植密度的需要，确定每公顷基本苗数，再根据种子质量和田间出苗率等来计算播种量。计算公式如下：

播种量（kg/hm²）＝每公顷基本苗数/每千克种籽粒数×种子净度（%）×发芽率（%）×田间出苗率（%）

田间出苗率主要与整地质量、土壤水分和播种质量有关。一般来说，整地精细、土壤水分适宜、播种均匀、深浅适中、覆土一致，田间出苗率在 80% 左右；整地粗糙、土壤过干或过湿、播种深浅不一，田间出苗率就会相应下降。

福建省仙薏 1 号每公顷播种量为 52.5~60kg；广西百色市本地薏苡品种"五谷""六谷"等每公顷播种量为 45~60kg；云南省富薏 2 号每公顷播种量为 30~45kg，文薏 1 号、文薏 2 号的每公顷播种量为 37.5~45.0kg。

四、田间管理

薏苡苗期的生育特点，主要是以长根为中心，壮苗先壮根，苗期的田间管理目标主要为促进根系发育，控制地上部茎叶生长，保证苗全、苗齐、苗匀、苗壮，叶色深绿，植株敦实；穗期是薏苡营养生长和生殖生长同时并进的旺盛生长时期，穗期的田间管理目标主要为植株敦实粗壮，叶片生长挺拔有力，营养生长和生殖生长协调，达到壮株的丰产形态；花粒期以生殖生长为中心，田间管理目标是养根保叶，延长功能期，为授粉结实创造良好的环境条件，防止贪青或早衰，以提高结实率和粒重，达到丰产丰收。

（一）中耕

作物生长过程中由于田间作业、人畜践踏、机械压力及降雨等使土壤逐渐变紧，孔隙度降低，表层板结，影响土壤空气与大气的气体交换，所以必须进行松土或在植株基部培土。中耕是作物生育期中在株行间进行的表土耕作，可采用手锄、中耕犁、齿耙和各种耕耘器等工具。中耕可疏松表土、增加土壤通气性、提高地温，促进好气微生物活动和养分有效化、去除杂草、促使根系伸展、调节土壤水分状况等。中耕进行的时间、次数、深度和培土高度，因作物、环境条件、田间杂草和耕作精细程度而定。薏苡中耕一般在苗期、拔节期、穗期结合间苗、定苗、施肥、除草等进行。

1. 苗期中耕

在薏苡苗期进行，一般在苗高 10cm 左右时结合薏苡间苗、定苗进行中耕除草作业。苗期中耕一般进行 2~3 次，浅锄 3~5cm。间苗时间要早，一般薏苡在 3 叶期间苗，4~5 叶期定苗。薏苡一般每穴留苗 2~3 株，间苗时应去掉小苗、弱苗、病苗，留下壮苗。育苗移栽发现缺苗要及时补栽。在进行间苗、定苗工作时，应根据品种、地力、水肥条件及其他栽培管理水平进行，做到因地制宜、合理密植。间苗、定苗最好选择在晴天进行，因为受病虫为害或生长不良的幼苗，在阳光的照射下发生萎蔫，易于识别，有利于去弱留壮。

2. 拔节期中耕及摘除脚叶

在薏苡拔节期结合追肥、培土进行中耕，一般在薏苡苗高 30cm 左右时进行。要求耕深 6~8cm，促进新根大量喷出，扩大吸收范围，并除去杂草。到抽穗前，应结合施肥培土，促进支持根的大量发生。培土还有利于雨多防涝，防止植株倒伏，但在土质不黏重且排水良好的情况下，培土不宜太高，以免根系周围通气不良，影响根系发育。拔节停止后，及时摘除第 1 分枝以下的老叶和无效分蘖，不但有利于通风散热透气、促进茎秆粗壮、防止倒伏，对抑制病虫害的发生也有一定的作用。

3. 花粒期中耕及辅助授粉

薏苡灌浆后进行浅锄中耕，锄草保墒，可以破除土壤板结，促进通气增温，防止植株早衰，有利于灌浆成熟。另外，薏苡为单性花，每株花只为雌性或只为雄性，靠风媒传粉。进入花期后，如无风或微风天气就需人工振动植株，使花粉飞扬来辅助授粉。准备 1 根木棒，均匀地敲打振动植株茎部，或两人合作左右摇晃植株使之授粉充分。辅助授粉应在 10—12 时进行。

（二）施肥

1. 肥料的种类和作用

根据植物体内含量的多少分为大量营养元素和微量营养元素。一般以占干物质重量的 0.1% 为界。大量营养元素含量占干物重的 0.1% 以上，包括 C、H、O、N、P、S、K、Mg、Ca 等 9 种；微量营养元素含量一般在 0.1% 以下，包括 Fe、Mn、Zn、Cu、B、Mo、Cl 等 7 种。大量元素与微量元素虽在需要量上有多少之别，但对植物的生命活动都具有重要功能，都是不可缺少的。

C 和 O 来自空气中的 CO_2，H 和 O 来自水，其他的必需营养元素几乎全部是来自土壤。由此可见，土壤不仅是植物生长的介质，而且也是植物所需矿质养分的主要供给者。各种矿质元素在土壤含量有所不同，一般土壤中 S、Ca、Mg 以及各种微量元素并不十分缺乏，而大量元素 N、P、K 因薏苡植株需要量大，土壤中的自然供给量往往满足不了薏苡生长的需要，所以需要通过施肥来增加土壤的肥力供给，N、P、K 素有 "肥料三要素" 之称。在各种必需元素中，一旦缺少任何一种，都会引起薏苡生理生态方面的抑制作用，表现出缺素症。赵杨景等（2002）研究表明，N、P、K 三 种元素缺少任何一种都会使薏苡产量大幅度下降，其中，缺 N 对籽粒形成和粒重有严重影响，可使产量下降；而缺 P 主要对小穗分化不利，即减少了穗粒数，但千粒重受影响较小；K 营养不足，籽粒的千粒重明显降低，并且空壳率也大大上升，致使产量降低。了解各种矿质营养元素对薏苡的生理作用，就能有效合理地施用各种肥料。

（1）大量元素的作用

①氮：N 元素对薏苡生长起着非常重要的作用，薏苡对 N 的需要量也比其他任何元素要多。N 是植物体内蛋白质和核酸的组成部分，是植物进行光合作用起决定作用的叶绿素的组成部分，是酶、ATP、多种辅酶和辅基（如 NAD^+、$NADP^+$、FAD 等）的成分，它们在物质和能量代谢中起重要作用，某些植物激素如生长素和细胞分裂素、维生素如 B_1、B_2、B_3、B_6 等的成分，它们对生命活动起调节作用。施用 N 肥不仅能提高农产品的产量，还能提高农产品的质量。

在实际生产中，经常会遇到农作物 N 营养不足或过量的情况。薏苡 N 营养不足的一般表现是：植株矮小，株型细瘦；叶呈黄绿、黄橙等非正常绿色，首先是下部老叶片从叶尖开始变黄，然后沿着中脉伸展呈楔形（V），叶边缘仍为绿色，最后整个叶片变黄干枯，这是因为缺 N 时，N 素从下部老叶转运到上部正在生长的幼叶和其他器官中去的缘故；缺 N 会影响分蘖，分蘖显著减少，甚至不分蘖；根系分枝少，幼穗分化差，穗形小，导致产量降低。如能及早发现和及时追施速效 N 肥，可以消除或减轻这种不良现象。

N营养过量的一般表现是：生长过于繁茂，分蘖往往过多，过量的N会促进细胞分裂素的形成，作物长期保持嫩绿，延迟成熟，往往会造成贪青晚熟；叶呈浓绿色，体内可溶性非蛋白态N含量过高，组织柔软多汁，易发生病虫害；过多的N用于叶绿素、氨基酸及蛋白质的形成，过多消耗体内的光合产物，减少构成细胞壁所需的原料，细胞壁变薄，机械支持力减弱，容易倒伏；秕粒多，千粒重低，作物产量、品质降低。

②磷：薏苡需要的P比N少得多，但对薏苡的发育却很重要。P是核酸、核蛋白和磷脂的主要成分，并与蛋白质合成、细胞分裂、细胞生长有密切关系；P可使薏苡植株体内N素和糖分的转化良好；P能提高作物的抗逆性和适应能力，如促进根系发育，提高细胞的充水度和原生质胶体的持水能力，从而提高抗旱能力；增加可溶性糖、磷脂类物质，冰点下降，提高抗寒能力；体内磷酸盐含量提高，缓冲酸碱的能力增强；P还可使薏苡授粉受精良好，结实饱满。

薏苡缺P，植株瘦小。缺P影响细胞分裂，使分蘖分枝减少，幼芽、幼叶生长停滞，茎、根纤细，植株矮小，花果脱落，成熟延迟；叶呈暗绿色或紫红色，缺P时，蛋白质合成下降，糖的运输受阻，从而使营养器官中糖的含量相对提高，这有利于花青素的形成，故缺P时叶子呈现不正常的暗绿色或紫红色；缺P的症状首先在下部老叶出现，并逐渐向上发展，P在体内易移动，能重复利用，缺P时老叶中的P能大部分转移到正在生长的幼嫩组织中去。在缺P的土壤上增施P肥做基肥和种肥，能使植株发育正常，增产显著。

P素过多会增强呼吸作用，消耗大量的碳水化合物和能量，无效分蘖增多和空壳率增多，产量锐减，品质下降；P素过多，叶片上会出现小斑点，是磷酸钙沉淀所致；P素过多妨碍作物对Zn、Si等元素的吸收利用，引起缺Zn症状。

③钾：K对薏苡正常的生长发育起重要作用。K元素是许多酶的活化剂，促进光合作用，促进N素代谢，增强作物抗性。K可促进碳水化合物的合成和运转，使机械组织发育良好，厚角组织发达，提高抗倒伏的能力；K有调节气孔开闭的作用，减少蒸腾，细胞汁液含K高，渗透压升高，提高原生质的持水度及吸水能力，增强抗旱能力；K及可溶性糖类物质含量上升，冰点下降，抗寒能力增加；而且K对薏苡雌雄穗的发育有促进作用，可以增加粒数和粒重。薏苡缺K，生长缓慢，叶片黄绿或黄色，叶边缘及叶尖干枯呈灼烧状是其突出的标志。严重缺K时，生长停滞，节间缩短，植株矮小，籽粒空壳率增加，粒重下降；根系生长明显停滞，易发生根腐病；维管束木质化程度低，厚壁组织不发达，常表现出组织柔弱而易倒伏。如果土壤缺K，需要重视K肥的增施。

K素过多，会抑制植株对Mg、Ca的吸收，促使出现缺Mg、缺Ca的症状，影响产量和品质；植物对K具有奢侈吸收的特性，过量K的供应，虽不直接表现出中毒症状，但会影响各种离子间的平衡，还会浪费肥料的用量。

总之，大量元素肥料 N、P、K 对薏苡生长发育的作用，既有各自的独特生理作用，又有彼此相互制约的机能，但有时却相辅相成。生产上应重视肥料三要素合理的配合施用。

（2）微量元素的作用 作物对微量元素需要量虽然很少，但是，它们同常量元素一样，对作物是同等重要的，不可互相代替。植物正常生长发育不可缺少的那些微量营养元素，在农业上作为肥料施用的化工产品，如 B 肥、Zn 肥、Mn 肥、Mo 肥、Cu 肥、Fe 肥、Co 肥都属于微肥。微肥的施用，要在 N、P、K 肥的基础上才能发挥其肥效。同时，在不同的 N、P、K 水平下，作物对微量元素的反应也不相同。一般说来，低产土壤容易出现缺乏微量元素的情况；高产土壤，随着产量水平的不断提高，作物对微量元素的需要也会相应增高。

①硼：硼对薏苡的生殖过程有重要的影响，与花粉形成、花粉管萌发和受精有密切关系。缺 B 时，花药和花丝萎缩，花粉发育不良。据研究，薏苡增施 B 肥，可以显著提高植株生长素的含量及其氧化酶的活性，加速果实的形成。缺 B 时，生长点生长不正常或停滞，直至死亡；缺 B 会影响花粉萌发，籽粒空秕率高，从而降低产量。B 肥可作为种肥、基肥、追肥施用，也可作叶面喷施。

②锌：Zn 作为多种酶的成分参与代谢作用；Zn 能参与生长素（吲哚乙酸）的合成，加快薏苡发育。缺 Zn 时，植株体内生长素合成减少，薏苡生长发育出现停滞状态。Zn 可做种肥、基肥、追肥施用，也可进行根外喷施。

2. 薏苡的需肥规律

薏苡是高产作物，需肥较多，一般规律是随着产量的提高，吸收到植物体内的营养数量也增多。薏苡不同生育时期，吸收 N、P、K 的速度和数量是不同的。一般来说，幼苗期生长慢，植株小，吸收的养分少。拔节至开花期生长很快，正值雌、雄穗发育时期，吸收养分速度快，数量多，是薏苡需要营养的关键时期。此时供给充足的营养物质，能促进穗多粒大。生育后期，吸收速度逐渐缓慢，吸收量也少。

薏苡理论施肥量可根据产量指标进行计算。

理论施肥量＝计划产量吸收养分量－土壤养分供给量/肥料中该元素含量(%)×肥料当季利用率（%）

计划产量所需吸收的养分量，可以通过对收获物元素含量的分析确定。土壤养分的供给量，主要决定于土壤养分的贮存量和有效程度。肥料利用率主要受肥料种类、施肥方法、土壤环境等影响。在生产实际中计算施肥量时，为简便起见，可把土壤供肥量与肥料利用率大体相抵，把计划产量的吸肥量作为施肥量。

邹军等（2014）研究发现，N 肥对薏苡产量的影响最大，其次是密度。薏苡高产的最佳方案：密度 8 892株/亩，N 肥、P 肥、K 肥施用量分别为25kg/亩、27kg/亩、36kg/亩条件下，可得到 417.66kg/亩的理论产量，与实际产量（403.33kg/亩）的各因素组合方案相比，增施 P 肥能有效提高薏苡产量；陈光能等（2015）研究发现薏苡每亩施 N 量为15kg 时，有利于薏苡千粒重、群体产量和结实率的增加，过高或过低均不利于薏苡增产；周棱波等（2016）研究发现硫酸钾复合肥和种植密度对薏苡产量、株高、主茎节数、穗粒数、千粒重、净光合速率、气孔导度、胞间 CO_2 浓度和蒸腾速率均有极显著影响，随着施肥量和种植密度的增加，产量、株高、主茎节数、穗粒数、千粒重、净光合速率、气孔导度和蒸腾速率均表现为先增加后降低，而胞间 CO_2 浓度表现为先降低后增加，在贵州地区种植薏苡时，以施肥量为225kg/hm²、种植密度为 12 万株/hm²较好。

3. 施用方法

薏苡施肥应掌握"基肥为主，种肥、追肥为辅；有机肥为主，化肥为辅；基肥足，苗肥轻，蘖肥和穗肥重，粒肥轻。"等原则。施肥量应根据产量指标、地力基础、肥料质量、肥料利用率、密度、品种等因素灵活应用。重施有机底肥，可有效减少土壤碳排放。

（1）基肥的施用　基肥施用方法要因地制宜，基肥可撒施后耕翻入土，也可沟施进行集中施肥。"施肥一大片，不如一条线"，说明集中施肥具有一定增产效果。基肥用量一般应占总肥量的 60%～70%。生产上基肥一般施腐熟厩肥 15 000kg/hm²，45%复合肥（N：P_2O_5：K_2O = 15：15：15）600kg/hm²。种植豆科绿肥，也是解决薏苡基肥的重要来源，绿肥中含有机质多，能改良土壤结构，利用休闲地种植绿肥对第二年薏苡的生长有显著的增产效果。各省在生产上对基肥的施用量不同。福建省一般耕翻前在土壤表面撒施腐熟厩肥 7 500～22 500kg/hm²；广西壮族自治区一般在前作收获后结合耕翻施入优质有机肥 15 000～30 000kg/hm²作为基肥；贵州省薏苡种植时结合翻地施腐熟的厩肥 15 000kg/hm²，45%复合肥（N：P_2O_5：K_2O = 15：15：15）600kg/hm²作基肥。

（2）追肥的施用　生产上追肥一般进行三次。第一次追肥在苗高 10cm 时结合定苗及中耕进行，每公顷施尿素 120kg；第二次在苗高 30cm 时（孕穗期）进行，每公顷施尿素 180kg；第三次追肥在花期进行，用 1%的磷酸二氢钾液进行叶面喷施。

（3）缓控释肥的应用　缓控释肥是指通过各种调控机制使其养分最初缓慢释放，延长作物对其有效养分吸收利用的有效期，使其养分按照设定的释放率和释放期缓慢或控制释放的肥料。缓控释肥释放率和释放期与作物生长规律有机结合，这样作物吸收养分多的时候，就释放的多，少的时候就释放的少，肥料养分有效利用率提高30%以上，减少使用量与施肥次数，降低生产成本，减少环境污染。

（三）灌溉

1. 薏苡需水量和需水时期

薏苡是湿生性作物，但在生产实际中，长期被作为旱地作物进行种植。经过长期的人工驯化，薏苡栽培适应性广，是耐涝植物，宜旱则旱，宜湿则湿，宜涝则涝。

薏苡不同生育时期对水分的要求不同，由于不同生育时期的植株大小和田间覆盖状况不同，所以叶面蒸腾量和棵间蒸发量的比例变化很大。生育前期植株矮小，地面覆盖不严，田间水分的消耗主要是棵间蒸发；生育中后期，植株较大，地面覆盖较好，田间水分的消耗主要以叶面蒸腾为主。在整个生育过程中，应尽量减少棵间蒸发，以减少土壤水分的消耗。

（1）播种出苗期 薏苡从发芽到出苗，需水量较少，约占总需水量的3%～6%。播种后，薏苡需要吸收本身绝对干重48%～50%的水分，才能正常萌动发芽。播种时，如果土壤墒情不好，薏苡难以出苗就会造成缺苗；如果土壤水分过多，种子容易霉烂而影响出苗。

（2）幼苗期 薏苡幼苗期需水量约占总需水量的15%～18%。这阶段薏苡生长中心主要是根系的发育，如果上层土壤水分过多，根系分布在耕作层之内，反而不利于培育壮苗。

（3）拔节孕穗期 薏苡开始拔节以后，生长进入旺盛阶段。此时对水分的要求较高，需水量约占总需水量的23%～30%。薏苡在抽穗前半个月左右，对水分条件的要求更高，如果此时水分供应不足，就会引起小穗、小花数目减少，同时还会造成"卡脖旱"，延迟抽穗开花，从而降低结实率影响产量。

（4）抽穗开花期 薏苡抽穗开花期是植株新陈代谢最为旺盛，对水分的要求也达到一生的最高峰，是薏苡需水的"临界期"。但因为抽穗到开花的时间短，此时需水量的占比较低，占总需水量的14%～28%。此阶段薏苡植株对水分十分敏感，如果水分不足，气温升高，抽出的雄小穗就会"晒花"，同时也会导致有的小穗不能正常抽穗，从而造成严重的减产，甚至颗粒无收。

（5）灌浆成熟期 薏苡灌浆以后，进入生育后期阶段，这期间是薏苡产量形成的主要阶段，需要有充足的水分作为溶媒，才能保证把茎、叶中所积累的营养物质转运到籽粒中。所以此阶段薏苡仍需要相当多的水分，才能满足生长发育的需要，这时的需水量约占总需水量的20%～32%。

2. 薏苡合理灌溉技术

薏苡所需要的水分，在自然条件下主要是通过降水供给。但是，各地的降水量相差悬殊。因此，降水少或雨季分布不均匀的干旱地区，需要通过人工灌溉来弥补降水的不足，才能保证薏苡生长发育对水分的需要。

（1）灌溉定额及要求　薏苡不同生育时期的灌水量，即阶段灌水量，应根据薏苡各个生育时期的需水量和土壤含水量来确定阶段灌水量。一般要求阶段灌水量与原土壤持水量之和不超过土壤计划层内持水量的范围。

阶段灌水量（m^3）＝［土壤持水量（％）－灌前土壤含水率（％）］×土壤容重×土壤计划水层深度（m）×亩

合理的灌溉可以充分发挥灌溉水的作用，使薏苡得到适时、适量的灌溉，以达到优质高产稳产的目的。薏苡的灌溉要求主要有以下几点：

灌水均匀。保证将水按照拟定的灌水定额灌到田间，而且确保每株薏苡都可以得到相同的水量。常以均匀系数来表示。

灌溉水的利用率高。尽量使灌溉水都保持在薏苡可以吸收到的土壤里，减少发生地面流失和深层渗漏，提高田间水利用系数，即灌水效率。

少破坏或不破坏土壤团粒结构。灌水后能使土壤保持疏松状态，表土不形成结壳，以减少地表蒸发。

便于和其他农业措施相结合。灌溉不仅应满足薏苡对水分的要求，还应满足薏苡对肥料及环境的要求。因此灌溉方法要求便于与施肥、施农药、调节田间小气候等农业措施相结合。此外，还要灌溉方法对地形的适应性强，田间占地少，有利于中耕、收获等农业操作。

（2）灌溉方法　薏苡的灌溉方法主要有沟灌、畦灌、喷灌和滴灌等。

①沟灌：沟灌主要采取在薏苡行间开挖灌水沟，水从输水沟进入灌水沟后，在流动的过程中主要借毛细管作用湿润土壤。这种灌溉方法的优点是不会破坏薏苡根部附近的土壤结构，不会导致田间板结，能减少土壤蒸发损失。

②畦灌：畦灌采用田埂将灌溉土地分隔成一系列小畦。灌水时，将水引入畦田后，在畦田上形成很薄的水层，沿畦长方向流动，在流动的过程中主要借助重力作用逐渐湿润土壤。

③喷灌：是利用专门设备将有压水送到灌溉地段，并喷射到空中散成细小的水滴，像天然降雨一样进行灌溉。这种灌溉方法的突出优点是对地形的适应性强，机械化程度高，灌水均匀，灌溉水利用系数高，尤其适合于透水性强的土壤，可调节空气湿度和温度。但基建投资较高，而且受风的影响大。

④滴灌：滴灌是由地下灌溉发展而来，利用一套塑料管道系统将水直接输送到薏苡根部，水由每个滴头直接滴在根部上的地表，然后渗入土壤并浸润薏苡根

系最发达的区域。这种灌溉方法的主要优点是省水，自动化程度高，可以使土壤湿度始终保持在最优状态。但需要大量塑料管，投资成本较高。

（四）化学调控技术的应用

化学调控技术是指以应用植物生长调节物质为手段，调节和控制作物的生长发育。化学控制的原理就是利用植物激素控制细胞生长，进而控制植物的生长发育。与传统技术相比，植物生长调节物质的应用具有成本低、收效快、效益高、节省劳力的优点。

1. 植物生长调节剂的种类

根据生理功能不同，可将植物生长调节剂分为植物生长促进剂、生长抑制剂和生长延缓剂三大类。

（1）植物生长促进剂　植物生长促进剂是指促进细胞分裂、分化和延长的化合物，既促进营养器官的生长，又促进生殖器官的发育。

①生长素类化合物：包括吲哚类、萘酸类和苯甲羧酸类化合物。

吲哚类包括吲哚乙酸和吲哚丁酸等。吲哚乙酸是最早发现的一种内源激素，即生长素，生理作用主要是影响细胞分裂、细胞伸长和细胞分化，也影响营养器官和生殖器官的生长、成熟和衰老。因使用浓度不同，它既可以促进生长，也可以抑制生长。

萘酸类包括萘乙酸和萘乙酸甲酯等。萘乙酸具有刺激生长、插条生根、抑制抽芽、促进早熟和增产等作用，且萘乙酸价格低廉，应用较为广泛。

苯甲羧酸类包括二氯苯氧乙酸（2，4-D）、三氯苯氧乙酸（2，4，5-T）、防落酸（对氯苯氧乙酸）、对碘苯氧乙酸（增产灵）、对溴苯氧乙酸（增产素）等。其中，2，4-D 和防落酸应用较多。2，4-D 用途随使用浓度而异，在较低浓度下刺激生长，高浓度下可杀死阔叶杂草。防落酸的主要作用是促进植物生长，防止落花落果，加速果实发育，提早成熟，增加产量和改善品质。

②赤霉素类化合物：赤霉素是植物体内普遍存在的内源激素，人工用赤霉菌素生产的赤霉素应用较多的有赤霉素 3（GA_3）、赤霉素 4（GA_4）和赤霉素 7（GA_7）。GA_3 活性最强，应用也最广。在不同 pH 溶液中，其稳定性不同。在 pH 为 3~4 的酸性条件下，其水溶液最稳定；在中性或微碱性条件下，稳定性下降；在碱性溶液中就被中和失效。赤霉素既可促进细胞分裂、细胞伸长、叶片扩大、茎秆延长、种子发芽等，又可抑制侧芽休眠和块茎形成。

③细胞分类素类物质：在人工合成且具有细胞分裂素活性的化合物中，最常用的有玉米素、激动素（KT）、6-苄基氨基嘌呤(6-BA) 调节剂，它们的活性比天然细胞分裂素要高。6-BA 具有促进细胞分裂、增大和种子发芽，诱导休眠

芽生长和块茎形成，抑制叶的老化和叶绿素的分解，打破顶端优势和促进侧芽生长等生理作用。KT具有促进细胞分裂、分化和生长，延缓叶片衰老及植株的早衰，调节营养物质的运输和叶片气孔的张开等生理作用。

（2）生长抑制剂　植物生长抑制剂是指阻碍顶端分生组织细胞核酸和蛋白质合成，抑制顶端分生组织细胞伸长和分化的调节剂。植物生长抑制剂使顶端优势丧失，影响当时生长和分化的侧枝、叶片和生殖器官，增加侧枝数目，叶片变小，植物形态发生很大的变化。

①脱落酸：脱落酸（ABA）的主要作用是促进叶片脱落，诱导种子和芽休眠，抑制种子和侧芽生长，提高抗逆性。

②整形素：整形素是抗生长素，阻碍生长素从顶芽向下转运，提高吲哚乙酸氧化酶的活性，使生长素含量下降，整形素被植物吸收后传导到植株全株，大多数积累在茎顶端分生组织，主要抑制顶端分生组织、矮化植株和促进侧芽发生。

③三碘苯甲酸：三碘苯甲酸（TIBA）可以和生长素竞争作用位点，使生长素不能与受体结合而发挥生理效应，表现出抗生长素的特性。三碘苯甲酸同时又可以阻碍生长素的极性运输，使植物顶端优势丧失，导致植株矮化，分枝增多。

（3）生长延缓剂　植物生长延缓剂可以使植株节间缩短，但叶片数目、节数及顶端优势保持不变。植株虽矮小但株型紧凑，形态正常。植物生长延缓剂一般抑制赤霉素的生物合成，而赤霉素在亚顶端分生区中对细胞延长起主要作用，所以植物生长延缓剂的效应可以用赤霉素来逆转。

①乙烯释放剂：乙烯既可以作为生长促进剂，又可以作为生长延缓剂。乙烯可抑制生长素的转运和合成，降低生长素的有效性，从而能抑制多种作物茎秆和细胞的伸长。但是乙烯在常温下是气体，难以在生产上直接应用。乙烯利是一种水溶性的乙烯发生剂，在生产上应用广泛，当pH<4.1时乙烯利处于稳定状态，进入植物体后，由于植物组织内的pH>4.1，则乙烯利被分解释放出乙烯。

②矮壮素：矮壮素（CCC）在中性或酸性介质中稳定，在碱性介质中不太稳定。剂型为50%水剂，97%粉剂。矮壮素能抑制赤霉素的生物合成，抑制细胞伸长而不抑制细胞分裂，抑制茎部生长而不抑制性器官发育。矮壮素能使植株矮化，茎粗，叶色加深，增强抗逆性能力，如抗倒伏、抗旱、抗盐等。矮壮素不易被土壤所固定或被土壤微生物分解，一般作土壤施用效果较好。

③多效唑：多效唑可以抑制赤霉素的生物合成，减缓植物细胞的分裂和伸长，抑制茎秆伸长。另外，多效唑还有抑菌作用，又是杀菌剂。

2. 植物生长调节剂的作用及效果

（1）防止倒伏　薏苡生产中常常发生倒伏现象，尤其是在增加N肥和密植的条件下，倒伏现象更易发生。倒伏有根倒和茎倒之分，生产上薏苡发生倒伏主要是茎倒，且主要发生在生长中后期，这与植株高度、基部节间的长度、茎壁厚度等有关。

张秀伟等（2012）研究了生长调节剂对薏苡植株的矮化效果试验。利用 3 种生长调节剂矮壮素（A_1）、多效唑（A_2）、全锌玉状元（A_3）和清水（A_4）分别按浸种（B_1）、分蘖期末期喷施（B_2）和浸种加喷施（B_3）3 种方法施用，每个处理均设一清水对照，共 12 个处理，重复 3 次。结果表明：3 种生长调节剂对薏苡植株均有一定的矮化作用，以"全锌玉状元浸种+喷施"对薏苡植株的矮化效果最好，处理后株高为 156.50cm，比对照低 30cm；各生长调节剂对薏苡产量的影响不同，矮壮素以浸种处理的增产效果较好，多效唑以浸种+喷施处理的增产效果较好，全锌玉状元以喷施和浸种+喷施处理的增产效果较好。各处理中，处理 A_1B_1、A_2B_3、A_3B_2 和 A_3B_3 产量增产 2.97%～52%，增产效果最好的是处理 A_3B_3（全锌玉状元浸种+喷施），增产达 52%。

（2）增强抗逆性　生长调节剂可提高植株内源脱落酸含量，降低赤霉素和吲哚乙酸水平，并具有稳定膜的结构，提高质膜上保护酶体系的活性，清除自由基，增加可溶性糖和脯氨酸含量的作用，生产中可应用生长调节剂增强薏苡的抗逆性。

（3）延缓叶片衰老　植株在生长后期往往会出现不同程度的早衰现象，叶片衰老时伴随着叶绿素的丧失，核酸和蛋白质合成衰退，光合作用下降，影响产量的进一步提高。细胞分裂素、赤霉素、生长素等能有效延缓叶绿素、蛋白质和核酸的分解，增加光合产物向籽粒的转运，进一步提高产量。

（五）病虫害防治

1. 黑穗病

又名黑粉病。黑穗病属担子菌亚门（Basidiom ycotina）真菌，主要为害薏苡穗部，造成减产及经济性状差，重发生年份病穗率达 30%～50%，严重时颗粒无收。

（1）为害症状　薏苡黑穗病是一种系统性侵染病害，主要为害穗部。种子感染黑穗病后，常膨大成球形或扁球形，内部充满黑褐色粉末，即为病原菌的厚垣孢子；茎感染黑穗病后，受害部分弯曲粗肿，容易析断；叶感染黑穗病后，叶片受害部隆起呈紫褐色不规则的瘤状体，当植株长到 9～10 片叶时，穗部进入分化期后，叶片开始显症，多表现在上部 2～3 片嫩叶上，在叶片或叶鞘上形成单一或成串紫红色瘤状突起，后变褐呈干瘪状，内生黑粉状物，破裂后散出黑褐色粉末；子房染病，受害子房膨大为卵圆形或近圆形，顶端略尖细，部分隐藏在叶鞘里，初带紫红色，后渐变暗褐色，内部充满黑粉状孢子，外有子房壁包围。染病株主茎及分蘖茎的每个生长点都变成一个个黑粉病疱，病株多不能结实而形成菌瘿。

（2）发生规律　该病病菌为系统侵染性真菌病害，病原菌以厚垣孢子在种子表面、土壤中、病残株上越冬，春季在适宜的温度条件下，种子萌发，厚垣孢子萌发形成菌丝，侵入薏苡幼苗，孢子萌发最适宜温度为 26～30℃，最低温度10℃左右，随着幼苗的生长，侵入的菌丝也不断发展生长，并入侵到植株的维管内，分布到植株的每个分枝和小穗内。因此，菌丝从一点侵入，即能造成植株全株发病。当菌丝侵入子房或顶部叶片后，破坏组织，由菌丝的发育而形成厚垣孢子，成为肿大的褐疱致使果实变黑形成黑穗，厚垣孢子成熟后形成黑粉，黑粉散出后，经风传播到种子或土壤中越冬，翌年继续入侵植株。

（3）防治方法　严格进行种子处理，采用种子包衣技术，建立无病留种田，发现病株，立即拔除烧毁。施用充分腐熟的有机肥，合理轮作，对主发病地块，实行 3 年以上轮作。无包衣种子播种前，用 25% 粉锈宁或 50% 多菌灵按种子重量 0.5% 拌种，也可用 1∶1∶100 波尔多液浸种 24h 或用 50% 多菌灵 300 倍液浸种 15min，也可将种子按 1∶4 的温水（70℃）浸种后，让水温自然降至室温，或用 60℃温水浸种 30min，晾干后播种。扬花期用 40% 苯醚甲环唑 2 000 倍液喷雾 2～3 次，每 7～10d 喷 1 次。

莫熙礼等（2015）研究发现花椒提取物对薏苡黑粉病菌有抑菌作用。花椒提取物处理后，黑粉病菌的果胶酶和纤维素酶的活性显著弱于对照，花椒提取物能够抑制病原物的致病相关酶活性的表达，进而减轻黑粉病菌的为害。

李戈等（2010）研究表明薏苡种苗的 PAL 活性高峰期出现的时间及活性高低，可以作为薏苡种质资源的黑穗病抗病性鉴定的辅助手段，抗病品种的 PAL 活性高峰出现早，峰值较高。试验中田间发病率较低的抗性种质，接种黑粉病菌后 PAL 酶活性增加较快，在 12～24h 迅速达到高峰；田间发表率较高的感病种质 PAL 活性则变化较小，没有明显的高峰出现；中抗品种介于高抗和高感品种之间。

2. 叶枯病

叶枯病属真菌性病害，主要为害薏苡叶片。雨季多发。影响光合作用。发病率 5%～10%，严重年份病叶率高达 40%～60%，造成薏苡产量下降，品质劣变。

（1）为害症状　叶枯病主要为害叶片，初期为水渍状小斑点，之后病斑扩大成边缘深褐色、中间浅褐色的椭圆形、梭形病斑，并不断扩大，后期病斑可连成片，使叶片大面积枯黄，呈现灰白色且边缘褐色病斑，并长出黑色霉层。通常下部老叶先发病，逐渐向上部叶片蔓延。叶片病斑多时可连结，导致叶片枯死。

（2）发生规律　病菌主要以菌丝体或分生孢子随病残组织在土壤、病叶及秸秆上越冬，翌年春天分生孢子随气流、雨水传播，直接或从气孔侵入寄生，有潜育期，通常在 10~15d。病叶上的分生孢子可再次侵染，7—8 月高温高湿有利于发病，为发病盛期，连作地发病严重。

（3）防治方法　选用抗病、矮秆优良品种。加强田间管理。收获后应将病残株消除并集中烧掉。种植前施足充分腐熟的有机肥，合理施用 N 肥，抽穗期及时浇水，促进植株健壮生长。根据田间发病情况，可用 50% 代森锰锌 600 倍液或 40% 苯醚甲环唑 2 000 倍液喷雾 2~3 次，每 7~10d 喷 1 次。

3. 玉米螟

玉米螟俗名钻心虫，是薏苡的主要虫害，一年发生 3 代，发生率 3.6%~8.2%，严重年份高达 17.5% 以上，造成整株折断枯死，严重影响产量。

（1）为害症状　玉米螟以幼虫为害为主，可造成薏苡枯心，也可造成折雄、折秆，雌穗发育不良，籽粒霉烂而导致减产。初孵幼虫钻蛀茎秆，食害髓部，破坏组织，影响养分运输，使薏苡穗发育不良，千粒重降低。在虫蛀处易被风吹折断，形成早枯和瘪粒，减产较大。

（2）发生规律　5 月下旬至 6 月上旬始发，8—9 月为害严重，苗期以 1~2 龄幼虫钻入心叶中咬食叶肉或叶脉。抽穗期以 2~3 龄幼虫钻入茎内为害。通常以老熟幼虫在薏米茎秆、穗轴内或植物秸秆中越冬，翌年 5—6 月羽化。成虫夜间活动、飞翔力强、有趋光性，喜欢在较茂盛的薏米叶背面中脉两侧产卵，平均每头雌虫产卵 400 粒左右，每卵块 20~50 粒不等。幼虫孵出后，先聚集在一起，然后在植株幼嫩部分爬行危害。初孵幼虫能吐丝下垂，借风力飘迁邻株，形成转株危害。幼虫在幼嫩的植株上迁移频繁。抽穗后大部分幼虫群集到穗部危害。幼虫多为 5 龄，3 龄前主要集中在幼嫩心叶、雄穗和花丝上活动取食，即呈现许多横排小孔，4 龄后大部分钻入茎秆危害。

（3）防治方法　清洁地块，灭越冬幼虫，在玉米螟越冬后幼虫化蛹前期，将病残株消除并集中烧掉；可用频振式杀虫灯、黑光灯、高压汞灯等诱杀成虫；利用赤眼蜂卵寄生在玉米螟的卵内，吸收其营养，以消灭玉米螟虫卵；心叶期可用 Bt 乳剂 300 倍液灌心叶防治。

4. 黏虫

主要以二代黏虫为害较为严重，常年被害率在 10%~20%，严重年份高达 60%~80%，对薏苡产量影响较大。

（1）为害症状　主要以幼虫为害薏苡叶片，影响植株光合作用。严重发生年份，植株叶片被吃成光秆，呈刷把状。幼虫前期群体为害，属于杂食性害虫，其成虫具有远距离迁飞习性。

（2）发生规律　成虫产卵于叶尖嫩叶，叶片常成纵卷。幼虫6龄，初龄幼虫仅能啃食叶肉，并集中为害，3~4龄后分散为害，啃食叶片成缺刻，5~6龄为暴食期，老熟幼虫在植株根际表土下1~3cm做土室化蛹。成虫迁入数量多少决定当年发生的轻重，如迁入量大又遇适宜生存条件，发生就重。适宜的降水有利于各虫态发育，雨量过大，不利于成虫取食补充营养、交尾及产卵活动，低龄幼虫遇强风暴雨冲刷，埋入土壤中窒息死亡，发生就轻，成虫迁入量与田间落叶量、幼虫密度呈正相关。

（3）防治方法　加强田间管理，结合农事操作，采摘田间枯黄叶，利用糖醋液诱杀成虫。成虫有较强的趋光性，可用黑光灯诱杀成虫。人工采摘卵块，减少田间落卵量。幼虫防治适期应在1~2龄集中防治，效果最佳，此时对薏苡没有造成较大的为害，可用20%杀灭菊酯2 000倍液、20%菊马乳油1 800~2 000倍液或2.5%敌杀死乳油1 600倍喷施。

5. 蚜虫

薏苡苗期蚜虫为害较为严重，常年有蚜株率9.4%~22.3%，严重的年份高达60.3%~79.8%，影响薏米前期生长。

（1）为害症状　主要以成虫、若虫聚集在薏苡叶背及嫩茎上为害，刺吸植物汁液，造成叶片卷缩，植株萎蔫甚至枯死。

（2）防治方法　加强田间管理，结合中耕除草等农事操作时，采用20%吡虫啉1 000倍液喷雾防治。

（六）应对环境胁迫

1. 薏苡的铜胁迫

Cu是一种过渡金属元素，是植物生长发育必需的几种微量元素之一。Cu参与植物的光合作用，是多酚氧化酶、细胞色素氧化酶、抗坏血酸氧化酶等多种酶类的结构成分和催化活性成分，对于植物的生长发育与新陈代谢起到重要的作用。由于能在还原态与氧化态之间转换，Cu经常在许多重要的生理反应中充当传递电子的媒介。在植物机体内，Cu主要以Cu^{2+}与Cu^+存在。Cu^{2+}主要与组氨酸侧链的N端结合，而Cu^+则多与半胱氨酸或甲硫氨酸中的S端结合。含铜蛋白主要参与光合电子传递链、呼吸链与植物体氧化应激反应。此外，Cu还参与细胞壁合成、乙烯合成途径，充当转录蛋白信号分子等。在自然环境中，施用含大量Cu的猪粪和家畜泥浆等未经无害化的有机肥，使用化肥与杀虫剂，工业城市活动金属采矿与生产过程，废弃物处理技术等人类活动都会造成流入环境中的Cu增加，从而增加Cu在自然环境中的浓度水平。适量的Cu对于植物的正常生长发育有着极为重要的作用，但当环境中Cu过量后会对植物体造成胁迫，产生毒害作用。

关于薏苡 Cu 胁迫的研究，夏法刚等（2013）以去壳的浦薏 6 号为试验材料，研究了不同浓度 Cu^{2+} 对种子萌发、幼苗生长、相对电导率及叶绿素含量的影响。研究结果发现，铜离子浓度在 0~120mg/L 时，不影响薏苡种子的发芽势和发芽率。不同浓度铜离子处理对薏苡幼苗根长、苗长、鲜重及活力指数均有不同的影响。利用铜离子浸种不影响发芽后幼苗的生长，对苗的生长还有一定的促进作用，但幼芽萌发后生长在铜离子溶液中会显著影响苗的生长；铜离子的残留也影响了幼苗的生长，这是生长中值得注意的问题。其中，铜离子对根的伸长有极显著的影响，尤以生长在离子溶液中的薏苡幼根受影响更大，可能是由于 Cu 能够破坏植物根尖细胞有丝分裂过程中纺锤体的形成，从而使得根尖细胞无法正常分裂，最终阻碍根的生长。也有研究表明植物体内的 Cu^{2+} 过量时，会使根尖细胞有丝分裂不能常进行而出现异常，随着 Cu^{2+} 在根部的沉积，抑制了的进一步生长。试验中也发现，幼苗根系呈棕黑，细根趋于死亡。因此，生产中应该注意环境中铜离子对薏苡根生长的影响。

Cu 作为光合链中电子传递体之一质体蓝素的组分参与电子传递和光合磷酸化，与叶绿素形成有关，具有提高叶绿素稳定性的能力，避免叶绿素过早遭受破坏，有利于叶片更好地进行光合作用。但过高浓度的 Cu 会破坏细胞组织结构，加速叶片中已有叶绿素的氧化分解，从而影响叶绿素的合成。研究发现在适宜的期间，适宜浓度的铜离子能刺激叶绿素合成，促进植物光合作用，加快各种营养物质合成，从而加快植物生长速度，但当铜离子浓高于 40mg/L 时，薏苡叶绿素含量随着重金属 Cu 的升高反而下降，Cu 污染在一定程度上影响了叶绿素的积累，植物的光合作用相应受到影响，从而影响植物失绿，叶绿素总量下降。

植物细胞膜对维持细胞的微环境和正常的代谢起着重要作用。在正常情况下，细胞膜对物质具有选择透过性能力。当植物受到逆境影响时，如高温或低温、干旱、重金属、病原菌侵染后，细胞膜遭到破坏，膜透性增大，从而使细胞内的电解质外渗，以致植物细胞浸提液的电导率增大，而膜透性增大的程度与逆境胁迫强度有关，也与植物抗逆性的强度有关。根据试验结果，薏苡叶片的相对电导率随着铜离子浓度的增大呈现先下降后上升的趋势。由于相对电导率越大，电解质渗透越多，受伤害越严重，抗逆性也就越差，在一定浓度范围内利用 Cu 浸种可以相对提高薏苡种子的抗逆性，但超过适宜的浓度范围，薏苡的相对电导率则会随着铜子浓度的增加而上升，因此 Cu 在一定程度上也影响了薏苡的抗逆性。

在植物生长过程中，铜也会对植物产生毒害作用，使植物的水分代谢、光合作用、呼吸作用等各项生理代谢发生紊乱，从而造成植物生长缓慢。从此可知，

Cu 在幼苗与根的生长过程中影响比 Cu 在浸种过程对薏苡幼苗根长、苗长、鲜物质量的影响更为严重，因此在幼苗生长过程中也要严格控制铜离子的含量。

2. 薏苡的干旱胁迫

干旱作为影响作物生长发育、基因表达、分布以及产量品质的重要因素之一，严重限制了作物的大面积扩展。植物对干旱的适应能力不仅与干旱强度、速度有关，而且更受其自身基因的调控。在一定干旱阀值胁迫范围内，很多植物能够进行相关抗旱基因的表达，随之产生一系列生理、生化及形态结构等方面的变化，从而显现出抗旱性的综合性状。因此，从植物本身出发，深入研究植物的抗旱机理，揭示其抗旱特性，提高植物品种的抗旱耐旱能力，以降低作物栽培的用水量，同时最大程度提高作物的产量和品质，科学选育适宜广大干旱、半干旱地区种植的优良作物品种，有利于水资源的合理利用和生态环境的改善。

由于薏苡是湿生植物，根部具有大量丰富的细胞间隙，结构特征非常类似水稻。丁家宜（1981）等通过营养器官的解剖观察到，薏苡的根、茎、叶、叶鞘均有发达的细胞间隙，其中叶鞘和根最为突出，与水稻相似。后通过淹水试验发现，在长期淹水生态条件下薏苡可以获得大幅度增产，而在生育期内不同时期以干旱处理，对生物学产量和经济产量均有显著的不利效应。萌发出苗是任何作物生育期的第一阶段，能否在干旱条件下保持较高的萌发率和出苗率，直接关系到作物以后的生长和产量形成。

为适应贵州喀斯特山区和雨量不均等特点，陈宁等（2013）通过试验进行几种薏苡种质材料在萌芽期的抗旱性研究。试验采用高渗透性能的 PEG-6000 作为水分胁迫，研究不同 PEG 浓度对多种薏苡萌发的影响。试验结果显示，9 个薏苡品种表现出不同的抗旱指数，表明不同品种种子萌芽期存在不同的抗旱性能，且处于水分胁迫下各薏苡品种的种子发芽势、发芽率、萌发指数均受到伤害。萌发抗旱指数相对大的品种，其发芽势、发芽率、萌发指数的伤害率相对较小。水分胁迫抑制了种子的发芽速率，降低了种子的发芽率。萌发抗旱指数大的薏苡品种发芽势所受影响较小，在萌发指数和发芽率上所受的伤害程度也较轻，表现出薏苡种子的发芽势和发芽率与萌发抗旱指数间具有显著的相关性。由发芽率看出，伤害率大的品种抗旱性能较差，伤害率小的品种具有较强的抗旱性性能。作物的抗旱性与作物根系长度有着密切关系，干旱条件下，耐旱品种根系往往比不耐旱的发达，且试验通过模拟水分胁迫对薏苡根长的影响，得出根长胁迫指数可作为薏苡品种萌芽期抗旱性的一个指标这样一种结果。同时还发现发芽势、发芽率、根长胁迫指数与萌发抗旱指数存在较好的相关性，这几个指标可以作为薏苡品种萌芽期的抗旱性鉴定指标，有助于选育出具有抗旱性的优良薏苡新品种。

3. 薏苡的盐碱胁迫

一些干旱和半干旱地区，由于蒸发强烈，地下水上升，使地下水所含有的盐分残留在土壤表层，又由于降水量小，不能将土壤表层的盐分淋溶排走，致使土壤表层盐分越来越多，特别是一些易溶解的盐类，如 NaCl 和 Na_2SO_4，结果就形成盐碱土壤。土壤盐碱化和次生盐碱化问题在世界范围内广泛存在，特别是干旱、半干旱地区，问题更为严重。土壤盐碱化和次生盐碱化问题，已经成为世界灌溉农业可持续发展的资源制约因素。随着工业现代化，灌溉地和设施面积的扩大，土壤次生盐也日趋严重，给当地的农业生产、经济以及生态环境的发展带来了不可估量的影响。同时，由于农民盲目过量地使用 N、P、K 肥，不仅不能缓解盐度引起的生长抑制，反而会加剧盐害。对于植物来说，特别是在炎热、干旱条件下，盐胁迫对植物的伤害比冷凉条件下更严重，强光照下盐胁迫对植物生长的抑制也比弱光下的盐胁迫要大。

种子萌发期是对盐碱胁迫反应最敏感的时期，盐碱胁迫在禾本科植物种子萌发方面已有研究，而薏苡作为近年来食用、药用和饲用作物，关于盐碱胁迫对薏苡种子发芽及幼苗生长的影响的研究并不多。为提供关于盐碱地区薏苡生产和品种选育的理论依据，田鑫等（2015）以小白壳薏苡为试验材料，比较 NaCl、$NaHCO_3$、Na_2SO_4、Na_2CO_3 对其种子萌发及幼苗生长的影响。研究结果显示 4 种盐对发芽率抑制性有差异，Na_2CO_3 抑制性最大；NaCl 和 Na_2SO_4 抑制性最小；结合平均值及显著性分析，50mmol/L NaCl 不但没有抑制作用，反而还促进了发芽；整体而言，同浓度下其对发芽的抑制小于其余 3 种盐。随着 Na^+ 浓度升高，4 种盐处理均能够抑制薏苡种子发芽，种子发芽势总体呈下降趋势。NaCl 具有低促高抑制效应；$NaHCO_3$ 与 Na_2CO_3 均为碱性盐，未表现出低促高抑效应；较其他 3 种盐处理，Na_2SO_4 处理的发芽势下降缓慢。同时研究结果还显示，随着 Na^+ 浓度的增加，薏苡种子发芽指数呈下降趋势，发芽速率降低；随着 Na^+ 浓度的增加，盐处理的薏苡种子发芽受到抑制，芽的活力降低；4 种盐处理种子的 MDA 和 Pro 含量出现不同幅度的增加，各盐浓度处理间差异显著；薏苡幼苗中的 POD 和 CAT 活性先升高后降低，4 种盐处理间差异显著。总的来说，很多研究结果都显示薏苡种子的发芽情况受盐浓度的高低和 pH 值的影响。在碱性盐环境下，易引起细胞中单盐毒害，与活性氧清除能力降低有关。随 Na^+ 升高，4 种盐胁迫下薏苡种子的发芽率、发芽势、发芽指数、活力指数明显降低，抑制性表现为 $Na_2CO_3 > NaHCO_3 > Na_2SO_4 > NaCl$。随 Na^+ 升高，4 种盐胁迫均使根长、芽长、根芽比明显降低，且碱性盐处理较中性盐降低更快，可能与根尖细胞分裂能力强、幼嫩，对外界环境较为敏感有关，是幼苗对胁迫环境的一种适应。

席国成等（2011）通过室内试验，测定了薏苡种子萌发期、出苗期和中后期的耐盐性，并利用盐池微区试验和田间小区试验，通过籽粒产量和秸秆产量2个指标，鉴定和验证了薏苡在不同程度盐化土壤上的适应性。研究结果显示，单盐溶液浓度为0.2%~2.0%时，混合盐溶液浓度为0~4.0%时，薏苡相对发芽率随着盐度的增高而逐渐降低，二者呈高度负相关。而薏苡苗期相对出苗率达到75%以上时的土壤盐渍度在0.20%以下，受抑制浓度为0.20%~0.50%，极限值为0.50%。同时经过处理7d后观察的结果显示，薏苡中后期耐盐程度提高。薏苡在土壤盐渍度≤0.20%时能正常生长发育，在0.21%~0.34%范围内会受轻微伤害，在0.35%~1.22%范围内则严重受害，当土壤盐渍度超过1.23%时导致全部死亡。当薏苡生长成熟时研究发现，土壤盐渍度不超过0.34%时薏苡植株都可以开花结实，土壤盐渍度为1.0%时植株虽能存活但不能结实。通过薏苡的田间小区试验和示范耐盐性鉴定的结果也显示，在轻度盐渍土上小区试验种植的薏苡出苗良好，生长正常，籽粒产量为3 150~3 900 kg/hm²，鲜秸秆产量为30 750~39 750kg/hm²；在中度盐渍土上示范种植的薏苡春季出苗不全，秋季籽粒产量为2 250kg/hm²，鲜秸秆产量为12 000kg/hm²田间示范结果与小区试验结果基本吻合，表明薏苡可以在盐度<0.30%的轻度盐渍土上种植或在中度盐渍土上采取保护性措施种植。总的来说，薏苡是一种耐盐性较强的植物，7个大气压以下的盐溶液浓度处理可以正常萌发。在苗期以后的耐盐能力提高，可以在轻度盐渍土壤上栽培或在中度盐渍土壤上进行保护性栽培。

五、适期收获

（一）成熟标准

当全田薏苡植株叶片呈枯黄色，小穗基部、中部着粒的颖果坚硬、微黄、有光泽时，即进入薏苡成熟期。

（二）收获时期

收获是薏苡栽培的最后一个环节，对于薏苡产量和质量具有重要影响。薏苡同株不同部位小穗籽粒成熟不一致，当待籽粒已有80%成熟时即可进行采收，一般在10—11月采收。薏苡秸秆含水量多，可直接青饲或青贮，作为牲畜的饲料。成熟的薏苡种子果柄易折断而造成落粒，因此生产上应适时收获。收获过早，青秕粒多，籽粒尚不饱满，影响薏苡的产量和品质；收获过晚，易造成田间落粒损失，丰产不丰收，同时也易引起籽粒发霉，影响产量和品质。

（三）收获方法

薏苡收获包括收割、捆束、脱粒、分离和清选等作业，收割时选晴天割取全株或只割植株上部。收获方法包括人工分别收获法和机械联合收获法。

1. 人工分别收获法

此方法是由人工将薏苡割倒，铺放在留茬地上，由人工捆束、装车运到脱粒场，进行脱粒、分离和清选等作业，也可捆束后就地进行简易拍打脱粒。人工分别收获法对技术要求不高，在整个收获过程中，人力劳动量和劳动强度大，效率低，且收获时落粒多，产量损失大，无法适应大面积高效率种植生产的要求。

2. 机械联合收获法

此法是采用生产上改良的适宜薏苡收获的联合收割机，一次性完成收割、脱粒、分离和清选等作业。机械联合收获法的劳动生产率高，人力劳动量和劳动强度小。但目前国内尚未生产出薏苡专用联合收获机，均是用生产上常用的小麦联合收割机进行改良后用于薏苡收获。

（四）贮藏

薏苡籽粒含水量在13%以下，贮粮温度不超过30℃，即可安全贮藏。因此，薏苡收获后需要进行烘干处理后才能进行贮藏。薏苡的烘干可采用晾晒或烘干机进行处理。贮藏仓库要求干燥，通风凉爽，便于密闭，防潮隔热性能良好。薏苡入库前将仓库清洁消毒，保证无虫。籽粒在库内应按品种、质量等分类进行散装堆放或包装堆放。

六、机械化应用现状和发展趋势

长期以来，薏苡栽培主要依靠人力、畜力来操作，劳动强度大，劳动生产效率低，大大限制了薏苡规模化、标准化的产业发展进程。薏苡机械化的应用是通过先进的农业机械设备来取代人力、畜力，改善薏苡生产经营条件和生产模式，对有效推动现代农业的发展与进步具有重要意义。

（一）提高劳动生产率

不同农业生产要素反映出不同的农业生产能力。薏苡机械是生产要素中影响劳动生产率的关键因素。随着农村劳动力向非农产业转移，农业生产劳动力数量在减少，季节性劳动力不足，这种结构性的变化迫切需要发展机械化。另外，随着社会的进步和人民生活水平的提高，薏苡的市场需求与日俱增，实行薏苡机械化生产，就可以扩大种植面积，提高劳动生产率，满足薏苡产业发展需求。因此，积极推进薏苡机械化是提高劳动生产率和农民收入的必然选择。

（二）提高作业质量

薏苡在耕作栽培技术方面，要求管理细致，达到精耕细作，特别是在播种和收获环节，用工量大，时间集中。薏苡机械化在播种环节可实现开沟、播种、施肥、覆盖、镇压等工序一次性完成，行距、株距和播种深度都符合要求，精确度高，播种速度和质量都大大超过了人工播种。在薏苡收获环节，人工收割薏苡极易造成落粒，产量损失。薏苡收割机具不断完善，可实现田间收割、脱粒、分离和清选等作业一次性完成，提高了作业质量，保证增产增收。

（三）提高国际竞争力

与世界发达国家农产品质量相比，中国农产品缺乏国际竞争力的主要问题一是成本高，二是品质差。因此，要使薏苡产品在国内外市场上取得竞争优势，必须要在机械化技术的研究和应用上取得重大突破，促使先进的农业机械化技术能及时充分地应用到生产中去，大幅度提高薏苡生产技术的整体水平，推进薏苡规模化、专业化和标准化生产。只有这样，才能降低生产成本，提高产品质量和科技含量，进而提高国际竞争力。

（四）促进可持续发展

农业机械化是高投入、高产出的资源型与节约型生产。在农机化发展过程中，能够实现节水、节油、节肥、节药和节种，减少对环境的污染，降低农民的生产成本，获得社会、生态和经济效益。因此，积极推进节约型薏苡机械化发展，对于实现农业经济增长方式的根本性转变和促进社会经济可持续发展具有重要战略意义。

薏苡机械化栽培研究起步较晚，随着产业化的形成与发展，薏苡机械化生产的重要性越来越突出。近年来，薏苡机械化应用主要体现在以下几个环节。

1. 耕整地机械

主要有大、中、小型拖拉机配套的铧式犁、翻转犁、圆盘耙、镇压器、旋耕机等。

2. 播种机械

市场上没有专门的薏苡播种机，目前主要应用的是小麦或玉米播种机，经改装后，基本上可以符合薏苡播种的一般要求。育苗移栽环节，主要应用半自动化玉米移栽机，移栽时由人工将薏苡苗放入移栽器，由移栽器将薏苡苗放入已开好的沟内，可提高移栽速度，但由于人工分苗效率低，需进一步研究改进。研究生产薏苡专用精量播种机，不但能精确地完成一般播种机所进行的开沟、排种、覆土、镇压等作业，同时还能完成施肥、施农药等工作，并能利用电子监视排种，保证播种均匀，达到苗齐、苗全、苗壮的要求。同时，精量播种机还能节省种子及田间管理费用，对薏苡机械化应用发展具有重要推动作用。

3. 田间管理机械

开沟、施肥、中耕、培土、除草、病虫害防治等作业项目都是薏苡田间管理的重要内容。在薏苡田间管理环节，应用的机械主要有中耕施肥机，可以一次性完成开沟、施肥、培土及挖灌溉沟等作业。病虫害防治环节应用的机械主要有植保无人机，通过远距离遥控操作无人直升机喷洒农药，使薏苡的病虫害防治从人工地面防治变为无人机空中防治，避免了人工长时间接触农药带来的伤害，保障喷洒作业人员安全，节省劳动力，同时还可节省水和农药使用量，节约农业投入成本，防治效率是地面机具防治效率的 5~7 倍。

4. 收获机械

机收是实现薏苡全程机械化的瓶颈。由于薏苡茎秆硬、植株高、成熟度不一致等特点，目前国内尚未研制出薏苡专用联合收割机。目前生产上应用的是现有的谷物联合收割机，经改装改良后，用于薏苡收获，但效果不是特别理想，田间损失较大。薏苡收获脱粒后，还需要进行烘干才能安全贮藏，薏苡烘干机械主要应用的是烘干机，有效解决薏苡因得不到及时晾晒而发芽、变质、霉烂的问题。

第三节　薏苡特殊栽培

薏苡作为传统的药食同源作物，长期以来，一直是农民沿用传统的栽培技术方法。近年来，随着市场需求和种植面积的增大，轻简、高效、节本的轻简化栽培技术也是薏苡发展的重要方向。轻简化栽培技术是作物栽培的一项技术革新，是相对于传统栽培技术而言的，采用作业工序简单、劳资投入较少的省时省力、节省成本、优质高效的栽培技术。其实质就是简化管理程序，降低成本和劳动量，同时获得高产高效的目的。轻简化栽培不等同于粗放式栽培，是适应农业发展、利于机械化操作、抢时播栽，不误农时，减少水土流失和冬季撂荒，提高经济效益和社会效益的重要措施之一。目前中国农作物主要推广的轻简栽培技术主要是 4 个方面：免耕栽培技术、化学调控与化学除草技术、肥（药）缓释技术、机械化精量播种与收获技术（丁艳峰等，2008）。在薏苡栽培方面，除了传统栽培外，免耕直播、育苗移栽、机械化播种和收获等轻简化栽培技术已有所应用，在耐盐和湿生栽培等方面也不乏有益探索。

一、免耕直播

（一）应用地区和条件

薏苡栽培包括整地、播种、中耕除草、施肥、田间管理等生产环节。但薏苡在播种后种子发芽出苗之间，都需要土壤湿润，才能满足种子的水分需求，保证苗齐苗壮。整地易造成春旱时土壤水分蒸发，影响薏苡种子发芽，造成缺苗和弱苗。薏苡免耕直播技术是在前茬作物收获之后，不耕翻土壤直接进行播种作业的生产方式。这种种植技术在解决茬口衔接时间紧张、节能省工等方面有明显优势。从理论上来讲，薏苡的免耕直播受地域的限制不大，但是由于目前此种生产方式多用于长江中下游、西南、江浙一带，其前茬主要是水稻、油菜等作物。一般对于前茬作物要挨近地面收获或进行清茬处理，播种可采用挖穴直播或开沟条播。对于杂草较多的地块，可采用化学除草剂进行杂草防治。稻田直播要提前排水，其他旱生作物注意避免秸秆堆积和预防杂草。谢学福（2016）通过在贵州兴仁县进行多年试验和探索，总结了以苗前化学除草为前处理的薏苡免耕高效栽培技术。

（二）免耕苗前除草高效栽培技术

1. 种子处理

播种前将备用的薏苡种子在阳光下暴晒 2d，用 60℃温水浸种 30min 或用冷水浸泡 12h，再转入沸水中烫 8~10s，立即取出摊晾、散热、晾干，再用 25%粉锈宁可湿性粉剂拌种，每 100g 拌种 50kg 左右，可以防治薏苡黑粉病的发生。

2. 适时播种

薏苡春播于 3 月中旬至 4 月中下旬播种为宜，过早气温过低不利发芽，过迟不能正常成熟。选地以土壤肥沃、深厚、潮湿、黏质土壤为宜。因薏苡是湿生性植物，尤其以水田和有灌溉条件的旱地种植为好，一般采用穴直播，按 40cm ×30cm 挖穴，穴深 5~7cm，每穴放 5~8 粒种子，每亩施用充分腐熟优质有机细肥 1 000kg，只覆盖挖取的细肥土，注意不要铲锄穴间杂草，有条件的播后浇施清淡人畜粪水，保持穴中土壤湿润更利于发芽出苗。

3. 适时苗前化学除草

薏苡播种后 15d 左右幼苗长出土面，此时要随时关注幼苗出土情况，一定要在幼苗未出土但又要出土时施用灭生性除草剂草甘膦，过早杂草没有较大叶面积接触较多药液，不利于杂草茎叶吸收草甘膦，除草效果不好，过迟薏苡幼苗出土就会伤害幼苗，造成缺苗断窝。此时选择晴天用 40%草甘膦 200g 对水 35kg 叶面喷施于田间杂草上，草甘膦喷施土表面遇土即失效，不会对薏苡种子发芽产生影响，草甘膦是通过杂草茎叶吸收，在体内输导到各部位，使蛋白质合成受干扰导致杂草死亡。喷施草甘膦时一定要细心喷雾，田间地边杂草都要喷到，不能漏喷。一般 3~5d 后杂草逐渐变黄枯萎，覆盖于土壤表面，薏苡苗也逐渐长出土面，有利于薏苡生长也减少劳动成本。

4. 田间管理

（1）间苗补苗　穴播在幼苗长出 3～4 片真叶，苗高 5～10cm 时进行间苗补苗，拔除病苗，每穴留苗 2～3 株，按行穴距对缺穴株苗补齐。

（2）追肥培土　第一次追肥在苗高 5～10cm 时，每亩施尿素 15kg，促幼苗早分蘖快分蘖促幼苗生长；第二次在苗高 16～20cm 时，每亩施 15kg 尿素，期间，可喷施除草剂，用莠去津和硝磺草酮对行、穴间进行除草；第三次在苗高 35cm 左右或孕穗时，每亩施尿素 10kg、过磷酸钙 20kg，施肥时结合培土，促植株根系生长，利于孕穗和防止倒伏。

（3）灌水　水分管理是薏苡获高产稳产的关键前期保持土壤湿润促苗齐苗壮；中期排水搁田，控制无效分蘖；孕穗期勤灌水，利于抽穗灌浆提高产量。

（4）人工辅助授粉　薏苡是异株授粉作物，一般靠风即可授粉，也可人工授粉。在花期以绳索等工具在晴天 10—14 时振动植株，使花粉飞扬，能提高结实率。另外也可以在薏苡抽穗期喷施一次壮穗灵，使用时每 100kg 水中加入壮穗灵胶囊 1 粒，充分搅拌溶解后即可喷施，喷后能提高授粉能力和灌浆质量，增加穗粒数和千粒重。

（5）病虫害防治　薏苡黑穗病为害严重，发病率高，防治方法主要是播种前种子消毒，采取轮作，发现病株立即将病株拔出烧毁；玉米螟 5 月下旬至 6 月上旬始发，8—9 月为害严重，苗期以 1～2 龄幼虫钻入茎叶内为害，可采用 50% 甲奈威（西维因）可湿性粉剂（0.5kg 加细土 15kg 配成毒土）或用 90% 敌白虫药液 1 000 倍液灌心叶；叶枯病雨季多发，在发病初期用代森锌 65% 可湿性粉剂 500 倍液喷施；黏虫幼虫可使用 50% 敌敌畏乳油 800 倍液喷施，成虫用糖醋液诱杀，化蛹期挖土灭蛹。

5. 适时收获

薏苡的分枝性较强，果粒成熟不一致，待植株下部叶片转黄，种子已有 80% 成熟时就可以收获。

二、育苗移栽

（一）应用地区和条件

育苗移栽具有节约耕地、提高土地利用率、便于管理等优点，对于解决大、小春矛盾、抗旱（或寒）早播和争取时令，解决出苗不齐、秧苗素质低等问题颇有优势。尤其是能使夏播薏苡获得高产。由于育苗移栽技术对于移栽后的水分管理要求较高，育苗移栽更适用于降水量充沛的南方稻区。

（二）苗床选择

育苗地点应选择地势平坦、阳光充足、灌溉和排水方便的地块。苗床育苗和营养球育苗的苗床选择更需土层深厚，肥沃的壤土或黏土为好。由于薏苡不宜连作，前茬当以豆科、十字花科或根茎类作物为宜。

（三）育苗方法

1. 苗床育苗

可采用类似水稻旱育秧或湿润育苗苗床的制作方法。做宽 1~2m、高 10~15cm 的苗床。早春播种可做成塑料薄膜苗床，以防春寒，促使早发快长。播种期以移栽期决定，一般控制在移栽前 40d 左右下种，播种量 30~35kg/亩，每亩秧苗可以移栽 10~15 亩。底肥可以腐熟的农家肥为主，结合化肥使用，每亩施用农家肥 1 500kg 左右和过磷酸钙 30~40kg；或每亩施用复合肥 40kg 左右。播种后浇水，以保持苗床湿润为宜，播种后用聚乙烯地膜进行覆膜或做成拱棚以促进萌发和生长。

2. 营养球育苗

首先是进行营养土的制作。制作营养土时，用筛子将土筛细，弃除石子、杂草、土块，每 100kg 筛选的细土用腐熟的农家肥 30kg、过磷酸钙 5kg 拌均，再用多菌灵拌土进行消毒处理，待作营养球。苗床一般采用低厢式制作，深度 15cm，宽度 1.2m，长度可以根据育苗地点而定。苗床做好后将制作好的营养土运到苗床地旁放水拌土，放水要适当，一般放水后的土以用手握时成团，从手离地面 30cm 的高度往下落时能散开为好。营养球的大小一般以直径 6~7cm 为好，每亩需制作营养球 2 500 个，才能保证大田移栽达到 2 000~2 200 窝。将营养球放在苗床里，再用直径 1cm 的细棒在球的顶端打一直径 1cm、深 2~3cm 的孔作播种用。将精选消毒处理的种子放入营养球的孔内，每球放 6~7 粒种子，能保证每球有 4~5 株苗，种子放完后用过筛细土将营养球盖好，盖土厚度 2~3cm，然后浇透水，盖上农膜，农膜四周用细土盖严，能起到很好地保温、保湿的作用。待种子出苗 50%拱膜，苗长适宜大小时进行移栽。

3. 育苗盘育苗

育秧盘秧苗在水稻栽培中应用广泛，并进入了机械化应用阶段。但是薏苡的育秧盘育苗应用却较少，多用于一些珍稀材料的繁育工作。与苗床育苗和营养球育苗相比，育秧盘育苗操作简单、使用方便。目前薏苡用育苗穴盘（50 穴/版或 100 穴/版）最多，其育苗步骤也比较简单。首先是作畦，深 5~6cm，使育秧盘放入时与地面水平或略低于地面；然后制作营养土（与营养球育苗营养土的制作过程一致）或使用市场上购买的商品营养土，装填至盘穴的 2/3 左右，每穴放入 4~6 粒种子或浸种后播入。育苗期间保持基质湿润为宜。待长至适宜大小（一般 4~6 叶龄）进行大田移栽。已有试验证明，薏苡具有耐湿的生物学特性，而且其湿生高产栽培在多地已经取得了成功。因此，根据薏苡的生物学特点，改进或尝试将水稻的轻简育秧、插秧技术（包括机械化）应用于薏苡的轻简化栽培，将是今后探索和发展的重要方向。

（四）移栽

4~6 叶期均为适宜移栽期，但是一般不超过 8 叶。期间每亩可追施苗肥 5kg 左右，移栽前重施尿素 10kg/亩，作为移栽前的出嫁肥亦可以喷施植物生长调节剂多效唑等进行壮秧。对于旱地栽培当采用带土移栽方法为宜，即以带土移栽的方式起苗，一般按行距 30~35cm 开沟，株距 10~15cm，或按穴距 45cm×45cm 开穴定植。覆土、压实，并在田间灌水，一般 1 周左右成活、返青。对于水田（稻田）移栽，也可以采用类似稻田插秧的方法进行栽培（见薏苡水生栽培法）。

三、盐土栽培

（一）应用地区和条件

在辽宁、江苏、浙江和福建等滨海地区，其土壤中盐碱含量高，往往存在轻度盐渍土壤或中度盐渍胁迫情况。整体而言，薏苡对土壤的要求不是很严格，在各类土壤均可种植，耐性相对较强。赵晓明等（2000）介绍，薏苡比玉米、高粱、黍子、向日葵、耐碱能力更强，pH 值的适应范围为 5.0~8.0，适宜 pH 值范围 6.5~7.0，接近中性；苗期 0~15cm 的土层中全盐量 0.41%、氯离子为 0.061%，生长良好；全盐量达到 0.083% 时就生长不良。钱冰等（2015）根据江苏沿海薏苡栽培特点，总结了薏苡在盐土上的栽培技术，为薏苡的耐盐栽培提供重要参考。

（二）栽培技术

1. 选种与种子处理

通过系统选育，选择优质良种播种。用种 45~60kg/hm²，用 50% 甲基硫菌灵可湿性粉剂或 50% 多菌灵可湿性粉剂，按种子重量的 0.4%~0.5% 拌种或浸种（浸种时间为 48~72h）。

2. 施底肥与整地

施足基肥。薏苡适应能力极强，耐肥。施土杂肥 30~45 t/hm²，磷酸二胺 250kg/hm²，然后翻入土中。选择田块，整地开沟，按 2 m 整出畦面，每个畦间开

1 条 20~30cm 沟，作灌排渠道用。

3. 适期播种

前茬以豆科、棉花、薯类等为宜。可采用条播和穴播进行播种，大面积种植可用播种机进行。按照行距 45cm 开浅沟，株行距 45cm×25cm 为宜，密度控制在 8.9 万~11.0 万株/hm²。沟深 3~5cm，沟底要求平，将种子均匀播入沟内，然后覆土整平，可进行化学除草减少成本。采用穴播，按株行距 40~50cm 开穴，每穴播饱满籽粒 4~5 颗。一般在 4 月开始地温稳定在 12℃ 以上进行，也有在 6 月中旬播种的，过迟秋后则不能成熟，如墒情不好要采取淹水播种，必要时可覆盖地膜。

4. 田间管理

（1）适期间苗与定苗　当幼苗具有真叶数为 2~3 片时，进行第 1 次间苗，标准为株距 4~7cm；当幼苗具有的真叶数在 5~6 片时，进行定苗，株距控制在 20~25cm。

（2）中耕除草　一般根据田间的实际情况进行中耕除草，2~3 次即可，分别在苗高 8~10cm、20~25cm 时分别进行第 1、第 2 次。

（3）追肥　追肥分两次进行。第 1 次在苗高 20~25cm 时进行，施尿素 270~300kg/hm²，或稀薄人畜粪尿 1 000kg/hm²，促使幼苗生长、多分蘖。第 2 次在孕穗时进行，施磷酸铵 300kg/hm² 或人畜粪尿 1 500 kg/hm²，或施用尿素 150kg/hm²+过磷酸钙 300kg/ hm²，以促使植株旺长，有利孕穗。施肥时可结合培土进行，特别是第 1 次施肥，这样可防止倒伏，有利于根系生长。

（4）灌水　水分管理是薏苡获得高产稳产的关键。采取湿生栽培法，收获前 20 d 开始干田，便于收割。

（5）授粉　风媒即可授粉，如能在开花盛期以绳索、竹竿等工具振动植株（10—12 时）使花粉飞扬，提高结实率。

（三）病虫害防治

播种前种子处理可基本消除黑穗病，一旦发现黑穗病，要立即将病株拔除烧毁。多雨季节常发生叶枯病，为害叶部，发病初期用 65% 代森锰锌可湿性粉剂 500 倍液喷施，栽培上要注意通风透光，合理密植。玉米螟发现后用 90% 敌百虫 1 000 倍液灌心叶。

（四）采收

薏苡当年即可收获，当植株中下部叶片转黄，有 80% 果粒成熟变黑褐色时割下打捆，堆放 3~5 d，使未成熟籽粒后熟，然后用碾米机碾去外壳和种皮等方法脱粒，晒干即为壳薏米，大面积种植可以采用联合收割机作业，提高采收效率。

四、薏苡湿生高产栽培技术

长期以来，薏苡通常被划分为旱地作物，生产上也以旱地栽培，其栽培措施也是局限于旱田栽培技术范围，主要原因是未进行系统研究，对其生长习性了解甚少。然则，从其古籍记载中不难发现，薏苡原产于亚热带沼泽地带，原始种水生薏苡依然保留了水生特性。有学者（丁家宜等，1981）通过以淹水为主的水分试验证明，薏苡营养器官（叶、叶鞘、根、茎）中具有大量的通气组织；在长期淹水生态条件下，可以获得大幅度地增产，而在生育期内不同时期经干旱处理，对生物学产量和经济产量均有显著的不利效应；因此，薏苡应该不是旱田作物而是沼泽性作物。从生态学而言它不是中生性植物而是湿生性植物。其栽培方法应跳出旱地栽培范畴，而湿生栽培法是获得高产稳产的关键。薏苡的湿生栽培可以采用种子直播或类似水稻插秧移栽的方法进行。其技术要点总结如下。

（一）种子直播法

1. 选地与整地

选向阳、肥沃的壤土或黏壤土地块种植。前茬作物以豆科、十字花科及根茎类作物为宜。

2. 种子处理

选用当年种子进行播种。种子处理方法如下：①用5%石灰水或硫酸铜、熟石灰和水按1：1：100比例配比溶液浸种24~48h后取出，用清水冲洗干净；②每100kg种子用2%戊唑醇干拌剂或湿拌剂商品量400~600g（有效成分8~12g）拌种；③每100kg种子用15%三唑酮可湿性粉剂500g拌种。

3. 播种方法

播种时间分春播和夏播两种，春播的播种期因品种而异。早熟种3月上、中旬播种，中熟种3月下旬至4月上旬播种，晚熟种4月下旬至5月上旬播种。中国东北地区则由于生育期短，因此只种早熟或中熟品种，多在4月中下旬播种。薏苡多采用种子直播的方法，少数用育苗移栽的方法（见上文）。直播多用条播或穴播。

条播：早熟种按行距30~40cm开沟，中熟种按行距40~50cm开沟，沟深均为3~7cm。播时将种子均匀撒于沟内，然后覆土至畦平，亩播量为3~4kg/亩。

穴播：早熟种株行距30cm×30cm，中熟种株行距20cm×40cm，晚熟种株行距20cm×50cm，穴深均为3~7cm，每穴播种4~5粒，亩播量2.5~3.5kg。覆土后踩实，播后10~15d出苗。

4. 田间管理

（1）间苗定株　幼苗长至 3~4 片真叶时间苗，每穴留苗 4~5 株。大面积生产，如能掌握种子用量且能保证出全苗，也可不必间苗。

（2）中耕除草　通常进行 2~3 次，第一次结合间苗进行，第二次于苗高 30cm 时浅锄（拔节期），第三次一般在抽穗—孕穗期、植株尚未封行前进行。第二、第三次除草可结合施肥、培土同时进行。

（3）施肥　结合土壤肥力适时满足薏苡对各种营养元素的需求，以腐熟农家肥为主，无机肥为辅。基肥在翻地时拌匀后翻入土中或者播种时再施入，后者施用时需均匀施入，覆细土后再播种，每亩施腐熟农家肥 1 000~1 500kg、45%复合肥 40kg、过磷酸钙 30kg。第一次追肥在 4~5 叶龄时，结合中耕，亩施尿素 10kg；第二次在拔节期进行或孕穗时进行，每亩施尿素 20kg，也可结合生长需求配合磷肥（过磷酸钙 15kg/亩）、钾肥（硫酸钾或氯化钾 10kg/亩）施用；在花期可用 0.2%~1%磷酸二氢钾液进行叶面喷施。

（4）水分管理　以湿、干、水、湿、干相间管理为原则。即湿润促苗、干旱拔节、有水孕穗、足水抽穗、湿润灌浆、干田收获。播种后保持土壤湿润，利于出苗，使苗齐、苗壮，分蘖能力增强。但在田间总茎数达到预期数目时，应排水干田，尤其是在大雨后应及时排水，控制无效分蘖的发生。进入孕穗阶段，应逐步提高田间湿度，增大灌水量直至田间有浅水层 2cm 左右。足水抽穗。抽穗期是需水量最大的时期，此时应勤灌且要灌足，最好使田间保持 3~6cm 的水层。灌浆结实期要以湿为主，干湿结合。前半月湿润可保持植株生长势，防止早衰，而且可以增加粒重，减少自然落粒；后半月则应放水干田，以利收获。

5. 人工辅助授粉

薏苡是风媒花，雄花少，在无风情况下，雌花因不能全部授粉而出现秕粒。可于 10—12 时，采用绳索等工具从植株顶部拖过以振动植株，使花粉传播到雌蕊的柱头上，3~5d 一次，直至扬花结束。

6. 病虫害防治

按照"预防为主、综合防治"的植保工作方针，坚持以"农业防治、物理防治、生物防治为主，化学防治为辅"的防治原则。使用化学药剂防治时，严格按照 GB 4285《农药安全使用标准》和（GB 8321—2009）《农药合理使用准则》的有关规定执行。

（1）黑穗病　防治方法：①实行轮作；②种子处理：每 100kg 种子用 15% 三唑酮可湿性粉剂 500g 拌种；③每 100kg 种子用 2%戊唑醇干拌剂或湿拌剂商品量 400~600g（有效成分 8~12g）拌种；④用 5%石灰水或波尔多液浸种 24~48h

后取出，用清水冲洗干净。

（2）叶枯病　在薏苡的叶和叶鞘，初现黄色小斑，不断扩大使之叶片枯黄。防治方法：合理密植，注意通风透光；加强田间管理，增施有机肥，增强植株的抗病能力。

（3）玉米螟　在薏苡抽穗期，幼虫钻入茎内蛀食健康组织，多造成"白穗"或使植株折断。幼虫在薏苡茎秆中越冬，1年可发生数代，以第一代、第三代为害最为严重。防治方法：①生物防治：施放赤眼蜂和白僵菌；②早春在玉米螟羽化前将上一年的薏苡秸秆集中烧毁或沤成肥料，以消灭虫源；③用黑光灯在5—8月间诱杀成虫；④及时拔除枯心苗；⑤药物防治：用50%杀螟松乳油200倍液灌心，也可用50%西维因粉剂500倍液喷雾，还可用50%西维因颗粒灌心。

（4）黏虫　以幼虫为害叶片、嫩茎和嫩穗。防治方法：在幼虫期喷施高效低毒农药进行防治；在成虫期用糖醋液（糖、醋、白酒、水之比为3∶4∶1∶2）诱杀。

7. 采收贮藏

采收期因品种不同而异。早熟种采收期为7月至8月初；中熟种为8月下旬至9月中旬；晚熟种为10月下旬至11月中旬。当叶呈枯黄色、果实呈黄褐色、种子已有80%成熟时即可收割。种子脱粒后晴天晾晒至含水量≤12%后，放入阴凉、干燥、通风、防腐的地方贮藏。

（二）插秧移栽法

江苏省农业科学院的吴永祥（1990）在江苏南京、苏州、宿迁等地，对薏苡采用类似的水稻栽培的湿生栽培法，都取得了300~400kg/亩的产量，并对其栽培要点进行了总结。此种栽培技术一般适用于稻麦两熟地区，解决季节和茬口矛盾；在广西西林、隆林等地也较为常见。

1. 种子处理

播前将种子晒干扬净，并放入60~65℃的温水中浸泡10~15min，然后再在1%~2%的石灰水中浸泡2d，用清水冲洗，而后再用清水浸泡2~3d，或者按照直播法的操作方法进行种子处理，预防黑穗病等的发生；处理后便可直接播种，也可以经催芽后播种。

2. 增温出苗

为解决薏苡种子出苗缓慢、发芽势差异悬殊、出苗速度参差不齐等问题，一般在4月底或5月初播种，播后可采取增温措施。其一，可以通过温室或小温床培育小苗，然后寄苗育壮秧；其二，采用地膜覆盖湿润育秧，即按水稻田的规格和方法，做好通气秧田，后用地膜覆盖，既可增温又可保湿。

3. 秧苗肥水管理

秧田施肥应以底肥为基础，有机肥为主，每亩可施农家肥 1 000~1 500kg，碳酸氢铵 25~30kg，齐苗后，灌水前追施尿素 8~10kg。尽量避免在中后期追施化肥。水分管理上，齐苗前以干为主、齐苗后以湿为主、三叶期以后以水层为主，但在每次灌水时，水层都不能淹过第 1、2 片叶的叶鞘，否则便会出现水害。在淹水条件下，薏苡根系有白、粗、长、吸水吸肥能力强的特点，经过 30~35d 左右，培育出多蘖壮秧，单株一般带 4~5 个分蘖。

4. 栽培规格和方法

插秧规格一般按照株行距（25~30cm）×（12~15cm），密度 1.2 万~1.5 万穴/亩。带分蘖植株一般每穴栽单株，瘦弱秧苗栽双株，基本苗茎蘖数一般控制在 2 万~3 万个/亩，成熟期有效茎达到 5 万~6 万个/亩，这样比较容易形成高产。插秧方法同水稻浅水栽秧，或者采用拉线开沟旱栽，栽后灌水润苗。

5. 田间水分管理

在大面积生产中，各个生育阶段采取不同的灌水方法。栽后的 10~15d 内，保持 2~3cm 的浅水层，促进活棵分蘖；主茎叶龄达到 9~9.5 叶后约 30d 的时间里，进行间歇灌溉，无特殊情况不建立水层，保持田间湿润，以控制节间长度，防止植株过高而恶化中后期群体结构。抽穗~抽穗末期保持田间水层，保证幼穗的分化和抽穗整齐；灌浆结实期保持田间湿润，防止早衰、提高粒重；干田收获。

6. 大田肥料运筹

基肥以人畜粪等有机肥为主。追施化肥每亩施纯氮 20~22.5kg，其中，40%作为基面肥施入，以促进单株分蘖和单茎的分枝数；40%在拔节后、抽穗前施入，以满足结实器官的分化和籽粒形成的需求；20%灌浆期施入主要是延长叶片功能期，保证灌浆期有充足的养分，提高千粒重，降低瘪粒率。施肥时采用沟施或沿着株行施入，切忌撒施，以防化肥沾在叶片上或叶鞘内引起肥害。

7. 病虫害防治

做好种子的消毒处理工作，预防黑穗病等的发生；虫害主要预防玉米螟和黏虫，根据虫害预报和发生情况准确用药，尽量在其幼龄阶段控制。具体方法与"种子直播法"相同。

8. 适时收获

种子已有80%成熟时即可收割、晒干、贮藏。

本章参考文献

陈成斌，覃初贤，陈家裘．2000．提高野生薏苡种子发芽率的试验研究［J］．中国农学通报，16（5）：26-28.

陈光能，魏心元，李祥栋，等．2015．不同氮肥运筹对薏苡生长及产量形成的影响［J］．耕作与栽培（5）：38-39.

陈宁，魏晓刚．2013．几种薏苡种质材料萌芽期的抗旱性能初步研究［J］．种子，32（4）：90-92.

陈宁，姜文婷，魏心元，等．2013．黔薏苡1号干物质积累及生长发育动态研究［J］．种子，32（8）：85-87.

陈文现．2014．兴仁薏苡不同播期和种植密度的产量表现［J］．贵州农业科学（8）：72-73.

邓伟，李松克，岑爱华，等．2016．不同处理方法对白壳薏苡种子发芽特性的影响［J］．种子，35（4）：100-102.

丁家宜，张恩汉．1981．薏苡湿生性的试验验证［J］．作物学报，2（2）：117-124.

丁依悌．2006．薏苡的生物学特性及栽培技术［J］．特种经济动植物，9（8）：26-27.

黑龙江省虎林市农业局．1988．如何评价作物茬口特性［J］．农业科技通讯（4）：23-25.

胡立勇，丁艳峰．等．2008．作物栽培学［M］．北京：高等教育出版社．

黄亨履，陆平，朱玉兴，等，1995．中国薏苡的生态型、多样性及利用价值［J］．作物品种资源（4）：4-8.

黄金星．2010．蒲薏6号薏苡特征特性及高产栽培技术［J］．福建农业科技（6）：28-30.

雷春旺．2015．薏苡不同品种最佳栽培密度试验［J］．福建农业科技（2）：16-18.

李凤琼．2015．薏苡高产栽培技术［J］．农业开发与装备（9）：142.

李戈，彭建明，高微微，等．2010．我国南方薏苡种质资源对黑粉病的抗病性鉴定［J］．中国中药杂志，35（22）：2 950-2 953.

李松克，李克勤，张春林，等．2013．播种期对薏苡生长及产量的影响［J］．

安徽农业科学，41（8）：3 384-3 385，3 441.

李泽锋，刘昆.2012.辽宁薏苡的特征特性及高产栽培技术［J］.农业科技与装备（1）：66-69.

林仁东，林明贵，林启椿.2008.金沙薏苡免耕直播高产栽培技术［J］.广东农业科学（12）：149-150.

罗先平.1988.作物的茬口特性及评价［J］.农业科技通讯（4）：23-25.

莫熙礼，吴彤林，李松克，等.2015.花椒提取物对薏苡黑粉病菌的抑菌机理［J］.江苏农业科学，43（8）：131-133.

钱茂翔，李艾莲.2016.行距配置和种植密度对薏苡光合生理、籽粒灌浆及产量的影响［J］.中国农学通报，32（13）：97-102.

沈宇峰，沈晓霞，俞旭平，等.2013.薏苡新品种"浙薏1号"的特征及栽培技术［J］.时珍国医国药，24（3）：737-738.

唐虎，刘婷婷，魏兴元等.2014.薏苡营养球育苗及高产栽培技术［J］.中国种业（7）：67-68.

田鑫，钟程，李性苑，等.2015.盐胁迫对薏苡种子萌发及幼苗生长的影响［J］.作物杂志（2）：140-143.

吴永祥.1990.薏苡湿生栽培法［J］.农业科技通讯（4）：8-9.

席国成，刘福顺，刘艳涛，等.2011.薏苡耐盐性研究［J］.河北农业科学，15（10）：29-31.

夏法刚，孟惠娟，谢萍萍，等.2013.铜胁迫对薏苡种子萌发及幼苗生长的影响研究［J］.中国种业（4）：50-53.

谢学福.2016.薏苡免耕苗前化学除草高效栽培技术［J］.农技服务，33（7）：77.

杨连坤，章洁琼.2015.不同栽培密度对白薏苡产量的影响［J］.耕作与栽培（3）：48.

张明生.2013.贵州主要中药材规范化种植技术［M］.北京：科学出版社.

杨念婉，李爱莲，陈彩霞.2010.种植密度和播期对薏苡产量的响应及相关性分析［J］.中国农学通报，26（13）：149-152.

张秀伟，张鹏，冯朋友，等.2012.不同生长调节剂对薏苡植株的矮化效果［J］.贵州农业科学，40（11）：101-103.

赵晓明.2000.薏苡［M］.北京：中国林业出版社.

赵杨景，杨峻山，张聿梅，等.2002.不同产地薏苡经济性状和质量的比较［J］.中国中药杂志，29（9）：694-696.

郑明强.2016.不同种植方式及密度对薏苡米产量的影响［J］.农技服务，

33（1）：44-45.

周棱波，汪灿，张国兵，等．2016.硫酸钾复合肥和种植密度对薏苡光合特性、农艺性状及产量的影响［J］.作物杂志（1）：93-97.

邹军，魏兴元，朱怡．2014.种植密度与施肥对薏苡产量的影响［J］.贵州农业科学，42（9）：98-101.

第四章 环境胁迫及其应对

第一节 主要病害与防治

一、常见种类

（一）黑粉病（黑穗病）

1. 病原

薏苡黑粉菌 *Ustilago coicis* Bref. 是担子菌门黑粉菌科黑粉菌属真菌。病原菌菌落中央皱褶凸起、边缘整齐，表面呈白色、反面淡黄色。显微形态观察，冬孢子卵圆形至椭圆形或不规则形，黄褐色，密生小刺或瘤，大小（7~12）μm×（6~10.5）μm，壁厚，有刺，电镜观察发现刺间有小疣。冬孢子散生，萌发时产生具隔的初生菌丝，从初菌丝的 1 个菌胞上顶生或侧生出担孢子，担孢子发芽产生次生担孢子。

2. 为害

薏米黑粉病苗期一般不显症状，主要为害茎、叶、穗，有时也害幼苗，种子一般在收获时感染。种子感染黑穗病后，常膨大呈球形或扁球形，内部充满黑褐色粉末，即为病原菌的厚垣孢子；茎感染黑穗病后，受害部分弯曲粗肿，容易析断；叶感染黑穗病后，叶片受害部隆起呈紫褐色不规则的瘤状体，当植株长到9~10片叶时，穗部进入分化期后，叶片开始显症，多表现在上部 2~3 片嫩叶上，在叶片或叶鞘上形成单一或成串紫红色瘤状突起，后变褐呈干瘪状，内生黑粉状物，破裂后散出黑褐色粉末；子房染病，受害子房膨大为卵圆形或近圆形，顶端略尖细，部分隐藏在叶鞘里，初带紫红色，后渐变暗褐色，内部充满黑粉状孢子，外有子房壁包围。染病株主茎及分蘖茎的每个生长点都变成一个个黑粉病疱，病株多不能结实而形成菌瘿。

研究表明，黑粉病菌对种子的发芽无抑制作用，对幼芽的生长有一定的抑制作用；接种黑粉病菌孢子后，种子发病率为 75.7%，而叶片和穗部的发病率都低于 10%；病原菌处理种子后，角质酶的活性在 6h 和 12h 出现峰值，略高于对照，其余时间角质酶活性与对照差异不明显，且角质酶的含量和活性均较低；细胞壁降解酶的活性测定发现，种子接触黑粉病菌后，果胶甲基半乳糖醛酸酶活性与对照的活性差异不显著，且活性的变化率相同；多聚半乳糖酸酶、β-1.4-内切葡聚糖酶和β葡聚苷酶的活性在24h内迅速升高，达到峰值，之后迅速下降，与健康植株的活性差异不显著，且变化规律相同。

薏苡黑穗病菌对薏苡侵染初期过程的解剖学观察研究表明，薏苡黑粉病菌对寄主侵染的最主要部位为嫩胚芽鞘，其侵染适期为种子萌发至不完全叶抽出前的幼苗期。有73%~92%的附着胞是在胚芽鞘表皮细胞间和凹陷的部位上形成，并从该部位下侵入，侵入寄主后的菌丝多朝维管束方向扩展，在胚芽鞘维管束附近及沿其一带有高频度的病原菌丝的存在。侵入植物体内的菌丝有的变成结节状、螺旋状或断续性空胞，或其先端被植物细胞质包围成鞘状物，寄主细胞内的菌丝多与寄主细胞核相碰接。

3. 发生规律

病原菌以厚垣孢子在种子表面、土壤中和病残株上越冬，春季在适宜的温度条件下，种子萌发，厚垣孢子萌发形成菌丝，侵入薏苡幼苗。孢子萌发最适宜温度为26~30℃，最低温度10℃左右。随着幼苗的生长，侵入的菌丝也不断发展生长，并入侵到植株的维管内，分布到植株的每个分枝和小穗内。因此，菌丝从一点侵入，即能造成植株全株发病。当菌丝侵入子房或顶部叶片后，破坏组织，由菌丝的发育而形成厚垣孢子，成为肿大的褐疤致使果实变黑形成黑穗，厚垣孢子成熟后形成黑粉，黑粉散出后，经风传播到种子或土壤中越冬，翌年继续入侵植株。以贵州省为例，介绍薏苡不同生育时期黑穗病发生情况。贵州省几个薏苡主产区海拔在880~1 250m，种植水平基本相同，都在4—5月种植，期间除草1~2次，在分蘖和开花期各施肥一次。在苗期（4月初到5月中旬）一般没有黑穗病的发生，其原因是病原菌在种子表面、土壤中和病残株上越冬，温度条件不适宜孢子萌发，4—5月温度较低，20℃左右，孢子萌发最适宜温度为26~30℃。分蘖至开花期（5月中旬到8月中旬）都有发现病株，在这个时期，温度、湿度都适宜孢子萌发形成菌丝，侵入薏苡植株，主要感染茎和叶片，茎感染黑穗病后，受害部分弯曲粗肿，容易折断，叶感染黑穗病后，叶片受害隆起呈紫褐色不规则的瘤状体。进入成熟期，除茎、叶感染外，籽粒也感染；叶片感染，在叶片或叶鞘上形成单一或成串紫红色瘤状突起，后变褐呈干瘪状，内生黑粉状物，破裂后散出黑褐色粉末；籽粒感染，在籽粒表面形成黑色或褐色菌丝，并入侵子房，收获后感染其他未带病种子，来年继续传播。

（1）病菌侵染期　在种子发芽后的不同生育阶段，用0.2%菌土（2g冬孢子粉用1000g细土混匀）覆盖接种。病菌从种子发芽到一心叶期均可侵染导致发病，但以芽长 1cm 以前的感病率最高，达 66.6%～76.4%。接种试验证明，病菌不能自叶和地上茎侵入，田间也无再侵染。

（2）侵染来源　用 0.2%冬孢子粉和 0.2%菌土分别进行种子与土壤接种，以不带菌种子与土壤作对照，观察种子与土壤菌源的致病作用。不论是带菌种子，还是带菌土壤，均可成为病害侵染来源。带菌土壤的致病作用大于带菌种子，前者发病率 94.2%，带菌种子为 64.0%，土壤菌源比种子带菌的发病率多30.2%。用不同菌量（冬孢子粉）接种，使每粒种子附着不等量的孢子，以不接菌作对照。试验结果表明，种子带菌量越多，病害发生越重，发病率与带菌量间呈显著正相关，r＝0.769，直线方程为 y＝27.045+0.001x（y 为发病率，x 为孢荷量）。薏苡收获脱粒过程中，破碎病粒散出的孢子附于种子上，或未破碎的病粒混入健粒中，是翌年发病的初侵染来源；收割期落于田间的病粒和冬孢子堆，是另一初侵染来源。连作地土壤中由于菌源的残留和累积发病尤为严重。

（3）土壤温湿度与发病的关系　土壤温度分 8～10℃，11～15℃，1～20℃3 个处理，用 0.2%菌土接种。3 个处理的发病率依次为 75.5%、73%和 62.5%，播种期土壤温度低于 15℃的处理发病重，但土壤温度 20℃仍高达 62.5%。这表明，病菌浸染寄主的适温较广。另按烘干土重加不等量水，按 20%～50%的 4 个不同含水量梯度，用 0.2%菌土接种。试验结果表明，处理间发病变化不具规律性，说明土壤含水量对发病的影响作用不明显。在有足够菌源条件下，不论土壤干旱还是潮湿病害均能严重发生。

（4）播种深度与发病的关系　种子用 0.2%孢子粉接种，播种于不同土壤深度。播种深度对发病有一定的影响。覆土过厚，幼苗出土慢，增加被侵染的机会，发病相对加重。播深 3cm 发病率 72.1%，播深 5cm 发病率 8.03%，播深7cm 发病率 85.3%，播深 9cm 为 88.7%。播种 9cm 比播深 3cm 的发病率提高 19.2%。

4. 传播途径

病菌以冬孢子附着在种子上或土壤里越冬。翌春土温升到 10～18℃时，土壤湿度适当，冬孢子萌发侵入薏苡的幼芽，后随植株生长点的生长上升到穗部，菌丝潜入种子，致组织遭到破坏而变成黑穗，当黑穗上的小黑疱裂开时，又散出黑褐色粉末，借风雨传播到健康种子上或落入土中，引起下年发病。连年种植或不进行深翻的田块易发病。

5. 发生原因

（1）种子带病　种子带病率高是导致薏苡黑穗病发生的首要原因。调查发现，薏苡种植户对健株留种的观念淡薄，留种较为随便，导致种子带病率提高，成为下年发病的主要病源。

（2）施用有机肥不恰当　薏苡种植户在底肥施用上，常把未腐熟或半腐熟的有机肥（农家肥：猪、牛、马粪等）直接施用，给病原菌提供了适宜的生长环境，为黑穗病发生提供了有利的条件。

（3）不合理的耕作制度　大面积连年种植，为薏苡黑穗病的侵染循环创造了有利的外部条件，薏苡收获后，不少种植户因未能及时将地晒干，把弃置于田间的枯、残茎叶集中烧毁，为来年病害提供了大量菌源；受山区条件限制，大多数种植户只能采用传统的锄、锹耕作，不易对田块进行深翻，田间菌源未能得到有效深埋；为追求产量，薏苡种植密度大，田间通气性差，湿度大，偏施 N 肥等因素，也促进了病菌的发生、扩展和蔓延。据薏苡黑穗病的发病特点，应以预防为主，有的种植户不对种子和土壤进行消毒处理，直到发生病害，才采取措施，最后防效差，达不到防治目的。

（4）对黑穗病防治缺乏科学性　贵州薏苡种植区多属少边穷地区，种植户对薏苡黑穗病造成的危害认识不足，防治和预防方法比较落后。在大田调研时发现，种植户前期播种时不对种子进行处理，中期发现病株也不及时拔除，薏苡收获后就再不管地，从而错过最佳防治时期，很难达到理想的防治效果。

（二）叶枯病

1. 病原

薏苡平脐蠕孢菌 *Bipolaris coicis*（Nisikado）Shoemaker，半知菌类，平脐蠕孢属真菌。菌丝菌落呈近圆形，墨绿色，菌丝绒毛状，分生孢子长椭圆形、梭形或不规则形，直或弯曲，可见真隔膜，3~11 个隔膜，与弯孢属中的种不同，本种分生孢子颜色均一，中部细胞膨大不明显；弯孢属的分生孢子中部细胞较端部明显膨大，且色深。

2. 为害

主要为害叶片。病斑初起为半透明水渍状小斑点，后扩大为边缘深褐色、中央浅褐色的椭圆形或梭形病斑。病斑较大，一般长 5~20mm，宽 2~5mm。薏苡生长中、后期，病斑扩大相互合并，导致大面积叶枯，后期病斑灰白色边缘褐色。病部生黑色霉层，为病原菌的分生孢子梗和分生孢子。一些较抗病的品种或气候环境条件不适合病害发展时，病斑呈黄褐色斑点，周围具黄色晕圈，病斑不扩大，病斑霉层病征不明显。通常植株下部老叶先发病，后逐步向上部叶片蔓延。

3. 发病特点

病菌以菌丝体或分生孢子随病残组织在土壤、病叶及秸秆上越冬。翌春分生孢子借气流、雨水传播，直接或经气孔侵入寄主，病叶上的病菌可形成大量分生孢子进行多次再侵染。以福建省龙岩市新罗区适中镇为例，薏苡种植区大部分在海拔700m左右，采用直播技术，4月下旬播种，5月为苗期，6月为分蘖盛期，7月上旬为拔节期，8旬中旬末开始抽穗开花，10月下旬成熟。全生育期180~190d。病害发生系统观察和调查结果表明，薏苡苗期未见薏苡叶枯病；6月分蘖期为始病期，6月下旬分蘖盛期病叶率20%~70%，病情指数2.2~7.8；8月中旬末抽穗开花初期病叶率达75%~100%，病情指数8.3~11.3；8月下旬末灌浆初期病叶率100%，病情指数11.8~13.6；9月下旬乳熟期病叶率100%，病情指数18.2~30.8，部分病斑合并扩大造成叶枯；10月下旬成熟期调查，病叶率100%，病情指数26.7~43.6。

(三) 叶斑病

1. 病原

薏苡尾孢菌 Cercospora sp.，半知菌类，尾孢属真菌。菌丝体表生；分生孢子梗褐色至橄榄褐色，全壁芽生合轴式产孢，呈曲膝状，孢痕明显加厚；分生孢子针形、倒棒形、鞭形，无色或淡色，多隔膜，基部脐点黑色，加厚明显。

2. 为害

此病为害叶片。叶片病斑初起为水渍状半透明小斑点，周边为淡黄色晕圈，随后水渍状斑点中心出现一白色小点，之后病斑继续扩大，呈椭圆形、圆形或梭形病斑，水渍状部分均变白色，白色边沿为褐色环带，外围为较宽的黄色晕圈，叶片对光观察，整个病斑呈黄色半透明状，病斑一般长1~15mm，宽1~3mm。下部老叶先发病，逐步向上部叶片蔓延。

3. 发病特点

叶斑病在薏苡苗期至灌浆初期的发病情况与叶枯病相似。不同的是，乳熟期以后，虽然病斑数量增加，但不扩展合并造成叶枯。系统调查乳熟期至成熟期，病叶率100%，病情指数18.7~3.2。在田间，薏苡叶枯病和叶斑病常呈并发状态。生长中、后期观察，在一片叶片上同时存在叶枯病和叶斑病的病斑。

(四) 薏苡白粉病

1. 病原

禾白粉病菌 Erysiphe graminis，子囊菌门，白粉菌属真菌。菌丝体存在寄主体外，只以吸器伸入寄主表皮细胞吸收养分。菌丝体无色，产生直立的分生孢子梗，上串生分生孢子。分生孢子无色，单胞，卵圆形、椭圆形，(25~30) μm×(8~10) μm，分生孢子寿命短暂，只有3~4d有侵染力。闭囊壳球形、扁球形，成熟后壁黑褐色，无孔口，直径135~180μm。壳外有线状附属丝，不分枝，无色，无隔膜，长度为11~192μm。闭囊壳内有子囊30个。子囊长卵圆形，无色，内有4~8个子囊孢子。子囊孢子椭圆形，单胞，无色，（20~33）μm×（10~13）μm。

2. 为害

主要为害叶片。在叶片上产生黄色小点，而后扩大发展成圆形或椭圆形病斑，表面生有白色粉状霉层。一般下部叶片比上部叶片多，叶片背面比正面多。霉斑早期单独分散，后联合成一个大霉斑，甚至可以覆盖全叶，严重影响光合作用，使正常新陈代谢受到干扰，造成早衰，减产。

3. 发病规律

白粉病病菌以闭囊壳内产生子囊和子囊孢子随病株残体在地面越冬，或以菌丝体潜伏在芽中越冬。越冬后闭囊壳放射出子囊孢子进行初侵染，在寄主表面以吸器伸入寄主组织内吸取养分和水分，并不断在寄主表面扩展。生长季产生大量的分生孢子靠气流传播进行再侵染，温暖地区菌丝体可在寄主植物上不断地产生分生孢子周年侵染为害。由于病程短，再侵染发生频繁，流行性特别强。

二、防治措施

（一）抗病种质资源鉴定及应用

薏苡种植长期以来是农户自产、自销、自留种子，品种、品系多且杂。因此，收集、筛选当地抗病、高产、优质、农艺性状好的薏苡品系，进行培育与推广是发展薏苡生产的重要措施之一。

李戈等（2010）通过常规田间鉴定方法，从不同来源的薏苡种质资源中筛选优良抗病种质，同时探讨室内快速生化鉴定方法的可行性。研究采用田间人工接种试验，对来自云南、浙江、福建等7个省市的19份南方生态型栽培及野生薏苡种质进行黑粉病的抗性鉴定，并通过室内种苗接种试验，观察田间表现抗性不同的种质在接种病原菌后苯丙氨酸解氨酶（PAL）活性的动态变化。结果显示，田间接种的19份薏苡种质中，有1份免疫种质，发病率在20%以下的抗病种质1份，发病率在20%~40%的6份，40%以上的感病种质11份，不同来源的薏苡种质植株形态有较大差异。19份种质株高在1.72~2.58m，其中"南京薏苡"单株株高最小，云南"象明薏苡"的单株株高最高；19份种质的分蘖数在1.46~4.5个/株，其中，云南"巴达野薏苡"的分蘖数最小，福建"龙岩薏苡"的分蘖数最大。栽培薏苡和野生薏苡在植株形态上没有一定规律，株高、分蘖数与病害发生率之间均无明显相关性。薏苡黑粉病为系统侵染的全株性病害，田间越冬的冬孢子或种子表面所带的冬孢子在种子萌发过程中由上胚轴侵入，随着植株的生长在植株体内扩展，最终在籽粒中产生大量孢子。不同品种的抗病性差异可以从发病率上表现出来。19份薏苡种质中，"南京薏苡"没有发病，为免疫种质；"嘎洒野薏苡04"发病率在16.91%，为高抗种质；发病率在40%~20%的中抗的种质有6份，其中3份来源于浙江；40%以上的感病种质有11份；抗性不同的13份薏苡种质室内接种黑粉病菌厚垣孢子后，种苗中PAL活性变化有明显差异。抗病性强的种质PAL活性高峰出现较早，酶活相对较强。研究认为，所收集的大部分薏苡种质抗病性较弱；室内接种黑粉菌孢子后，薏苡种苗的PAL活性高峰期出现的时间及活性高低，可以作为薏苡种质资源抗病性鉴定的辅助手段。田间接种发病率在50%以上的4份种质，即"晴隆薏苡"（70.28%）、"宁化粳薏苡"（63.79%）、"龙岩薏苡"（62.55%）和"泰顺刘宅薏苡"（51.67%），接种后48h内PAL活性变化值均在0.3以下，其中"宁化粳薏苡""龙岩薏苡"没有明显的高峰出现，"泰顺刘宅薏苡"和"晴隆薏苡"的变化高峰分别出现在48h和36h。田间接种发病率在40%~50%的2份种质"宁化糯薏苡"（45.96%）和"武义白壳"薏苡（43.16%）的PAL活性变化高峰出现早于24h，峰值分别为0.28、0.48。田间接种发病率在40%以下的7份抗性种质中，发病率在30%~40%的"西林薏苡"（37.77%）和"武义黑壳"薏苡（37.04%），PAL变化在0.3以下，且没有明显高峰期；"井冈山薏苡"（36.26%），PAL活性变化高峰达到0.67，但高峰出现较晚。发病率小于30%的4份种质，PAL活性变化值高峰均出现在24h以前。免疫品种"南京薏苡"和浙江"永嘉薏苡"PAL活性变化值高峰均出现在12h，峰值分别0.38、0.68；"泰顺横坑薏苡"PAL峰值为0.5出现在24h；"嘎洒野薏苡4#"分别在24h、48h出现了2个高峰的现象。在测定的13份种质中，包括2份野生种质（南京薏苡、嘎洒野薏苡4#），其余11份为栽培种质，其中1份糯质薏苡（宁化糯薏苡）。总体来看，抗病种质接种后PAL活性变化高峰出现在24h之前，峰值高于0.3；中抗种质中，部分种质与感病种质的PLA变化差异不大；感病种质接种后PAL活性变化没有明显的高峰出现，峰值小于0.3，其中只有"宁化糯薏苡"表现不同。徐春金（2014）为筛选出适合福建省宁化县推广种植的抗黑穗病薏苡品种，于2013年9月对各品种小区所有植株进行薏苡黑穗病调查，结果显示，安远本地农家种、淮土竹园本地农家种、淮地水东村本地农家种、薏引三号和龙薏一号丛发病率分别为20.55%、20.28%、14.17%、6.12%和5.18%。株发病率分别为9.02%、11.91%、5.42%、3.66%和2.77%。以安远本地农家种和淮土竹园本地农家种发病率较高。差异显著性分析结果表明，安远本地农家种、淮土竹园本地农家种丛发病率较高，两者之间差异不显著，但与薏引三号、龙薏一号差异达极显著水平，与淮地水东村本地农家种差异达显著水平。淮地水东村本地农家种丛发病与薏引三号、龙薏一号差异达极显著水平。薏引三号和龙薏一号两个品种间差异不显著。淮土竹园本地农家种株发病率最高，与安远本地农家种差异不显著，与淮地水东村本地农家种株发病率差异达显著水平，与薏引三号、龙薏一号株发病率差异达极显著水平。安远本地农家种株发病率次之，与淮地水东村本地农家种差异不显著，而与薏引三号、龙薏一号株发病率差异达显著水平。不同品种的生长特性及产量差异显著性分析结果表明，在叶片数和株高方面，薏苡黑穗病发病率较高的安远本地农家种和淮土竹园本地农家种之间无显著性差异，但两者与薏引三号存在极显著差异水平，与淮地水东村本地农家种、龙薏一号无显著差异。在主茎粗和产量方面，安远本地农家种与龙薏一号差异不显著，而与其他 3 个品种存在显著至极显差异。在主茎粗方面，淮土竹园本地农家种、安远本地农家种、淮地水东村本地农家种与薏引三号存在极显著差异，与龙薏一号差异不显著。在产量方面，淮土竹园本地农家种与淮地水东村本地农家种差异不显著，而与其他 3 个品种之间存在极显著性差异。

（二）农业防治

1. 实行轮作

同一田块避免连年种植，发病田块实行 2 ~ 3 年以上的水旱轮作或与非禾本科作物轮作，能减少土壤里的病原菌数量。

2. 建立无病留种田

实行健株留种，减少种子带菌量，在无病田块，选择分蘖力强、分枝多、结籽密、成熟期一致的单株作采种母株，于果实成熟时单收、单打、单藏作种。

3. 消灭初侵染源

冬季在薏苡收获后，及时清理田园，将植株、枯枝、落叶晒干后及时烧毁或运出田外处理，减少来年菌源。

4. 加强田间水肥管理

视天气和土壤情况，适时灌跑马水，做到沟间不渍水。施足底肥，以有机肥为主，结合整地每亩施腐熟的猪牛栏粪 1.0 ~ 1.7t。不施带菌肥料，避免施肥过多，特别是偏施 N 肥，以防止薏苡贪青徒长。适当增施 P、K 肥，增强植株抗病能力。

5. 及时拔除病株

结合田间管理，发现病株，及时从基部拔除，并把病株带出田间深埋，不要留作沤粪。

（三）化学防治

1. 黑粉病

（1）种子处理　播种前先晒种 1~3d，然后去杂、除秕，留下饱满无病虫种子。可用布袋或编织袋盛装种子，放入 1∶1∶100 波尔多液浸种 24h 或用 3%石灰水浸种 48h 或用 50%多菌灵 300 倍液浸种 15min，浸后用清水洗净，晾干播种。也可用 60℃ 温水浸种 30min，晾干后播种。也可用 15% 粉锈宁按种子重量的 0.2%~0.3%拌种。

（2）生长期防治　苗期药剂喷雾 1 次，孕穗期喷雾 1 次，8 月下旬齐穗后再喷雾 1 次。施药喷雾时要求均匀，不漏喷，用药剂量、对水量必须准确。可选择以下药剂，50%多菌灵 100~300g/亩，对水 50~60kg 喷雾；70%甲基托布津 75~100g/亩；25%粉锈宁 30~50g/亩；65%代森锌 100~150g/亩。

2. 叶枯病和叶斑病

章霜红（2012）通过几年的试验和指导种植户防治实践表明，薏苡叶枯病和叶斑病在 6 月分蘖期进入始病期，在 6 月下旬发病初期可用 50%代森锰锌可湿性粉剂 600 倍液或 40%苯醚甲环唑乳油 2 000 倍液喷雾 2~3 次，每 7~10d 喷 1 次，或 30%丙环唑·苯醚甲环哇乳油 3 000~3 750 倍液喷雾，隔 10~15d 喷 1 次，连续防治 2 次，效果显著。

3. 白粉病

可在播种时用三唑类药剂 0.02~0.03g 拌种，或生长期喷雾。一般在发病早期，用 25%三唑酮可湿性粉剂 1 000~2 500 倍液，12.5%速保利可湿性粉剂 500 倍液，70% 甲基托布津可湿性粉剂 1 000~1 500 倍液，50%退菌特可湿性粉剂 1 000 倍液等。

第二节　主要虫害与防治

一、常见种类

（一）玉米螟

1. 分类地位

Pyrausta nubilalis（Hubern），节肢动物门昆虫纲鳞翅目螟蛾科昆虫。

2. 形态特征

成虫黄褐色，雄蛾体长 13~14mm，翅展 22~28mm，体背黄褐色，前翅内横线为黄褐色波状纹，外横线暗褐色，呈锯齿状纹。雌蛾体长约 14~15mm，翅展 28~34mm，体鲜黄色，各条线纹红褐色；卵扁平椭圆形，长约 1mm，宽 0.8mm。数粒至数十粒组成卵块，呈鱼鳞状排列，初为乳白色，渐变为黄白色，孵化前卵的一部分为黑褐色；老熟幼虫，体长 20~30mm，圆筒形，头黑褐色，背部淡灰色或略带淡红褐色幼虫中、后胸背面各有 1 排 4 个圆形毛片，腹部 1~8 节背面前方有 1 排 4 个圆形毛片，后方两个，较前排稍小；长 15~18mm，红褐色或黄褐色，纺锤形，腹部背面 1~7 节有横皱纹，3~7 节有褐色小齿，横列，5~6 节腹面各有腹足遗迹 1 对。尾端臀棘黑褐色，尖端有 5~8 根钩刺，缠连于丝上，黏附于虫道蛹室内壁。

3. 生活习性

玉米螟在中国的年发生代数随纬度的变化而变化，1 年可发生 1~7 代。各个世代以及每个虫态的发生期因地而异。在同一发生区也因年度间的气温变化而略有差别。通常情况下，第一代玉米螟的卵盛发期在 1~3 代区大致为春玉米心叶期，幼虫蛀茎盛期为玉米雌穗抽丝，第二代卵和幼虫的发生盛期在 2~3 代区大体为春玉米穗期和夏玉米心叶期，第三代卵和幼虫的发生期在 3 代区为夏玉米穗期。成虫昼伏夜出，有趋光性、飞翔和扩散能力强。成虫多在夜间羽化，羽化后不需要补充营养，羽化后当天即可交配。雄蛾有多次交配的习性，雌蛾多数一生只交配一次。雌蛾交配一至两天后开始产卵。每个雌蛾产卵 10~20 块，300~600 粒。幼虫孵化后先集群在卵壳附近，约 1 小时后开始分散。幼虫共 5 龄，有趋糖、趋触、趋湿和负趋光性，喜欢潜藏为害。幼虫老熟后多在其为害处化蛹，少数幼虫爬出茎秆化蛹。各虫态历期：卵一般 3~5d，幼虫，第一代 25~30d，其他世代一般 15~25d，越冬幼虫长达 200d 以上，蛹 25℃时 7~11d，一般 8~30d，以越冬代最长，成虫寿命一般 8~10d。

4. 为害

玉米螟俗名钻心虫，是薏米的主要虫害，一年发生 3 代，在宁化县主要以第二代为害较为严重，常年株被害率为 3.6%~8.2%，严重年份高达 17.5% 以上，造成整株折断枯死，严重影响产量。玉米螟以幼虫为害为主，可造成薏米枯心，也可造成折雄、折秆，雌穗发育不良，籽粒霉烂而导致减产。初孵幼虫钻蛀薏米茎秆，食害髓部破坏组织，影响养分运输，使薏穗发育不良、千粒重降低；在虫蛀处易被风吹折断，形成早枯和瘪粒，减产较大。

5. 发生规律

通常以老熟幼虫在薏米茎秆、穗轴内或植物秸秆中越冬，翌年 5—6 月羽化。成虫夜间活动、飞翔力强、有趋光性，喜欢在较茂盛的薏米叶背面中脉两侧产卵，平均每头雌虫产卵 400 粒左右，每卵块 20~50 粒不等。幼虫孵出后，先聚集在一起，然后在植株幼嫩部分爬行为害。初孵幼虫能吐丝下垂，借风力飘迁邻株，形成转株为害。幼虫在幼嫩的植株上迁移频繁。抽穗后大部分幼虫群集到穗部为害。幼虫多为 5 龄，3 龄前主要集中在幼嫩心叶、雄穗和花丝上活动取食，即呈现许多横排小孔，4 龄后大部分钻入茎秆为害。

6. 防治方法

防治玉米螟应采取预防为主的综合防治措施，在玉米螟生长的各个时期采取对应的有效防治方法。

（1）灭越冬幼虫　在玉米螟越冬后幼虫化蛹前期，将病残株消除并集中烧掉。

（2）灭成虫　玉米螟成虫在夜间活动时有很强的趋光性，可用频振式杀虫灯、黑光灯、高压汞灯等诱杀，傍晚太阳落下开灯、早晨太阳出来闭灯，同时能诱杀其他趋光性害虫。

（3）灭虫卵　利用赤眼蜂卵寄生在玉米螟的卵内，吸收其营养，以消灭玉米螟虫卵来达到防治玉米螟的目的。

（4）灭田间幼虫　可用自制颗粒剂投撒薏米心叶内杀死幼虫。还可按 50% 辛硫磷乳油 1kg 拌 50~75kg 过筛细沙的标准制成颗粒剂，投撒薏苡心叶内杀死幼虫，用量 1.5~2kg/hm^2 即可。

（二）黏虫

1. 分类地位

Mythimna separata（Walker）节肢动物门昆虫纲鳞翅目夜蛾科昆虫。

2. 形态特征

黏虫成虫体色呈淡黄色或淡灰褐色，体长 17~20mm，翅展 35~45mm，触角丝状，前翅中央近前缘有 2 个淡黄色圆斑，外侧环形圆斑较大，后翅正面呈暗褐，反面呈淡褐，缘毛呈白色，由翅尖向斜后方由 1 条暗色条纹，中室下角处有 1 个小白点，白点两侧各有 1 个小黑点。雄蛾较小，体色较深，其尾端经挤压后，可伸出 1 对鳃盖形的抱握器，抱握器顶端具 1 长刺，这一特征是别于其他近似种的可靠特征。雌蛾腹部末端有 1 尖形的产卵器。卵，半球形，直径 0.5mm，初产时乳白色，表面有网状脊纹，初产时白色，孵化前呈黄褐色至黑褐色。卵粒单层排列成行，但不整齐，常夹于叶鞘缝内，或枯叶卷内，在水稻和谷子叶片尖端上产卵时常卷成卵棒。老熟幼虫，体长 38~40mm，头黄褐色至淡红褐色，正面有近八字形黑褐色纵纹。体色多变，背面底色有黄褐色、淡绿色、黑褐至黑色。体背有 5 条纵线，背中线白色，边缘有细黑线，两侧各有 2 条极明显的浅色宽纵带，上方1条红褐色，下方1条黄白色、黄褐色或近红褐色。两纵带边缘饰灰白色细线。腹面污黄色，腹足外侧有黑褐色斑。腹足趾钩呈半环形排列。蛹，红褐色，体长17~23mm，腹部第5、6、7节背面近前缘处有横列的马蹄形刻点，中央刻点大而密，两侧渐稀，尾端有尾刺3对，中间1对粗大，两侧各有短而弯曲的细刺1对。雄蛹生殖孔在腹部第9节，雌蛹生殖孔位于第8节。

3. 生活习性

年发生世代数全国各地不一，从北至南世代数为：东北、内蒙古年生2~3代，华北中南部3~4代，江苏淮河流域4~5代，长江流域5~6代，华南6~8代。黏虫属迁飞性害虫，其越冬分界线在N33°一带。在N33°以北地区任何虫态均不能越冬；在湖南、江西、浙江一带，以幼虫和蛹在稻桩、田埂杂草、绿肥田、麦田表土下等处越冬；在广东、福建南部终年繁殖，无越冬现象。北方春季出现的大量成虫系由南方迁飞所至。成虫产卵于叶尖或嫩叶、心叶皱缝间，常使叶片成纵卷。初孵幼虫腹足未全发育，所以行走如尺蠖；初龄幼虫仅能啃食叶肉，使叶片呈现白色斑点；3龄后可蚕食叶片成缺刻，5~6龄幼虫进入暴食期。幼虫共6龄。老熟幼虫在根际表土1~3cm做土室化蛹。发育起点温度：卵（13.1±1）℃，幼虫（7.7±1.3）℃，蛹（12.0±0.5）℃，成虫产卵（9.0±0.8）℃；整个生活史为（9.6±1）℃。有效发育积温：卵期4.3℃，幼虫期402.1℃，蛹期121.0℃，成虫产卵111℃；整个生活史为685.2℃。成虫昼伏夜出，傍晚开始活动。黄昏时觅食，半夜交尾产卵，黎明时寻找隐蔽场所。成虫对糖醋液趋性强，产卵趋向黄枯叶片。在麦田喜把卵产在麦株基部枯黄叶片叶尖处折缝里；在稻田多把卵产在中上部半枯黄的叶尖上，着卵枯叶纵卷成条状。每个卵块一般20~40粒，成条状或重叠，多者达200~300粒，每雌一生产卵1 000~2 000粒。初孵幼虫有群集性，1~2龄幼虫多在麦株基部叶背或分蘖叶背光处为害，3龄后食量大增，5~6龄进入暴食阶段，食光叶片或把穗头咬断，其食量占整个幼虫期90%左右，3龄后的幼虫有假死性，受惊动迅速卷缩坠地，畏光，晴天白昼潜伏在麦根处土缝中，傍晚后或阴天爬到植株上为害，幼虫发生量大食料缺乏时，常成群迁移到附近地块继续为害，老熟幼虫入土化蛹。适宜该虫温度为10~25℃，相对湿度为85%。产卵适温19~22℃，适宜相对湿度为90%左右，气温低于15℃或高于25℃，产卵明显减少，气温高于35℃即不能产卵。湿度直接影响初孵幼虫存活率的高低。该虫成虫需取食花蜜补充营养，遇有蜜源丰富，产卵量高；幼虫取食禾本科植物的发育快，羽化的成虫产卵量高。成虫喜在茂密的田块产卵，生产上长势好的小麦、粟、水稻田、生长茂密的密植田及多肥、灌溉好的田块，利于该虫大发生。天敌主要有步行甲、蛙类、鸟类、寄生蜂、寄生蝇等。

4. 为害

黏虫是一种多食性害虫，可取食 100 余种植物，但喜食麦类、水稻、谷子、玉米、高粱、穈子、甘蔗芦苇等禾本科植物。以幼虫咬食寄主的叶片为害，1、2 龄幼虫潜入心叶取食叶肉形成小孔，3 龄后由叶边缘咬食形成缺刻。严重时常把叶片全部吃光仅剩光秆，甚至能把抽出的麦穗咬断，造成严重减产，甚至绝收。中国从北到南一年可发生 2~8 代。河北省 1 年发 3 代，以为害夏玉米最重，春玉米较轻。黏虫为害夏玉米，主要在收获前后咬食幼苗，造成缺苗断垄，甚至毁种，是夏玉米全苗的大敌，故应注意黏虫虫情，并及时防治。在 N33°（1 月 0℃等温线）以南黏虫幼虫及蛹可顺利越冬或继续为害，在此线以北地区不能越冬。黏虫幼虫 6 次蜕皮变成蛹，直至再变成黏虫蛾后不再吃植物叶子，而改食花蜜，故不再对农业产生为害。

5. 发生规律

黏虫为迁飞性害虫，在中国东部 N33°以北地区不能越冬，长江以南以幼虫和蛹在稻桩、杂草、麦田表土下等处越冬。翌年春天羽化，迁飞至北方为害。成虫有趋光性和趋化性。幼虫畏光，白天潜伏在心叶或土缝中，傍晚爬到植株上为害，幼虫常成群迁移到附近地块为害。南方地区年发生 5~8 代，北方多数地区年发生 3~4 代。影响黏虫发生消长的生态因素很多，对黏虫种群数量的变动规律起着错综复杂的作用。

（三）白点黏夜蛾

1. 分类地位

白点黏夜蛾（*Leucania loreyi* Duponchel），又名劳氏黏虫，属节肢动物门昆虫纲鳞翅目夜蛾科昆虫。

2. 形态特征

成虫，翅展 31mm 左右。头、胸、前翅褐色，颈板有二黑线，前翅衬褐色，翅脉间褐色，亚中褶基部一黑纹，中室下角一白点，顶角一内斜线，外线为一列黑点，后翅白色，腹部白色微褐。雄蛾抱器延伸为一长棘；卵，馒头形，直径 0.6mm 左右，淡黄白色，表面具不规则的网状纹；幼虫，虫龄有 6 龄，体长 17~27mm，黄褐色，体具黑白褐等色的纵线 5 条，头部黄褐至棕褐色，气门筛淡黄褐色，周围黑色；蛹，红褐色，尾端有 1 对向外弯曲叉开的毛刺，其两侧各有一细小弯曲的小刺，小刺基部不明显膨大。

3. 生活习性

白点黏夜蛾在武汉一年发生 4 代，第 1 代幼虫发生在 5 月下旬，第 2 代幼虫发生在6月下旬,第3代幼虫发生在8月上旬,第4代幼虫发生在9月中旬。8月室内饲养观察,卵期3~4d,幼虫期23~25d,蛹期4~6d。成虫喜花蜜、糖类及酸甜气味,对酸甜物质的趋性强。羽化后3d即可产卵于叶片或叶鞘内面,卵粒数几十到几百粒。幼虫白天潜藏在心叶或叶鞘与茎秆的夹缝中,晚上出来活动为害。幼虫有6个龄期,1~2龄幼虫取食心叶,将叶片吃成小孔洞,3龄后将叶片吃成缺刻,并排出黑色粪便在叶片上,5~6龄幼虫食量增大,严重时只剩叶脉,并取食幼茎和嫩穗,影响薏苡的观赏价值。老熟幼虫在植株根部入土化蛹。

(四) 蓟马

1. 分类地位

薏苡蓟马即稻管蓟马 *Haplothrips aculeatus* Fabrieicus,属于节肢动物门昆虫纲缨翅目蓟马科昆虫。

2. 形态特征

成虫,体长1.2~2.0mm,黑褐色,触角8节,第1、2、7、8节深褐色,其余各节均淡黄褐色。前翅天色透明,纵脉消失,后缘近端部有间插的缨毛5~7根,腹部可见10节,末节呈管状,管末端有鬃6根;卵,长椭圆形,初产时白色,略透明,后期橙红色。

3. 生活习性

薏苡上的稻管蓟马在山西省一年发生7~9代,世代重叠。薏苡出苗后2~3片叶时,成虫开始迁入田中为害嫩叶,造成叶片呈无数白色斑点。植株长到4~6片叶子时,成虫产卵于心叶内侧组织。成虫、若虫以锉吸式口器在未展开的心叶内侧活动为害,很少在心叶基部外方活动,心叶内的分布具有一定的规律性,中部数量最多,基部最少,叶尖居中。被害叶片在未展开前呈水渍状黄斑,展开后呈黄色或淡黄色斑块,严重的叶片不能全部展开,干枯扭曲,影响抽穗。7月中旬到8月上旬因为气温高,成虫寿命缩短,产卵减少,为害明显减轻。8月中下旬气温降低,虫口数量又增加,侵入穗部产卵繁殖,为害花和籽粒,造成损失。10月上旬,薏苡收获时,蓟马迁移到别的寄主上为害,然后以成虫越冬。一般5—6月和8—9月是蓟马发生的主要时期,所以必须在这些时期抓紧防治。蓟马为害与田间管理关系密切,管理粗放、生长差的蓟马为害重,反之,生长旺盛,心叶伸展快,不利于蓟马生存和取食,为害相对较轻。

二、薏苡虫害综合治理

薏苡虫害不同生育阶段的种类也各有差异,在防治时,从农田生态系统出

发，根据本地的耕作制度和作物布局、目标害虫、兼治害虫的种类和需要保护的天敌，在明确主要虫害发生规律的基础上，抓住关键时期，因地制宜地协调应用各种必要措施，控制害虫为害，保障薏苡丰产丰收。

（一）种植抗性品种

根据当地害虫发生的种类，选用优良的抗、耐病虫高产品种，并合理安排品种布局和品种轮换。薏苡品种之间对玉米螟、蚜虫等的抗性有较大差异，应培育、选用适合当地的高产、优质、抗虫品种。

（二）农业防治

农业防治技术是农田生态系统多维、多变结构中的主要因素，也是薏苡田虫害综合防治技术体系中的一个重要组成部分。

1. 消灭越冬虫源

薏苡收获后，彻底深翻土壤或实行冬耕冬灌，将病株残体翻入土中，加速腐烂分解，破坏害虫的越冬场所。清除田块周围的寄主杂草，压低虫源基数。玉米和高粱的秸秆是多种害虫的主要越冬场所，采用烧、轧、封等方法彻底处理玉米、高粱秸秆，可有效消灭大部分越冬幼虫。也可采用白僵菌封垛。

2. 合理布局

合理轮作和间作套种。在薏苡正常播种前 1 个月左右选择邻近越冬场所的地块种植小面积的诱集田或诱集带，或对少数早播薏苡田块加强肥水管理，促其早发，诱集成虫产卵；适当调整播期，使薏苡受害敏感期与主要害虫为害盛期错开。

3. 田间管理

加强肥水管理，采用配方施肥，避免偏施 N 肥，培育壮苗，增强植株抗虫能力。

（三）生物防治

1. 利用赤眼蜂防治玉米螟

在玉米螟产卵始、初期和盛期，放玉米螟赤眼蜂和松毛虫赤眼蜂 3 次，每次放蜂 15~30 万头/hm²，设放蜂点 75~150 个/hm²。放蜂时蜂卡经变温锻炼后，夹在玉米植株下部第 5 或第 6 叶的叶腋处。

2. 白僵菌防治玉米螟

主要有封垛、田间喷粉和撒颗粒剂。封垛的方法有两种。第一种方法是在堆玉米秸秆或根茬时，分层撒施菌粉用菌土 1kg/m³；第二种方法是在 5 月中旬到 6

月中旬，用手摇喷粉机或机动喷粉剂喷粉封垛。菌粉用量是 0.1kg/m³。田间喷粉是在玉米螟产卵盛期前后，7 月上中旬进行喷粉。具体做法是，按 20kg/hm² 的菌粉，用手摇或机动喷粉机将菌粉喷于玉米上部叶片。撒颗粒剂是在玉米螟产卵盛期前后。

3. 利用苏云金杆菌（Bt）防治玉米螟

于心叶末期将 Bt 颗粒剂撒入心叶丛中，每株 2g，或用 Bt 菌粉 750g/hm² 稀释 2 000 倍液灌心，穗期防治可在雌穗花柱上滴灌 Bt 200~300 倍液。

4. 天敌小蜂控制白点黏夜蛾幼虫

寄生蜂有棉铃虫齿唇蜂、螟黄足绒茧蜂和黏虫绒茧蜂等。

（四）药剂防治

1. 播种期和苗期防治

（1）种子处理　因地制宜使用薏苡专用种衣剂进行种子包衣，可防治多种地下害虫，又能兼治苗期旋心虫、蚜虫、蓟马及灰飞虱等害虫。也可采用药剂进行拌种，如在防治地下害虫时，可用辛硫磷乳油或毒死蜱乳油拌种。有效的杀虫剂种类主要有克百威、丁硫克百威、丙硫克百威、毒死蜱等。

（2）苗期施药　于蓟马、蚜虫的发生盛期，用吡虫啉可湿性粉剂喷雾防治；在黏虫等幼虫盛发期，可选用下列药剂喷雾防治：晶体敌百虫、辛硫磷乳油、敌杀死乳油、毒死蜱乳油；单独防治黏虫时，也可用辛硫磷颗粒剂撒施于玉米心叶内，或在低龄幼虫期，用灭幼脲、Bt 等生物农药防治。

2. 心叶期至穗期防治

以防治玉米螟为重点，当预测穗期虫穗率达到 10% 或百穗花柱有虫 50 头时，在抽丝盛期应防治 1 次。若虫穗率超过 30%，6~8d 后需再防治一次。在抽丝盛期将前述颗粒剂撒在薏苡的"4 叶 1 顶"，即雌穗着生节的叶腋及其上 2 叶和下 1 叶的叶腋、雌穗顶的花柱上。也可用注射瓶等将 50% 敌敌畏乳油 600~800 倍液滴注于雌穗顶部花柱基部，效果较好。

（五）诱杀防治和性信息素防治

1. 灯光诱杀

主要用于诱杀成虫。玉米螟、地老虎、蝼蛄、金龟子等害虫具有强烈的趋光性，可利用黑光灯进行诱杀，效果显著。高压幼虫汞灯诱杀效果更明显。

2. 食物诱杀

利用白点黏夜蛾成虫对酸甜物质的趋性，在成虫发生时，用糖醋酒液（糖：

醋：酒：水=3：4：1：2）或其他发酵有酸甜味的食物配成诱杀剂，盛于容器内，傍晚开盖，5~7d换诱剂一次进行诱杀。效果较好。

3. 利用性信息素

在越冬代玉米螟成虫发生期，用诱芯剂量为20μg的亚洲玉米螟性诱剂，按每公顷15个设置水盆诱捕器，可诱杀大量雄虫，显著减轻第一代的防治压力。

第三节　杂草防除

杂草是薏苡田重要的有害生物因子之一。草害一直是薏苡产业可持续发展的一个主要障碍。由于杂草本身具有适应范围广、繁殖能力强、生长势强等诸多特点，与薏苡争肥、争水、争光，可直接造成薏苡减产；同时杂草又是许多有害生物的寄主和越冬越夏场所，引起病虫鼠害发生而间接对薏苡造成为害而减产，因此对薏苡草害的防除是薏苡生产上非常重要的一个环节。

一、中国薏苡田杂草区系简介

李扬汉先生（1998）根据中国不同区域的气候、地理等生境特点将中国主要杂草区划分为寒温带、温带、温带（草原）、暖温带、亚热带、热带、温带（荒漠）和青藏高原高寒带等8个区系。韩召军（2001）以组成杂草群落的优势种，以及杂草群落在时间和空间上的组合规律作为分区的基础，再结合各区杂草区系的主要特征成分、主要杂草的生物学特性和生活型、农业自然条件和耕作制度的特点，中国农田杂草区系被划分成了5个杂草区，下属7个杂草亚区。薏苡目前在全国各地都有种植，但中国薏苡田杂草区系目前还没有划分，考虑到薏苡生长的生态环境与玉米相近，本书将参考中国玉米田杂草区系对薏苡田杂草区系做以参考介绍。唐洪元先生根据玉米种植区划和玉米田草害调查资料，将中国玉米田草害划分为以下6个区系，本书采用此划分体系。

（一）北方种植田草害区

包括黑龙江、吉林、辽宁、内蒙古中北部及河北、山西、陕西省北部地区。属于寒温带湿润、半湿润气候。夏季温暖湿润，冬季严寒漫长，≥10℃的积温1 300~3 700℃，无霜期100~200d，年平均气温−4~10℃。年降水量500~800mm，其中60%集中在7—9月。主要杂草群落为稗+狗尾草杂草群落、马唐+稗+狗尾草群落、野燕麦+卷茎蓼群落、野燕麦+稗杂草群落。稗、狗尾草、野燕麦和马唐为主要群落的优势种。野燕麦为优势种的群落越向西北发生越普遍，而马唐为优势种的越向东南越多。春夏型杂草野燕麦和夏秋型杂草稗等同在一块田中出现。其他重要杂草有卷茎蓼、刺蓼、香薷、鼬瓣花、苣荬菜、鸭跖草、反枝苋、苍耳、藜、问荆、扁秆藨草和眼子菜。

（二）黄淮海种植田草害区

包括山东、河南、河北省以及京、津两市和苏北、皖北地区。属于暖温带半湿润季风气候区。温度适宜，热量丰富，≥10℃的积温3 400~4 700℃，无霜期110~220d，年平均气温10~14℃。年降水量500~1 100mm，其中70%集中在6—8月。主要杂草群落有马唐+马齿苋+藜，马齿苋+牛筋草+马唐+藜，田旋花+马唐+马齿苋，藜+马唐+马齿苋+反枝苋，绿狗尾+马唐+反枝苋+藜，反枝苋+香附子+马唐+藜，香附子+马唐+绿狗尾+马齿苋等。

（三）长江流域种植田草害区

包括江苏南通、上海市崇明以及浙江东阳、义乌等地。≥10℃的积温4 500~5 100℃，无霜期200~230d，年平均气温14~16℃。年降水量1 000~1 500mm，多集中在4—10月。主要杂草群落有马唐+牛筋草+马齿苋+千金子，牛筋草+马唐+千金子+画眉草等。

（四）华南种植田草害区

包括广东、福建、江西、湖北和湖南等省。属于亚热带和热带湿润气候。高温多雨，终年温暖，适合农作物生长。无霜期在220~360d，年平均气温15~24℃。年降水量1 000~2 500mm，雨热同期。主要杂草群落有马唐+稗草+青葙，牛筋草+稗草+马唐，稗草+马唐+青葙，胜红蓟+青葙，香附子+马唐+青葙，碎米莎草+牛筋草+马唐等。

（五）云贵川种植田草害区

包括四川、云南、贵州和广西4省（区）。属于温带、亚热带和热带湿润、半湿润气候。境内90%的耕地为丘陵山地和高原，海拔从几十米到3 000m，各地因海拔不同气候变化较大。≥10℃的积温3 500~6 500℃，无霜期240~360d，年平均气温12~18℃。年降水量800~1 600mm，多集中在4—10月。本区玉米多为一年两熟或两年三熟。主要杂草群落有马唐+辣子草+凹头苋，碎米莎草+马唐+辣子草，刺儿菜+马唐+辣子草等。

（六）西北种植田草害区

新疆、甘肃、宁夏、陕西以及青海、西藏等省区。地势差异悬殊，气候垂直变化明显，形成了作物组合多样的立体种植生态类型。≥10℃的积温2 200~4 500℃，无霜期140~170d，年平均气温0~12℃。年降水量100~250mm，干旱少雨。主要杂草群落为藜+稗草+凹头苋，田旋花+大刺儿菜+藜，稗草+藜+田旋花，萹蓄+藜+稗草，契丹草+芦苇+萹蓄，反枝苋+香附子+马唐+藜，香附子+马唐+绿狗尾+马齿苋等。

二、农田杂草的生物学特性

（一）杂草的繁殖能力

杂草繁殖能力强，体现在杂草的多实性，繁殖方式和子实传播方式的多样性，种子的寿命长而且萌发不齐，以及有性生殖方式复杂等方面。

1. 多实性

"一草结籽，子孙满堂"可谓杂草的一大特点。大多数一年生和二年生杂草都尽可能多地繁殖种群的个体数量，来适应环境、繁衍种群。许多多年生杂草亦是如此。如野燕麦每株可结实 1 000 粒，蒲公英 1 100 粒，牛筋草 135 000 粒，荠菜 4 000 粒，藜 20 万粒，野苋菜 56 万粒种子，紫茎泽兰每年更是可产多达 69.53 万粒的成熟种子。杂草结实数量远比作物所结籽实多上几十倍，几百倍甚至成千上万倍，而且在多数情况下结实较为持续，其籽实并不同时发育成熟，而是连续不断的结实、成熟，并边熟边脱落，因而很难从田中清除。

2. 繁殖方式多样性

杂草的繁殖方式主要有两大类，即营养繁殖和有性生殖。杂草的有性生殖是指杂草经一定时期的营养生长后，经花芽（序）分化，进入生殖生长，产生种子（或果实）传播繁殖后代的方式。有性生殖是杂草普遍进行的一种生殖方式，在有性生殖过程中，杂草一般既可异花受精，又能自花或闭花受精，异花传粉受精有利于为杂草种群创造新的变异和生命力更强的种子。自花授粉受精可保证其杂草在独处时仍能正常受精结实、繁衍滋生蔓延，使其在环境条件不利时或个体单独生长时杂草的结实和种族延续。还有一些杂草同时具有这两种传粉方式。如宝盖草、饭苞草都有闭花保证自花传粉受精和开花保障异花传粉受精两种类型的花。多数杂草还具有远缘亲合性和自交亲合性，如旱雀麦、紫羊茅、黏泽兰等自交和异交均为可育，而栽培泽兰则自交败育。具有有性生殖特性的杂草，其后代的变异性、遗传背景复杂，杂草的多型性、多样性、多态性丰富，是化学药剂控制杂草难以长期稳定有效的根本原因所在。

杂草营养繁殖是指杂草以其营养器官根、茎、叶或其一部分传播、繁衍孳生的方式。例如，马唐等的匍匐枝、蓟等的根，香附子等的球茎，狗牙根等的根状茎都能产生大量的芽，并形成新的个体。水花生可通过匍匐茎、根状茎和纺锤根等 3 种营养繁殖器官繁殖。杂草的营养繁殖特性使杂草保持了亲代或母体的遗传特性，生长势、抗逆性、适应性都很强。多数入侵杂草往往都是具有很强的无性繁殖能力的克隆植物，其营养体的片段能进行营养繁殖。在北美和加利福尼亚，入侵植物中能进行无性繁殖的种类显著多于有性繁殖，入侵植物中能进行营养繁殖的比例高达45%，而本土植物仅有14%。通常多年生杂草以营养繁殖为主，这些杂草一旦扎根后就能够把自己的根或根状茎伸入到邻近的土地上，并逐步顽强地侵入农田。在植被和枯落物茂密繁多、种子繁殖受阻时，营养繁殖往往容易成功。具营养繁殖特性的杂草给防治造成极大的困难。至今，人们还没有找到一种行之有效地控制或清除这类杂草的方法。

3. 繁殖体传播方式多样性

杂草的传播途径多种多样，其中人的活动在杂草的远距离传播方面起重要作用。人类的引种、播种、灌溉、施肥、耕作、整地、移土，包装运输等活动都有可能直接或间接地将杂草传播到其他地区。人类传播又可分为主动传播和无意传播。像凤眼莲、空心莲子草、薇甘菊、假高粱、马缨丹等属于前者，这些杂草由于被人类主动引种和驯化并得到传播；而像北美车前、欧洲千里光、毒麦等属于后者，在人类活动中被无意识散布。此外，杂草还可通过风、水流、鸟类等动物及其自身机械力传播。许多杂草具有适于传播的植物学性状，一般杂草种子较细小且重量轻，有些还有特殊的结构和附属物，如小飞蓬、一年蓬、钻形紫菀等菊科杂草，其种子上有冠毛形似降落伞，极易借助风力传播。马唐和苔属杂草种子长有浮毛，易随水传播；北美车前的种子遇水产生黏液，易借助于人和动物以及交通工具传播；还有的草籽种皮具有腊质，它们易悬于水中或浮于水面传播蔓延。苍耳、鬼针草等的果实具有倒钩，可附着在动物的皮毛或人的衣服上进行传播。荠菜、车前、早熟禾、繁缕的种子经动物消化后仍有发芽能力，可通过动物、鸟类及其粪便的施用传播。醉浆草、野老鹳草的蒴果在开裂时，会将其中的种子弹射出去散布；野燕麦的膝曲芒能感应空气中的湿度变化曲张，驱动子实运动，而在麦堆中均匀散布；荠菜、麦瓶草的种子借果皮开裂而脱落散布。许多杂草可采用多种传播方式来实现繁殖体的迁移，并且各种扩散机制之间没有明显界限。杂草种子的人为传播和扩散则是上述所有杂草种子的传播扩散途径中，影响最大、造成的为害最重的一种方式，理应引起人们的高度重视。杂草传播方式的多样化和传播路径的复杂性为其成功入侵异地生境起到相当大的作用。

（二）持久的生命力

多年生杂草的根、茎，如苣荬菜、刺菜虽然在耕作中由于机械损伤，将其根部切断，但3~4d后，从切断的部分又长出新的植株。将稗草连根拔起，只要与潮湿的土壤接触，就可继续生长。鸭跖草经阳光暴晒后，只要茎节部位没有死亡，就能在节上长出不定根，形成新的植株。此外，有些种子具有不同形式的休眠（固有、诱导、强制休眠），从而能够长期保持生命力而不丧失发芽能力。如繁缕、车前等种子的发芽力有 10 年之久；马齿苋能保持 20 ~ 40 年；龙葵种子埋藏 39 年后，其发芽率竟达到 83%；而皱叶酸模的种子埋藏在土壤中 80 年后仍然可以萌发。还有些杂草的种子在通过鸟类的消化道后仍能保持活力。

（三）种子的长寿性和顽强性

许多杂草种子在土壤或水中能保持发芽能力达数年之久，有的甚至达数百数千年。如稗草和狗尾草在土壤中可保持发芽能力 10 ~ 15 年，龙葵 20 年，藜 1700 年。据报道，阿根廷发现了埋藏在地下 3000 年的苋菜种子仍有发芽能力。一般情况下，草籽的种皮越硬、透水性越差，其寿命就越长。不少杂草种子能够抵抗动物消化液的侵蚀，如有的杂草种子通过家畜、家禽消化道后仍有部分种子发芽，有的杂草种子在厩肥中仍能保持生活力达 1 个月之久。

（四）高度可塑性

可塑性是指植物在不同生境下对其大小、个数和生长量的自我调节能力。一般杂草具有不同程度的可塑性。可塑性使得杂草在多变的农田生态条件下，如在密度较低的情况下能通过其个体结实量的提高来产生足量的种子，或在极端不利的环境条件下，缩减个体并减少物质的消耗，保证种子的形成，延续其后代。藜和苋的株高可低到 1cm，高至 300cm，结实数可少到 5 粒，多到百万粒以上。出土晚于作物的藜因受到作物的强烈竞争，每株仅能产生一至数枚种子，而在有利的条件下则可产生数万枚种子。此外，杂草种子的发芽也有可塑性，当土壤中草籽密度很大时，草籽发芽率大大下降，从而防止由于其群体过大而引起个体死亡率增加。

（五）不同的种子成熟度和萌发时期

作物的种子一般都是同时成熟的，而杂草种子的成熟却参差不齐，呈梯递性、序列性。同一种杂草，有的植株已开花结实，而另一些植株则刚刚出苗，杂草出苗期可自作物播种期一直持续到作物的成熟收获期。有的杂草在同一植株上，一面开花，一面继续生长，种子成熟期延绵达数月之久。不同种子由于基因型不同，休眠程度也不同，致使在适宜的条件下，田间不断出现新的杂草。杂草与作物常同时结实，但成熟期比作物早。种子陆续成熟，分期分批散落在田间，由于成熟期不一致，第二年杂草的萌发时间也不整齐，这为清除杂草带来了困难。如滨藜，可以产生 3 种不同类型的种子。上层种子最大，呈褐色，当年可以发芽；中层种子较小，呈黑色或青黑色，在第二年发芽；下层种子最小，呈黑色，第三年才能够发芽。恶性杂草少花蒺藜草的每个刺苞产生 2 粒种子，只有 1 粒种子吸水萌发形成植株，另 1 粒种子处于休眠状态，保持生命力。先萌发的植株受损伤死亡时，另1粒种子立即打破休眠形成新的植株。此外，杂草种子的休眠或萌发也受其所处环境的生态条件的影响。例如，由于耕翻土壤，使落在地面的杂草种子被带入不同深度的土层，中耕在铲除已出苗杂草的同时，又常把处于深层的草籽翻至表层，为其萌发创造了条件，致使田间再次出现杂草出苗高峰。黑龙江省多年生杂草在4月上旬萌发，几乎全年为害。一年生杂草如藜、蓼从4月下旬或5月上旬出苗，到9月下旬死亡，前后生长150d。而一些高温速生性杂草如马唐，在8月下旬出苗，9月中旬结果，前后不过30~40d。这些杂草生长发育不齐，为害时间长。再如，当土壤因没有灌溉而变得干燥时，种子迅速进入休眠，而在淹水土地上则会延迟。休眠程度的不一致，不同种子对萌发条件的要求和反应不同，使杂草解除休眠的时间也不同，田间不断出现新的杂草，给杂草防除带来困难。

（六）具有特殊的 C_4 光合途径

杂草中的 C_4 植物比例明显较高，全球25万种高等植物中，C_4 植物不足1 000种，而杂草中 C_4 植物较多，在2 000种杂草中表现 C_4 植物综合特征的就有140种之多。1977年列出的18种世界级恶性杂草中，有14种是 C_4 植物，占78%，比植物界 C_4 植物的比例高17倍，也远比作物中 C_4 植物比例高。在世界16种主要作物中只有玉米、谷子和高粱是 C_4 植物，占不到20%。如常见的恶性杂草稗草、马唐、狗尾草、牛筋草、香附子、反枝苋、马齿苋和白茅等都是 C_4 植物。杂草刚出苗时，其株高一般比作物低或与作物接近，生长一段时间后，其株高却常显著高于作物，主要是由于其具备 C_4 光合途径，光能利用率高、CO_2 和光补偿点低而饱和点高、蒸腾系数低，从而表现为净光合速率高，能够充分利用光能、CO_2 和水进行有机物的生产。C_4 植物比 C_3 植物在光合作用上具有净光合效率高、CO_2 和光补偿点低，饱和点高、蒸腾系数低等优点，能够充分利用阳光、CO_2 和水进行物质生产。因而恶性杂草比一般作物能表现较高的生长速度率和干扰力，尤其是遇到强光、高温或干旱时。这就是为什么 C_4 杂草多在 C_3 作物中疯长成灾的原因。同是 C_4 植物，杂草还比作物具更低的 CO_2 和光补偿点，如马唐就可以在高大的玉米株丛的荫蔽下正常生长发育。此外，C_4 植物体内的淀粉贮存在维管束周围，不易被草食动物利用，故也免除了食草动物的更多啃食。所以，杂草要比作物表现出更强的竞争和适应能力。

（七）杂合性

杂合性即生物种群（等位基因）的异质性。由于杂草群落的混杂性、种内异花授粉、基因重组、基因突变和染色体数目的变异性，一般杂草基因型都具有杂合性，这也是保证杂草具有较强适应性的重要因素。杂合性增加了杂草的变异

性，从而大大增强了抗逆性能，特别是在遭遇恶劣环境条件如低温、旱、涝以及使用除草剂防治杂草时，可以避免整个种群的覆灭，使物种得以延续。

（八）较强的生态适应性

杂草具有很强的抗逆能力和生态适应性，表现在对盐碱、旱涝、热害、冷害、贫瘠和人工干扰具有比作物更强的忍耐力。从进化的角度看，杂草多数具有 r-选择性（r-selected species），又有 k-选择性（k-selected species），它们往往是 r、k 选择的中间型（continuum）。r-选择型是在变化多端的环境条件下选择下来的植物类型。这类植物抗逆性强、个体小、生长快，生命周期短，群体不饱和，一年一更新，繁殖快，生产力高，如繁缕、反枝苋等一年生杂草。k-选择型是在比较稳定的环境条件下选择下来的植物类型，其个体大、竞争力强、生命周期长，在一个生命周期内可多次重复生殖，群体饱和稳定，如田旋花、芦苇等多年生杂草。

当土壤温度下降至田间持水量的 28.5% 时，大豆植株均被旱死，而伴生杂草稗草、野燕麦都安然无恙。这就是为什么旱年豆田杂草危害的原因。滔滔的洪水能淹死水稻，而稗草和莎草科的一些杂草却安然无恙。东北地区早春性杂草在 4 月上旬，地表温度只有 0.3℃ 左右就开始返青萌动；一些越年生杂草可在 -30℃~40℃ 地温中越冬，也可在 30~40℃ 的酷暑中生长。此外，杂草的叶片比较柔软，因而还能抵抗机械和人畜的撞击。"野火烧不尽，春风吹又生"是对杂草抗逆性的高度概括。有些杂草，例如藜、芦苇、扁秆藨草和眼子菜等都有不同程度耐受盐碱的能力。马唐在干旱和湿润土壤生境中都能生长良好。野胡萝卜作为二年生杂草，在营养体被啃食或被刈割的情况下，可以保持营养生长数年，直至开花结实为止。天名精、黄花蒿等会散发特殊的气味，趋避禽畜和昆虫的啃食。还有些植物含有毒素或刺毛，如曼陀罗、刺苋等，以保护自身，免受伤害。

（九）拟态性

多数情况下，哪里有作物，哪里就有杂草，某些杂草与作物总是形影不离，如稗草与水稻，谷子与狗尾草，亚麻与亚麻荠等。它们在形态、生育规律上以及对环境条件的要求上都有很多相似之处，好像一对孪生兄弟。杂草对作物的这种拟态使其在农田中经常鱼目混珠，给除草，特别是人工除草带来了极大困难。印度有种野稻，遍布全国稻田，花前其幼苗形态与当地推广的水稻品种极为相似，以致农民无法将之与水稻区分开，花后虽易区分，但除草已为时太晚，挽回不了所造成的损失，致使该草给印度的水稻生产造成了巨大的损失；欧洲北方亚麻田中常伴有拟亚麻荠，由于两者的大小、重量、形态极其相似，因此，两者对风选的反应效果几乎相同，风选后很难将两者分离开来。在中国，狗尾草经常混杂在谷子中，被一起播种、管理和收获，在脱皮后的小米中甚至仍可找到许多草籽。

三、中国薏苡田主要杂草种类

目前还未见有中国薏苡田主要杂草种类的报道，本书在此介绍一些农田常见杂草种类，按克朗奎斯特系统科序编排。

1. 鹅绒委陵菜

别名：莲花菜、人参果、蕨麻、鸭子巴掌菜、河篦梳、蕨麻委陵菜、曲尖委陵菜等。

学名：*Potentilla anserina* L.

分类：蔷薇科委陵菜属

2. 朝天委陵菜

别名：伏委陵菜、仰卧委陵菜、铺地委陵菜、鸡毛菜等。

学名：*Potentilla supina* L.

分类：蔷薇科委陵菜属

3. 铁苋菜

别名：人苋、血见愁、海蚌含珠、野麻草等。

学名：*Acalypha australis* L.

分类：大戟科铁苋菜属

4. 酢浆草

别名：盐酸仔草（台湾）、酸箕、三叶酸草、酸母草、鸠酸草等。

学名：*Oxalis corniculata* L.

分类：酢浆草科酢浆草属

5. 葎草

别名：拉拉秧等。

学名：*Humulus scandens*（Lour.）Merr.

分类：桑科葎草属

6. 藜

别名：灰条菜、灰藿、灰菜、落藜等。

学名：*Chenopodium album* L.

分类：藜科藜属

7. 灰绿藜

别名：黄瓜菜、山芥菜、山菘菠、山根龙等。

学名：*Chenopodium glaucum* L.

分类：藜科藜属

8. 猪毛菜

别名：猪毛英、沙蓬、三叉明科、札蓬棵等。

学名：*Salsola collina* Pall.

分类：藜科猪毛菜属

9. 地肤

别名：地肤子、扫帚苗、铁扫帚、竹扫帚等。

学名：*Kochia scoparia*（L.）Schrad.

分类：藜科地肤属

10. 凹头苋

别名：野苋菜、光苋菜、紫苋菜等。

学名：*Amaranthus lividus* L.

分类：苋科苋属

11. 反枝苋

别名：西风谷、野苋菜等。

学名：*Amaranthus retroflexus* L.

分类：苋科苋属

12. 空心莲子草

别名：水花生、革命草、空心苋等。

学名：*Alternanthera philoxeroides*（Mart.）Groseb.

分类：苋科莲子菜属

13. 青箱

别名：野鸡冠花、百日红、狗尾巴、狗尾苋、牛尾花等。

学名：*Celosia argentea* L.

分类：苋科青葙属

14. 马齿苋

别名：马齿菜、马蛇子菜等。

学名：*Portulaca oleracea* L.

分类：马齿苋科马齿苋属

15. 繁缕

别名：繁蒌、鹅肠菜、五爪龙、和尚菜等。

学名：*Stellaria media*（L.）Cyr.

分类：石竹科繁缕属

16. 萹蓄

别名：鸟蓼、扁竹等。

学名：*Polygonum aviculare* L.

分类：蓼科蓼属

17. 酸模叶蓼

别名：酸不溜、斑蓼、大马蓼、假辣蓼等。

学名：*Polygonum lapathifolium* L.

分类：蓼科蓼属

18. 红蓼

别名：东方蓼等。

学名：*Polygonum orientale* L.

分类：蓼科蓼属

19. 酸模

别名：山大黄、当药、山羊蹄、酸母等。

学名：*Rumex acetosa* L.

分类：蓼科酸模属

20. 苘麻

别名：青麻、芙蓉麻、顷麻、白麻等。

学名：*Abutilon theophrasti* Medic.

分类：锦葵科苘麻属

21. 荠菜

别名：荠、靡菜、护生草。

学名：*Capsella bursa-pastoris*（L.）Medic

分类：十字花科荠菜属

22. 风花菜

别名：野萝卜、大荠菜、黄花荠菜等。

学名：*Rorippa palustris*（Leyss.）Bess.

分类：十字花科葶苈属

23. 龙葵

别名：龙葵草、天茄子、黑天天、苦葵等。

学名：*Solanum nigrum* L.

分类：茄科茄属

24. 曼陀罗

别名：醉心花、狗核桃、洋金花、万桃花等。

学名：*Datura stramonium* L.

分类：茄科曼陀罗属

25. 打碗花

别名：小旋花、面根藤、狗儿蔓等。

学名：*Calystegia hederacea* Wall.

分类：旋花科打碗花属

26. 圆叶牵牛

别名：圆叶旋花、小花牵牛、喇叭花等。

学名：*Pharbitis purpurea*（L.）Viogt

分类：旋花科牵牛属

27. 水棘针

别名：山苏子、山油子、土荆芥等。

学名：*Amethystea caerulea* L.

分类：唇形科水棘针属

28. 平车前

别名：车前草、车轮菜、车轱辘菜、车串串等。

学名：*Plantago depressa* Willd.

分类：车前科车前属

29. 刺儿菜

别名：小蓟等。

学名：*Cephalanoplos segetum*（Bunge）Kitam.

分类：菊科刺儿菜属

30. 大刺儿菜

别名：大蓟等。

学名：*Cephalanoplos setosum*（Willd.）Kitam.

分类：菊科刺儿菜属

31. 山苦荬

别名：苦菜、苦荬菜等。

学名：*Ixeris chinensis*（Thunb.）Nakai

分类：菊科苦荬菜属

32. 苣荬菜

别名：曲荬菜、甜苣菜等。

学名：*Sonchus brachyotus* DC.

分类：菊科苦苣菜属

33. 苍耳

别名：老苍子、虱麻头等。

学名：*Xanthium sibiricum* Patrin.

分类：菊科苍耳属

34. 蒲公英

别名：婆婆丁、黄花苗、黄花地丁等。

学名：*Taraxacum mongolicum* Hand. –Mazz.

分类：菊科蒲公英属

35. 小飞蓬

别名：小白酒草、加拿大蓬、狼尾巴蒿等。

学名：*Comnyza canadensis*（L.）Cronq

分类：菊科飞蓬属

36. 牛膝菊

别名：辣子草、向阳花、珍珠草、铜锤草等。

学名：*Galinsoga parviflora* Cav.

分类：菊科牛膝菊属

37. 黄顶菊

别名：辣子草、向阳花、珍珠草、铜锤草等。

学名：*Flaveria bidentis*（L.）Kuntze

分类：菊科黄顶菊属

38. 野艾蒿

别名：别名艾草、艾叶、艾蒿、家艾等。

学名：*Artemisia lavandulaefolia* DC.

分类：菊科蒿属

39. 猪毛蒿

别名：黄蒿、滨蒿、茵陈蒿、老绵蒿等。

学名：*Artemisia scoparia* Waldst. et Kit.

分类：菊科蒿属

40. 胜红蓟

别名：白花霍香蓟 毛麝香 胜红蓟、蓝绒球、蓝翠球、咸虾花、臭炉草等。

学名：*Ageratum conyzoides* L.

分类：菊科霍香蓟属

41. 鸭跖草

别名：蓝花菜、鸭趾草、竹叶草等。

学名：*Commelina communis* L.

分类：鸭跖草科鸭跖草属

42. 马唐

别名：抓地草、鸡爪草、红水草等。

学名：*Digitaria sanguinalis*（L.）Scop，毛马唐 *D. ciliaris*（Retz.）Koeler 和升马唐 *D. adscendens*（HBK）Henr.

分类：禾本科马唐属

43. 稗草

别名：芒早稗、水田草、水稗草等。

学名：*Echinochloa crusgalli*（L.）Beauv.

分类：禾本科稗草属

44. 牛筋草

别名：油葫芦草、扁草、稷子草等。

学名：*Eleusine indica*（L.）Gaertn.

分类：禾本科蟋蟀草属

45. 芦苇

别名：苇子等。

学名：*Phragmites communis* Trin.

分类：禾本科芦苇属

46. 狗尾草

别名：绿狗尾草、毛毛狗、谷莠子、狐尾等。

学名：*Setaria viridis*（L.）Beauv.

分类：禾本科狗尾草属

47. 看麦娘

别名：牛头猛、山高粱、道旁谷等。

学名：*Alopecurus aequalis* Sobol.

分类：禾本科看麦娘属

48. 野稷

别名：野糜子等。

学名：*Panicum miliaceum* L. var. *ruderole* Kitag.

分类：禾本科稷属

49. 荩草

别名：菉竹、黄草、细叶荩竹、毛竹、马耳草等。

学名：*Arthraxon hispidus* (Thunb.) Makino.

分类：禾本科荩草属

50. 香附子

别名：莎草、香头草、三棱草、旱三棱、回头青等。

学名：*Cyperus rotundus* L.

分类：莎草科莎草属

51. 问荆

别名：接续草、节节草、接骨草、败节草等。

学名：*Equisetum arvense* L.

分类：木贼科木贼属

四、防除措施

（一）加强植物检疫

植物检疫是防止国内外危险性杂草传播的主要手段。通过农产品检疫防止国外危险性杂草进入中国，同时也要防止省与省之间、地区与地区之间危险性杂草的传播。随着交通运输业的发展，国际间及国内各省区交往频繁。在这些交往中，杂草种子往往混杂于农、畜及其他产品中，随着转运、商品贸易、调拨而蔓延和传播。作物种子的调运，跨区机械作业也会导致杂草种子的传播和蔓延。对于危险性杂草，如不通过检疫加以控制，将会给农牧业生产造成长期的、难以估计的损失。因此，加强危险性杂草的检疫工作是防除杂草的重要措施。凡存在国内没有或尚未广为传播的杂草的种子，必须严格禁止输入，或限制性地在指定地点种植，并及时对杂草加以彻底消灭。国内某些地区的恶性杂草也应避免传入别的地区。

(二) 农艺防除

农业防除措施包括轮作，选种，施用腐熟的有机肥料，清除田边、沟边、路边杂草，合理密植，淹水灭草等。

1. 轮作

不同作物通常有自己的伴生杂草或寄生杂草。由于不同作物与其所伴生的杂草所要求的生境相似，如用科学的方法如轮作倒茬，改变其生境，便可明显减轻杂草的危害。

2. 精选种子

杂草种子传播的途径之一是随作物种子传播，这种传播往往随着种子的长途调运，人为地将杂草种子远距离扩散。为了减少杂草种子的传播扩散，播种前对作物种子进行精选，清除混杂在作物种子中的杂草种子，是一种经济有效的方法。精选种子的方法很多，如良种繁育单位通过良种圃，人工穗选、粒选、汰除草籽；生产单位在播种前通过晒种、风选、筛选、盐水选、泥水选、硫酸铵水选种子等方法汰除草籽。

3. 施用腐熟的厩肥

厩肥是农家的主要有机肥料。这些肥料有牲畜过腹的圈粪肥，有杂草、秸秆沤制的堆肥，也有饲料残渣、粮油加工的下脚料等，其中不同程度的带有一些杂草种子。据调查平均500kg混合厩肥中含有杂草种子83 000~125 000粒，如牲畜吃了带有野燕麦的饲草，排出的粪便中的野燕麦种子仍有发芽能力。如果这些肥料不经过腐熟而施入田间，所带的杂草种子也带到田间萌发生长，继续造成为害。因此，堆肥或厩肥必须经过50~70℃高温堆沤处理，闷死或烧死混在肥料中的杂草种子，然后方可施入田中。

4. 清除农田周边杂草

田边、路边、沟边、渠埂杂草也是田间杂草的来源之一。农田四周的杂草如不清除，杂草种子、地下根茎等以每年1~3m的速度向田间扩散，几年内就会遍布全田。路边、沟边的杂草种子也可通过人为活动或牲畜、风力带入田间；灌溉渠内杂草种子还可通过流水带入田间。为防止田外杂草向田内扩散蔓延，必须认真清除田边、路边、沟渠边的杂草，特别是在杂草种子未成熟之前，采取防治措施，予以清除，防止扩散。

5. 休闲灭草

在地多人少，草多肥少的地方休闲灭草是特别有效的措施。凡是休闲的地块，当年不耕翻，暴露在地上的杂草草籽被鸟食，牲口吃能够消灭一部分。第二年多次耕翻促使大量杂草种子发芽出苗，有条件的地方可以种植绿肥或牧草，将绿肥进行耕翻或牧草收获后耕翻，这样不但消灭了大量杂草还改良了土壤物理性状，还提高了土壤肥力。

（三）物理防除

物理防除主要采用不同的耕作方式进行机械防除，采用各种农业机械，包括手工工具和机力工具，在不同季节采用不同方法消灭田间不同时期的杂草。特别是机械防除农田杂草是田间管理的一项重要措施。中国幅员辽阔，各地的农业生境，包括光、热、水、土等生态因素差异较大；作物种类和耕作制度亦不相同，如东北和西北的旱田耕作制度以垄作为主，伏耕和秋耕是主要措施，而南方一年两熟、一年三熟或两年三熟的地区各有自己的耕作体系。虽然耕作制度不同，但消灭杂草的目的是一致的。其具体方法如下。

1. 深翻

深翻是防除多年生杂草如问荆、苣荬菜、田旋花、芦苇、小叶樟等杂草的有效措施之一。土壤经多次耕翻后，多年生杂草的数量逐渐减少或长势衰退，从而受到控制。深翻对防除一年生杂草效果更快更好。同时通过深翻晒垡、促进微生物活性，固定空气中的 N 素，增加土壤营养。据研究不同耕作方法对化学除草的影响中，深翻后施用除草剂效果最好。按深翻的季节可分为春翻、伏翻和秋翻。

（1）春翻　是指从土壤解冻到春播前一段时间内的耕翻地作业。它能有效消灭越冬杂草和早春出苗的杂草，同时将前一年散落于土表的杂草种子通过深翻翻埋于土壤深层，使其当年不能萌发出苗。但在杂草种子数量较多的土壤中，经春季耕翻，将原来深埋在土壤深层中的杂草种子翻于地表，又造成当年杂草大量发芽出苗。因此，为了既能消灭播前杂草，又不将土壤深层杂草种子翻到土表，春翻深度应适当浅一些。

（2）伏翻　是指在夏季作物如小麦、大麦、油菜、元麦、蚕豆、亚麻、春玉米、早稻收获后的茬地，6—8 月一段时间的耕翻地作业。开垦荒地也应安排在高温多雨季节耕翻。6—8 月气温较高，雨水较多，北方地区杂草均可萌发出苗，南方地区的杂草正在生长季节，这时进行伏耕，不论是新垦荒地，还是休闲地，都可将杂草翻埋于土中，不仅增加土壤养分，而且灭草效果好，特别是对多年生以根茎繁殖的芦苇、小叶樟、三棱草、香蒲、田旋花等，通过深耕能将其根茎切断翻出地表，经风吹日晒，使其失去发芽能力而死亡，受伤的根茎埋入土壤深层，经灌水后闷死腐烂。

（3）秋翻　是指 9—10 月对秋作物如玉米、大豆、棉花、高粱等收获后的茬地进行的耕翻作业。秋翻主要可以消灭春、夏季出苗的残草、越冬杂草和多年生杂草。可在前茬收割后立即进行，不仅可把一年生杂草消灭在种子未成熟之前，同时也可消灭越年生杂草和多年生杂草。若秋翻过晚，一年生杂草种子成熟，反而会增加田间杂草数量。北方不少地区有深浅轮番耕作的习惯，即在农作物收获后先深翻 20cm，经 1~2 周后再进行 8~10cm 深高质量耙茬，能收到灭草增产的效果。不少地区在收后先用圆片耙切地即进行浅翻灭茬，然后进行 20cm 左右深耕，可将地表的杂草及残枝落叶一并翻入土壤深层。

2. 耙茬

近十多年来，不少地区推广少耕法。从生产实践出发，在近期内耙茬可使杂草种子留在地表浅土层中，增加杂草种子出苗的机会。但在杂草大部分出土后，通过耕作或化学除草集中防除，则收效更大。进行少耕必须与耕作和化学除草密切配合，否则会造成严重的草害。从长远看，浅翻既可减少土壤中杂草种子的感染程度，又可使土壤深层的杂草种子不能出土，同时减少土壤流失，起到保持水土和灭草的双重效果，但除草效果不如深翻。

3. 苗前耙地和苗期中耕

播前耙地或播后苗前耙地，苗期中耕是疏松土壤、提高地温、防止土壤水分蒸发、促进作物生长发育和消灭杂草的重要方法之一。新疆生产建设兵团不少单位在玉米播前及播后苗前浅耙，灭草效果一般达 31.7%~69.6%。北方地区的中耕作物如玉米、甜菜、棉花、向日葵等，在苗期进行人工或机械中耕，一则灭草，二则松土保墒。中耕灭草的适期是草龄越小越好，中耕次数一般 2~3 次为宜，将一年生杂草消灭在结实之前，使散落在田间的杂草种子逐年减少。对多年生杂草切断其地下根茎，削弱其积蓄养分的能力，使其长势逐年衰竭而死亡。

此外，利用覆盖物防治杂草，主要是通过覆盖防止光的透入，抑制光合作用，造成杂草幼苗死亡并防止其再生，同时抑制喜光性杂草种子的萌发。覆盖不仅可以除草而且可以免耕，有利于雨水下渗，对于保墒、增温、提高土壤肥力都有好处。一般用于作物行间及果树，所用材料有稻谷，麦草与干草，有机肥料等。覆盖厚度以不透光为适宜。近年来广泛应用塑料膜和除草膜进行覆盖不仅增温、保水，并借助膜内或膜中的除草剂发挥除草作用，已应用于玉米、花生、蔬菜等作物的生产种植中。火焰除草是一种古老的除草方法，在燎荒耕作制中，往往进行放火烧荒，清除杂草，然后种植作物。近代的火焰除草则需用火焰发射器，用来选择性或非选择性消灭杂草。采用高频电场可以杀死土壤中的杂草种子，对于防除以种子繁殖的杂草有很好的效果。

（四）生物防除

生物防除是农田杂草综合治理中的一项措施。国内外研究表明，利用动物、昆虫、真菌、细菌、病毒等都可以防除农田杂草，并积累了不少可贵的资料，有些项目已大面积推广应用，取得显著效果。与化学除草、人工及机械除草相比，生物除草具有投资少、经济效益高、有效期长、无污染等优点，同时还可解决杂草的抗药性问题，近年来已日益引起各国的重视。

1. 微生物除草

杂草的微生物防治是指利用寄主范围较为专一的植物病原微生物或其代谢产物，将影响人类经济活动的杂草种群控制在为害阈限以下。目前主要有两条途径：一是以病原微生物活的繁殖体直接作为除草剂，即微生物除草剂。如"鲁保一号"成功防治菟丝子，"生防剂 F798"有效控制瓜田列当等。至 1996 年，全国共试验利用 80 种生物除草剂防除 70 种杂草。其中，获得有希望的生物种36 个，极具潜力的 19 种，且相对集中于盘孢菌属、镰孢菌属、链格孢属和尾孢菌属 4 个属。国外如日本烟草产业公司和美国 Mycogen 公司共同开发的目前少有的细菌除草剂 Camrico，用于防除高尔夫球场的草坪杂草早熟禾。二是利用微生物产生的对植物具有毒性作用的次生代谢产物直接或作为新型除草剂的先导化合物，开发微生物源除草剂，目前已商品化的微生物源除草剂主要为放线菌的代谢产物。双丙氨酰膦与草丁膦双丙氨酰膦是第一个直接开发成商品除草剂的微生物毒素。目前，其中一些已知的微生物源致病毒素已被证明具有除草活性，为进一步的研究开发提供了良好基础。

2. 植食性动物除草

利用植食性动物主要是利用昆虫进行杂草生物防治。1795 年印度从巴西引进胭脂虫成功地控制了霸王树仙人掌的为害，这是人类有意识引进天敌控制杂草的第一例。类似的例子还有 20 世纪 20—30 年代澳大利亚从阿根廷引进鳞翅目昆虫成功地防治了 2 400 万 hm^2 土地上的仙人掌；澳大利亚、美国、加拿大、南非、新西兰引进双金叶甲对严重为害牧场的克拉克斯草的生防；美国、澳大利亚利用天敌昆虫对水花生、麝香飞廉、千里光的生防以及夏威夷利用马缨丹网蛛成功地控制了对马缨丹的为害。至今中国引进天敌控制外来杂草的例子主要有：从尼泊尔引进泽兰实蝇控制原产墨西哥的恶性杂草紫茎泽兰；从佛罗里达引进莲草直胸跳甲防治空心莲子草；从国外引进豚草条纹叶甲和豚草卷蛾遏止豚草的泛滥，引进水葫芦象甲防止水葫芦蔓延，均取得了较好效果。在引用天敌方面，南京农业大学与新西兰林科院合作研究计划引出白尾长足象和日本方喙象控制新西兰的大叶醉鱼草；中美两国正在计划利用柽柳叶甲控制美国的柽柳开展合作研究。湖北五三农垦科研所在当地发现取食香附子的尖翅小卷蛾，初孵幼虫沿香附子叶背行至心叶，吐丝并蛀入嫩心，使心叶失绿，萎蔫枯死，继而蛀入鳞茎，咬断输导组织，致使整株死亡；新疆生产建设兵团三十团农场研究当地蛀害扁秆蔗草的尖翅小卷蛾，喜食扁秆蔗草的幼嫩心叶和花苞，然后钻入茎内蛀食，也可蛀入球茎内，自然侵蛀率很高；吉林省四平农垦科研所研究发现斑水螟可取食眼子菜的叶片。

3. 转基因技术在杂草防除中的应用

转基因技术在杂草防除中的应用研究，主要可以描述为以下几个方面：一是通过转基因技术使作物获得或增强对除草剂的可遗传性抗性，从而解决除草剂的选择性问题，使许多优秀的灭生性除草剂得以广泛使用，同时也为新除草剂的研制与开发提供更多的机会；二是通过转基因技术使作物获得或改良异株克生能力（Allelopathy），从而使作物能够抑制杂草，达到相当于使用除草剂的目的；三是利用转基因技术改良或改造生物，使之能够寄生杂草或使其产物能够抑制杂草。当前开展研究最多的是转基因抗除草剂作物，已有成功的实例和商品作物广泛推广。利用转基因技术将优秀的克生资源克隆到作物和覆盖作物体内并表达，使其具有抑制杂草的能力，达到除草目的。此外将优秀的克生资源克隆到工程菌上，利用工程菌的生物合成功能生产新型除草剂的研究也受到重视。关于此类研究，美国 ARCO 植物细胞研究所有一个长期计划，并取得了一定进展。

第四节　非生物胁迫及应对

一、水分胁迫

（一）发生地区和时期

贵州省是中国薏苡主产区之一，薏苡已经成为地方特色经济作物。以贵州省为例，薏苡在贵州的主要种植区域以旱地为主，土地贫瘠、缺乏灌溉基础设施，播期春旱发生较为频繁。同时由于雨量不均，喀斯特山区的土壤保水能力较差，对薏苡的生产不同程度上发生春旱和伏旱的威胁。

（二）水分胁迫对薏苡生长发育和产量的影响

薏苡是对水分反应敏感的旱地作物，干旱缺水不仅使薏苡的生长发育受到明显抑制，而且产量受到严重影响，干旱是对薏苡造成的产量损失中所有非生物胁迫中居首位。敖茂宏（2017）采用盆栽干旱胁迫处理，测定不同时期的叶片净同化率、比叶重、叶绿素、气孔阻力、蒸腾速率、绿叶面积、籽粒灌浆时间、线性灌浆速度、籽粒百粒重、单株有效穗数、单穗穗粒数、结实率、单株产量、籽粒蛋白质、脂肪含量。结果显示，中度干旱胁迫条件下薏苡叶片净同化率下降、比叶重减少、叶绿素降低、气孔阻力增加、蒸腾速率下降、绿叶面积减小、籽粒灌浆时间缩短、线性灌浆速度降低、籽粒百粒重降低、单株有效穗数分化减少、单穗穗粒数减少、结实率下降、单株产量下降。研究表明，在遭受各期干旱胁迫下薏苡叶片各项生理指标影响较大，籽粒变小，产量降低，但籽粒蛋白质、脂肪含量增加。由于干旱胁迫的发生，薏苡植株的茎、叶水分状况明显低于对照组，在不同的各干旱胁迫时期，植株各部分的鲜重含水量、干重含水量及相对含水量均比对照小；干旱胁迫导致叶片的正常生理活动受到不同程度的影响。在孕穗期、开花期、灌浆期经过干旱胁迫处理后及时复水，叶片组织需要经过一段时间的吸水修复，但各生理指标仍然恢复不到正常范围。同一品种在不同阶段受到干旱胁迫的影响，相对于对照其叶净同化率下降、比叶重减少、叶绿素含量降低、气孔阻力增加，蒸腾速率下降、叶面积减少。以灌浆期为例，各生理指标相对于对照，其叶净同化率（NAR）下降 58.44%、比叶重（SLW）减少 19.53%、叶绿素（a+b）含量下降 36.37%、气孔阻力增加 96.38%、蒸腾速率下降 61.81%、绿叶面积减少 61.91%；干旱胁迫导致薏苡籽粒线性灌浆速度下降和灌浆持续时间缩短，造成籽粒单粒重下降。干旱胁迫的植株，其籽粒灌浆持续时间缩短 4~9d，籽粒线性灌浆速度下降 4.3%~8.6%，单粒重下降 12.27%~28.49%；干旱胁迫影响了薏苡籽粒产量构成因素和产量的形成。干旱胁迫使薏苡分蘖减少，单株有效穗数减少，单株穗粒数降低。干旱胁迫对单株有效穗数及单株有效穗粒数的为害程度为开花期>孕穗期>灌浆期。干旱胁迫影响了籽粒充实程度，使籽粒百粒重大大降低，有效结实率显著降低，干旱胁迫对产量构成因素的综合影响表现为其对产量的影响。干旱胁迫在一定程度影响了孕穗期穗的分化数量，开花期授粉质量下降、灌浆期灌浆缓慢，甚至灌浆停滞，整体导致薏苡百粒重、单株有效穗数、单株穗粒数、有效结实率相对于对照分别减少 12.27%~28.50%、6.54%~29.57%、11.75%~24.89%、13.63%~20.09%。干旱胁迫使籽粒蛋白质和脂肪含量提高及淀粉含量相对稳定。干旱胁迫使蛋白质含量提高 4.33%~43.99%，脂肪含量提高 3.98%~21.67%。其中孕穗期、灌浆期、开花期干旱胁迫导致薏苡籽粒变小，胚所占比率增大，从而使蛋白质、脂肪含量较大增加。除籽粒蛋白质、脂肪、淀粉外，籽粒的灰分、纤维素、胶质等其他成分含量由于干旱胁迫而减少，干旱胁迫的结果在降低籽粒产量的同时，也提高了籽粒的有效养分含量。

（三）薏苡抗（耐）旱指标

综合多年研究成果，在受旱状态下，作物体内外的一些形态、生理变化，可以作为抗耐旱指标。用于薏苡，可资借鉴。应注意 Pro、ABA、POD、SOD、CAT、MDA 的变化。陈宁等（2013）对薏苡不同种质材料萌芽期的抗旱性能做了研究报道，以黔薏苡 1 号、黔薏苡 2 号、平定五谷、辽薏苡 1 号、辽薏苡 2 号、临沂薏苡、天禾 1 号、引韩 1 号、白壳薏苡 9 个国审薏苡品种为试材。发现这些品种在萌芽期的抗旱性有明显差异，认为萌芽期抗旱性具有重要意义。发芽势、发芽率、根长胁迫指数与萌发抗旱指数有较好的相关性，可作为萌芽期抗旱鉴定指标。试验采用高渗透性能的聚乙二醇（PEG-6000）作为水分胁迫剂，研究不同 PEG 浓度对多种薏苡萌发的影响。结果表明，8%PEG 胁迫下降低各薏苡品种的发芽率，其中黔薏苡 1 号、辽薏苡 1 号、平定五谷、黔薏苡 2 号降幅较大，分别为 74%、63%、58%、52%。不同薏苡品种在抗旱性上存在明显差异，萌发抗旱指数高的品种在水分胁迫下仍保持着较高的根长胁迫指数、发芽势和发芽率，说明根长胁迫指数、发芽势和发芽率与萌发抗旱指数存在显著的相关性，r 分别为 0.99、0.99 和 0.97。通过对上述指标的测定分析，可以更好地了解薏苡品种萌芽期的抗旱性。

二、盐碱胁迫

席国成等（2011）通过室内试验对薏苡的耐盐性进行了初步研究，以明确薏苡在盐化土壤上种植的可能性。研究测定了薏苡种子萌发期、出苗期和中后期的耐盐性，并利用盐池微区试验和田间小区试验，通过籽粒产量和秸秆产量 2 个指标，鉴定和验证了薏苡在不同程度盐化土壤上的适应性。结果表明，薏苡种子正常萌发的盐溶液浓度为 7 个大气压以下，在以氯离子为主的滨海盐化潮土上，薏苡正常出苗的土壤盐渍度为 0.20%以下，苗期以后能够正常生长发育的土壤盐渍度为 0.30%以下。研究认为，薏苡可以在滨海轻度盐渍土壤上栽培或在中度盐渍土壤上进行保护性栽培。田鑫（2015）以小白壳薏苡为试验材料，比较 $NaCl$、$NaHCO_3$、Na_2SO_4、Na_2CO_3 对其种子萌发及幼苗生长的影响。结果表明，随着 Na^+浓度的升高，4 种盐处理薏苡种子的发芽势、发芽率、发芽指数、活力指数、根长、芽长总体呈下降趋势，抑制性 $Na_2CO_3 > NaHCO_3 > Na_2SO_4 > NaCl$；薏苡幼苗生长中，丙二醛（MDA）、脯氨酸（Pro）含量及 Na_2SO_4、$NaCl$ 处理中过氧化物酶（POD）活性呈上升趋势，均在 250mmol/L Na^+时达到最高；过氧化氢酶（CAT）及 Na_2CO_3、$NaHCO_3$处理中 POD 活性呈先增后降趋势，Na^+浓度分别为 200mmol/L 和 150mmol/L 时两酶活性最高。

三、重金属胁迫

过量的重金属会对植物产生毒害作用，使植物的水分代谢、光合作用、呼吸作用等各项生理代谢发生紊乱，生长缓慢，阻滞生长发育，降低产量，并可在食用部位积累，对人类健康造成严重的危害。例如，夏法刚等（2013）报道了铜胁迫对薏苡种子萌发及幼苗生长的影响。试验以去壳的浦薏6号为材料，研究了不同浓度 Cu^{2+} 对种子萌发、幼苗生长、相对电导率及叶绿素含量的影响。结果表明，铜离子浓度在0~120mg/L 时，不影响薏苡种子的发芽势和发芽率。铜离子浓度高于40mg/L 时，薏苡叶绿素含量随着重金属 Cu 的升高反而下降。铜离子溶液浸种对发芽后幼苗的生长影响较小；但幼芽萌发后生长在铜离子溶液中会显著影响苗的生长。铜离子对根的伸长有极显著的影响，尤以生长在铜离子溶液中的薏苡幼根受影响更大，幼苗根系呈棕黑色，细根趋于死亡。薏苡相对电导率随着铜离子浓度的增加而上升；王志辉（2016）采用大田筛选试验及施用石灰和厩肥等农艺措施，在重金属镉污染地区筛选出镉低吸收药用植物品种以及采用农艺措施对重金属镉吸收产生调控效应。研究发现，车前、夏枯草、薏苡、决明、白扁豆为镉低积累物种，施用石灰和厩肥能明显降低植物中镉的含量，厩肥能明显增加地上部分生物量，并且石灰与厩肥同时施用效果最佳。研究认为，在重金属镉污染的地区种植薏苡等镉低吸收的药用植物代替水稻等镉高积累的粮食作物，同时施用石灰和厩肥，可进一步降低植物中镉含量，生产出合格的中药材，可以在镉污染地区实现更好的经济效益和社会效益。

四、灾害性天气

薏苡目前在全国各地都有种植，而全国不同薏苡种植地区的气候条件各有差异，每年薏苡生产季节中，旱、涝、阴雨、低温、高温、大风、冰雹和暴雨等灾害性天气均有可能发生，造成薏苡减产，甚至绝产。因此，明确各种灾害的发生规律和为害机理，掌握相应的防灾减灾对策，具有十分重要的意义。

（一）干旱

1. 干旱的种类

美国气象学会（1997）将干旱定义为4种类型：气象干旱或气候干旱、农业干旱、水文干旱及社会经济干旱。

（1）气象干旱　由降水和蒸发的收支不平衡造成的异常水分短缺现象。其特点是可很快结束。由于降水是主要的收入项，因此通常以降水的短缺程度作为干旱指标。如连续无雨日数、降水量低于某一数值的日数、降水量距平等。

（2）水文干旱　由降水和地表水或地下水收支不平衡造成的异常水分短缺现象。其特点是持续时间长。通常利用某段时间内径流量、河流平均日流量，水位等小于一定数值作为干旱指标或采用地表径流与其他因子组合成多因子指标，如水文干湿指数、供需比指数、水资源总量短缺指数等。

（3）农业干旱　由外界环境因素造成作物体内水份亏缺。影响作物正常生长发育，进而导致减产或失收的现象。涉及土壤、作物、大气和人类对资源利用等多方面因素，其特点是影响作物生长。农业干旱主要是由大气干旱或土壤干旱导致作物生理干旱而引发的。

在农业生产中，干旱对农作物的影响与危害的程度主要与季节和农作物的种类、品种和生长周期有关，按照干旱发生的时间将干旱分为春旱、夏旱和秋旱。

①春旱：春旱发生的时间主要是在入夏前的一段时间内，表现为天气持续干燥，降雨稀少，常常由于大风沙尘天气造成空气中相对湿度较低，土壤内的相对湿度和墒情较低，不适宜进行春耕播种，特别是对冬小麦的返青造成一定的影响。

②夏旱：夏旱发生的时间主要是在6月中旬到7月上旬。这一时期的气温相对较高，日照长度较长，农作长时间的受到高温的照射导致严重缺水，有些作物像棉花、玉米等作物会出现不同程度的灼伤，甚至会影响到农作物的正常生长。

③秋旱：秋旱发生的时间主要是集中在夏末之后的一段时间内。这一时期正好是农作后期生长的关键时期。该时期内的干旱主要表现为降雨稀少，温度持续偏高，土地板结程度加重，土地墒情含水量降低，造成作物后期的营养积累困难，有时会造成绝收。

（4）大气干旱　特点是空气干燥、高温和太阳辐射强，有时伴有干风。在这种环境下植物蒸腾大大加强，但根系吸收的水分不足以补偿蒸腾的支出，使植物体内的水分急剧减少而造成为害。

（5）土壤干旱　特点是土壤含水量少，水势低，作物根系不能吸收足够的水分，以补偿蒸腾的消耗，致使植物体内水分状况不良影响生理活动的正常进行，以致发生为害。

（6）生理干旱　特点是土壤环境条件不良，使作物根系生命活动减弱，影响根系吸水，造成植株体内缺水而受害。

（7）社会经济干旱　指由于经济、社会的发展需水量日益增加，以水分影响生产、消费活动等来描述的干旱。其特点是与气象干旱、水文干旱、农业干旱相联系。其指标常与一些经济商品的供需联系在一起，如建立降水、径流和粮食生产、发电量、航运、旅游效益以及生命财产损失等有关。

2. 干旱对薏苡的影响

干旱对薏苡的影响十分严重。干旱可以发生在薏苡生长的任何一个时期，其为害程度与当年的季节、环境变化、薏苡的品种、生长周期有着密切的关系。干旱时期如果不采取有效措施，会对薏苡的生产和收获造成严重的影响甚至会造成绝产的严重后果。干旱的发生是由于该地区长期不降雨或者降水量偏少造成空气中水蒸气的含量偏低、土壤缺水的现象，在中国的干旱和半干旱地区，发生上述现象的次数较多。干旱时期薏苡常常会出现因严重缺水，影响其正常的生长发育从而造成旱灾。长期干旱形成的旱灾会使薏苡大幅度减产，甚至是造成绝收的严重为害。

干旱对薏苡的影响和为害程度主要与其发生的季节和生长周期、品种的选择有密切的关系。春旱会影响到春天薏苡播种的时期，造成种子萌发困难，出土困难，直接造成缺苗断垄现象。夏旱的发生发展会严重影响到薏苡的抽穗、盛花和授粉过程，甚至会导致薏苡不能正常的灌浆和成熟，最终影响果实饱满程度，造成减产。

3. 解决干旱对薏苡影响的对策

（1）改善干旱地区的农业生态环境　种植树木和成片的草地具有生物覆盖、生物穿透、防止水土流失、保持水分、防风固沙等作用。因此，在干旱地区可以因地制宜的实行农业和畜牧业相结合的生态农业结构。林草具有涵养土壤、控制水土过分流失和改善干旱地区农业生态环境的功能，有利于降低干旱对当地农业的影响和威胁，降低农业生产损失。山林草林的综合治理保证了农业方面粮食生产长效的需要。

（2）调整和改善薏苡的整体布局　总体上来讲在干旱多发的地区，在农业生产上应该更加注重薏苡品种和种子质量的选择，要选用抗旱性能高、产量高的薏苡品种。这种方式是保障本地区不受干旱影响和威胁的重要措施之一。

（3）节水灌溉　节水灌溉的内容包括两个方面：首先，根据种植的薏苡品种，生长周期、发育特点、需水的关键时期和用水量的大小，把水用在生长的关键时期。例如薏苡在抽穗至灌浆时期为水分敏感期，需要大量的水分营养的支撑，这一时期集中灌溉会收到最佳的灌溉效果。其次，还要依据地块土壤的墒情大小合理安排灌溉的时间和灌溉用水量的大小，做到节约用水，又能提高薏苡的产量；最后，运用合理的节水灌溉方法，减少对水资源的过度浪费，将过去的传统漫灌方式转变为管道内灌溉、喷灌、滴管和渗灌等方式。

（4）人工干预天气　最近几年，在干旱常发生地区人们有意识地采用人工干预的方法实现气候的改善，让天气向着人们预期发展趋势那样发展，实现减轻灾害的目的，这种方式被称为人工影响天气。"三七高炮"催化剂系统是抗御干旱的重要手段，适当进行人工雨作业，充分利用空中水资源是必要而现实的。

（二）暴雨

暴雨是降水强度很大的雨。一般指每小时降水量 16mm 以上，或连续 12h 降水量 30mm 以上，或连续 24h 降水量 50mm 以上的降水。

1. 暴雨的种类

中国气象上规定，24h 降水量为 50mm 或以上的雨称为"暴雨"。按其降水强度大小又分为三个等级，即 24h 降水量为 50～99.9mm 称"暴雨"；100～250mm 以下为"大暴雨"；250mm 以上称"特大暴雨"。由于各地降水和地形特点不同，所以各地暴雨洪涝的标准也有所不同。特大暴雨是一种灾害性天气，往往造成洪涝灾害和严重的水土流失，导致工程失事、堤防溃决和农作物被淹等重大的经济损失。特别是对于一些地势低洼、地形闭塞的地区，雨水不能迅速排泄造成农田积水和土壤水分过度饱和，会造成更多的灾害。

2. 暴雨的危害

暴雨天气往往是引起洪涝灾害的直接原因。产生暴雨的天气系统主要有强冷锋、静止锋、锋面气旋和台风。

(三) 涝害的预防及补救措施

1. 加强预防

掌握水涝害规律，加强预报工作；疏通河道、加固堤防；兴修水库，蓄洪防涝；开挖沟渠，形成良好的排灌系统；造林种草，防止水土流失；调整农业布局，因地制宜安排农业生产。

2. 加强栽培管理

(1) 排水　涝害发生后，根据积水情况和地势，采用排水机械和挖排水沟等办法，尽快把田间积水和耕层滞水排出去，尽量减少田间积水时间，减轻涝害。

(2) 及时整理田间植株　植株经过水淹和风吹，根系受到损伤，容易倒伏。排水后必须及时扶正、培直，并洗去表面的淤泥，以利进行光合作用，促进植株生长。

(3) 及时中耕松土　排水后土壤板结，通气不良，水、气、热状况严重失调，必须及早中耕，以破除板结，散墒通气，防止沤根，同时进行培土，防止倒伏。

(4) 及时增施速效肥　薏苡经过水淹，土壤养分大量流失，加上根系吸收能力衰弱，及时追肥对薏苡恢复生长和增加产量十分有利。在薏苡恢复生长前，以叶面喷肥（如 0.5%～1% 尿素溶液、2%～3% 过磷酸钙浸出液、0.2%～0.3% KH_2PO_4 溶液以及天达 2116、喷施宝、氨基酸等）为主；恢复生长后，再进行根部施肥，以减轻涝灾损失。

（5）及时改种其他作物　因涝灾绝收的田块，要抓住季节，及时抢种速生蔬菜或绿豆、赤豆、荞麦等生长期短的小杂粮，最大限度地弥补灾害损失。对改种有困难的地方，可在水排出后，抓紧耕耙、蓄水保墒，为下季种植打好基础。

（四）冰雹

冰雹是对流性雹云降落的一种固态水，不少地区称为雹子、冷子和冷蛋子等，是重要灾害性天气之一。冰雹出现的范围小，时间短，但来势凶猛，强度大，常伴有狂风骤雨，因此往往给局部地区的农牧业、工矿业、电讯、交通运输以至人民的生命财产造成较大损失。

1. 雹灾种类及其危害

雹灾对作物的危害，一是造成植株倒伏，二是直接砸伤植株，三是冻伤植株，四是地面板结，五是茎叶创伤后感染病害。据田间调查，雹灾对作物危害的程度，根据雹块大小可分为轻雹灾、中雹灾和重雹灾。

（1）轻雹灾　雹粒大小如黄豆、花生仁，直径约 0.5cm。降雹时有的点片几粒，有的盖满地面。薏苡迎风面部分被击伤，有的叶片被击穿或打成线条状，对产量影响不大。

（2）中雹灾　冰雹大小如杏、核桃、枣，直径 1~3cm。薏苡叶片被砸破砸落，部分茎秆上部折断。

（3）重雹灾　雹块大小如鸡蛋、拳头，直径 3~10cm。平地积雹可厚达15cm，低洼处可达 30~40cm，背阴处可历经数日不化。薏苡受灾后茎秆大部分或全部折断，减产严重，甚至绝产。

2. 雹灾防御对策

（1）加强预报　准确的冰雹预报对于在降雹前积极采取防护措施有重要意义。预报冰雹目前尚无可靠的预报指标，大都是利用地面的气象资料和探空资料，参照当天的天气形势，根据对云中声、光、电现象的仔细观察及冰雹的活动规律，结合雷达观测综合预报。

（2）人工防雹　采取人工影响天气是最为有效的防雹措施。人工防雹是以云和降水物理为基础的科学技术减灾手段。目前，使用的防雹方法有两种：爆炸法和催化法。至于选择用哪种方法，需要根据各地的实际情况来决定。中国主要使用爆炸方法。近年来各地普遍采用和推广了空炸炮，可发射至 300~1 000m 高度。这种炮造价低、爆炸力强。也有些地区制造了各种类型的火箭，也使用了高射炮，可以射到几千米高空。究竟爆炸为什么能防雹，目前尚无确切的答案。有人认为爆炸时产生的冲击波能影响冰雹云的气流，或使冰雹云改变移动方向。有的人认为是爆炸冲击波使过冷的水滴冻结，从而抑制冰粒增长，而小冰雹很容易化为雨，这样就收到了防雹的效果；第二种防雹方法是化学催化方法。利用火箭或高射炮把带有催化药剂（碘化银）的弹头射入冰雹云的过冷却区，改变云和降水及冰雹的微物理结构，改变冰雹形成的物理过程，通过过量催化，大量增加云中人工冰核，争食水分，降低成雹条件，抑制冰雹的增长或化为雨滴。药物的微粒起了冰核作用。

3. 补救措施

灾后首先要确定该地段受灾的薏苡能否恢复生长并估计其减产幅度，再提出恰当的措施。对于苗期遭灾的薏苡，一般不要轻易翻种，而应及时采取补充水肥等补救措施，加强田间管理。

（1）中耕 雹灾过后，容易造成地面板结，地温下降，使根部正常的生理活动受到抑制，应及时进行划锄、松土，以提高地温，促苗早发。

（2）追肥 灾后及时追肥，对植株恢复生长具有明显促进作用。

（3）移栽 对雹灾过后出现缺苗断垄的地片，可选择健壮大苗带土移栽。移栽后及时浇水、追肥，促进缓苗。

（五）风灾

风灾包括大风，龙卷风，沙尘暴，台风所造成的灾害性天气。

1. 风灾的类型

（1）大风 通常把风力达6级（12m/s）以上的风叫大风。因风力达6级以上时就会对人们的日常生活和工农业生产造成危害。而气象观测规定大风的标准为风力达8级（17m/s）以上。大风是灾害性天气，它对农、林、牧、渔业生产，交通运输和基本建设等都有很大危害。在东北地区春季遭受大风的影响，辽东半岛是常出现大风的地方。

（2）龙卷风 积雨云底部下垂的漏斗云及其所伴的非常强烈的旋风 它是一种破坏力最强的小尺度天气系统，又称龙卷。漏斗云的外形如同大象的鼻子，由于漏斗云内气压很低，具有很强的吮吸作用，当漏斗云伸到地面时可把地面的尘土、沙石、水及其他杂物吸到空中去，并常伴有雷电和冰雹。出现在陆地上的称陆龙卷，出现在海面的称海龙卷（水龙卷）。

龙卷的范围小，直径一般约为几米到几百米，最大的1km左右。移动距离一般为几百到几千米，个别可长达几十千米以上。移速平均为15m/s，最快达70m/s。持续时间一般为几分钟到几十分钟。在北半球，龙卷多数作气旋（逆时针）旋转，极少数呈反气旋（顺时针）旋转。风速极大，估计最大可达100～200m/s。中心气压极低，龙卷中心的地面气压可低至400hPa，甚至200hPa。水平气压梯度可比大尺度天气系统的大十万倍，所以破坏力极强，它所经之处，常将大树拔起，车辆掀翻，建筑物摧毁，造成严重损失。如 1956 年 9 月 24 日，上海出现的一个龙卷风，摧毁了一座三层楼房，把一个 11 万 kg 重的大油桶卷到空中，又扔到 120m 以外的地方。又如 1970 年 5 月 27 日，龙卷风光临了湖南澧县，途经澧水时在江心卷起了一个 30m 高，几十平方米大的水柱，"象鼻"吸干了河水，澧水露出了河底。龙卷风在中国各地都有出现，一般产生在 3—9 月，华南、华东较多，南海和台湾海峡有时也出现海龙卷。

（3）台风 产生在热带海洋上的强大而深厚的气旋。因发生的地域不同名称各异，在西北太平洋和中国南海称为台风；大西洋、墨西哥湾、加勒比海和西太平洋东部称谓飓风。由于台风是一个强大的低气压系统。当强台风袭击时，其风速都在 17m/s 以上，甚至在 60m/s 以上，常常带来狂风暴雨天气，容易造成人民生命和财产的损失，对农业生产的影响也很大，是世界上最严重的自然灾害之一。台风又是非常强的降雨系统。一次台风登陆，降雨中心一天之中可降下 100~300mm 的大暴雨，甚至可达 500~800mm。台风暴雨造成的洪涝灾害，是最具危险性的灾害。台风暴雨强度大，洪水出现频率高，波及范围广，来势凶猛，破坏性极大。当台风移向陆地时，由于台风的强风和低气压的作用，使海水向海岸方向强力堆积，潮位猛涨，水浪排山倒海般向海岸压去，这就是所谓的风暴潮。强台风的风暴潮能使沿海水位上升 5~6m。风暴潮与天文大潮高潮位相遇，产生高频率的潮位，导致潮水漫溢，海堤溃决，冲毁房屋和各类建筑设施，淹没城镇和农田，造成大量人员伤亡和财产损失。风暴潮还会造成海岸侵蚀，海水倒灌造成土地盐渍化等灾害。

2. 风灾的减灾对策

营造防风林、种草种树、退耕还林还草、固沙固土，是防止减少大风和沙尘的有效方法。

选用株高较矮、根系发达、抗倒伏能力强的品种；合理密植；根据当地气候规律安排播种期，尽量避开大风高发期。

边扶边培土、边追速效性肥料。扶正以后及时培土，尽量保护叶片完整。在此基础上进行追肥，使植株生长发育尽快转入正常。

台风过后易诱发各种病虫害，应注意病虫的监测，一旦发生应选用对口农药及时防治。

（六）霜冻

霜冻是一种较为常见的农业气象灾害，发生在冬春季节。在作物生长期内，土壤和植物表面的温度下降到足以引起植物遭受伤害或者死亡的短时间的低温冻害，称之为霜冻。

1. 霜冻的种类

根据发生季节可将霜冻分为秋霜冻和春霜冻。

入秋后的气温随冷空气的频繁入侵而明显降低，尤其是在晴朗无风的夜间或清晨，辐射散热增多，地面和植株表面温度迅速下降，当植株体温降至0℃以下时，植株体内细胞会脱水结冰，遭受霜冻危害。秋霜冻又称为早霜冻，发生在秋季，是秋收作物尚未成熟，薏苡还未收获时发生的霜冻。通常把秋季第一次发生的霜冻称为初霜冻，因为初霜冻总是在悄无声息中就使作物受害，所以有农作物"秋季杀手"的称号。初霜冻发生的越早，对薏苡的危害越大。随着时间的推移，温度降低，秋霜冻发生的频率逐渐提高，强度也逐渐加大，但由于薏苡也日渐成熟，危害程度反而减轻。

春霜冻又称为晚霜冻，发生在春季，是春播薏苡苗期发生的霜冻。春季最后一次霜冻称为终霜冻。随着时间推移，温度升高，春霜冻发生的频率逐渐降低，强度也逐渐减弱，但发生的越晚，薏苡抗寒能力越弱，对薏苡造成的危害也越重。

霜冻在北方主要是秋、春转换季节发生，它对薏苡的危害主要是短时间的降温作用。

2. 霜冻的危害

作物组织内部都是由许许多多的细胞组成的，细胞与细胞之间的水分，当温度降到0℃以下时就开始结冰。从物理学中得知，物体结冰时，体积要膨胀。因此当细胞之间的冰粒增大时，细胞就会受到压缩，细胞内部的水分被迫向外渗透出来，细胞失掉过多的水分，它内部原来的胶状物就逐渐凝固起来，特别是在严寒霜冻以后，气温又突然回升，则作物渗出来的水分很快变成水汽散失掉，细胞失去的水分没法复原，作物便会死去。

初霜冻出现时，如果薏苡已经成熟收获，即使再严重也不会造成损失，而中国北方地区常因初霜冻出现早，薏苡还没有完全成熟就遭受霜冻危害，造成大面积减产。

3. 防御霜冻的措施

防御霜冻主要从三个方面考虑，躲、防、抗。"躲"是指采取各种措施使薏苡的生长发育期躲过霜冻时期，"防"是指在霜冻来临前采取措施减少霜冻的形成，"抗"指霜冻来临后采取措施减轻霜冻的危害程度。

（1）培育和选用优良品种　合理调整作物布局，根据霜冻来的早晚，无霜期的长短，选取早熟品种，避开霜冻时间。

（2）根据地形条件、天气条件合理栽种　根据天气条件选择作物适宜播期，霜冻来临早要早播，使作物在霜前安全成熟。另外，还要根据天气条件、采取各种措施促熟，如中期多中耕，后期控制水肥，促早熟。使用生长调节剂，不仅可促熟，还可促进发芽生根，增强薏苡抗逆性。另外，还可采取小气候育苗，早育苗，早移栽，促进早熟。深耕细作，增施基肥，如P肥、K肥等，合理培土，增强作物抗寒力。有计划地营造防霜林带，在大片农作物的北面，用秸秆、芦苇等筑成篱笆，挡住冷空气入侵，可以防止或减轻霜冻。

（3）灌水法和喷灌法　在霜冻来临前灌水可使土壤增温。一方面灌水后，土壤热容量加大，夜间降温慢，另一方面，灌水后，近地面空气湿度加大，降温时水汽凝结并放出潜热，使周围降温慢。在霜冻来临前一天下午灌水效果最好，可提高土温 2.0~3.0℃；喷灌法或喷雾法是在霜冻发生前的夜间连续或间断的将水滴均匀地洒在植物叶面上。由于水滴中的热量很快散失完，所以要不断进行喷洒。

（4）覆盖法　在霜冻来临前一天下午，用麦草、草苫、草木灰、土杂肥，也有用塑料薄膜等覆盖物覆盖作物幼苗，对幼小树苗可以包扎或覆土，效果也较好。谷底霜冻较重，且常出现辐射霜冻，范围不大，所以用覆盖法较好。

（5）鼓风法　用鼓风机鼓风，破坏辐射霜冻形成时的逆温层，加速上下层空气的热交换，使冷的空气与下垫面接触时间短，不利于降温。

（6）直接加温法　用一种特制的加温器，燃烧液体或固体燃料，直接加热低层空气或铺设地热线用电加热、设置水暖气等。

本章参考文献

敖茂宏，宋智琴，申刚，等.2017. 干旱胁迫对薏苡叶片生理指标及产量和籽粒品质的影响［J］. 时珍国医国药（1）：213-214.

陈宁，钱晓刚.2013. 几种薏苡种质材料萌芽期的抗旱性能初步研究［J］. 种子，32（4）：90-92.

邓曹仁.2016. 薏苡主要病虫害的防治措施［J］. 农村百事通（9）：32-33.

管德平，杨胜亚.1986. 薏苡黑粉病及其防治［J］. 植物病理学（4）：10-12.

韩召军.2001. 植物保护学通论［M］. 北京：高等教育出版社.

胡森，阎振中，姜同先，等.1988. 薏苡主要病虫的综合防治［J］. 上海农业科技（3）：38.

李戈，彭建明，高微微.2010. 我国南方薏苡种质资源对黑粉病的抗病性鉴定［J］. 中国中药杂志，35（20）：2 950-2 953.

李雪玲，杨海艳，陈华红 . 2015. 薏苡叶黑斑病病原菌分离鉴定和生物学特性的初步研究 [J]. 楚雄师范学院学报（9）：38-43.

李扬汉 . 1998. 中国杂草志 [M]. 北京：中国农业出版社 .

刘方明，梁文举，闻大中 . 2005. 耕作方法和除草剂对玉米田杂草群落的影响 [J]. 应用生态学报，16（10）：1 879-1 882.

刘荣，申刚 . 2016. 贵州薏苡黑穗病的发病情况及其病原菌的分离鉴定 [J]. 现代农业科学（22）：102-103.

马奇祥 . 1999. 玉米病虫草害防治彩色图说 [M]. 北京：中国农业出版社 .

梅红，李天林，王琳等 . 2002. 云南省玉米地杂草发生危害及防治初步研究 [J]. 云南农业大学学报，17（2）：150-153.

莫熙礼，吴彤林，李松克 . 2015. 黑粉病菌对薏苡生长及其细胞壁降解酶活性变化的影响 [J]. 贵州农业科学，43（7）：80-82.

欧克芳，董立坤，夏文胜，等 . 2009. 薏苡白点黏夜蛾的发生与防治 [J]. 农技服务，26（1）：83，116.

邱星菊 . 2014. 薏米主要病虫害发生规律及防治方法 [J]. 上海农业科技（4）：141，154.

史银龙，白效令 . 1985. 薏苡蓟马的为害及其防治 [J]. 植物保护（5）：48.

田鑫，钟程，李性苑，等 . 2015. 盐胁迫对薏苡种子萌发及幼苗生长的影响 [J]. 作物杂志（2）：140-143.

王秀全，傅建国 . 1985. 薏苡黑粉病的防治 [J]. 中药材（3）：11-13.

王志辉，彭美晨，刘湘丹，等 . 2016. 镉低吸收药用植物品种筛选及农艺措施调控作用 [J]. 中药材（10）：2 190-2 193.

吴荣华，庄克章，唐汝友，等 . 2009. 薏苡常见病虫害及其防治 [J]. 作物杂志（3）：82-84.

席国成，刘福顺，刘艳涛，等 . 2011. 薏苡耐盐性研究 [J]. 河北农业科学，15（10）：29-31.

夏法刚，孟惠娟，谢萍萍，等 . 2013. 铜胁迫对薏苡种子萌发及幼苗生长的影响研究 [J]. 中国种业（4）：50-53.

徐春金 . 2013. 宁化薏苡黑穗病的发生和防治 [J]. 福建农业科技（5）：49-50.

徐春金 . 2014. 薏苡主要病虫害的发生与防治 [J]. 福建农业科技，45（5）：37-38.

徐春金 . 2014. 不同薏苡品种黑穗病发生情况调查 [J]. 福建农业科技（6）：30-31.

徐春金 . 2014. 薏苡主要病虫害的发生与防治 ［J］. 福建农业科技（5）：37-38.

薛琴芬，邹罡，张峰 . 2010. 薏苡主要病虫害发生及防治 ［J］. 植物医生，23（6）：29-30.

杨巨芒，蒲文生 . 2002. 紫云县薏苡黑粉病发生原因及防治对策 ［J］. 庄稼门诊与对症处方，8（10）：13.

杨文成，杨红 . 1997. 薏苡黑穗病的研究初报 ［J］. 植物医生，10（6）：35.

余欣，张礼维，陈曦，等 . 2016. 黔西南州薏苡黏虫的危害习性及其气象影响因素 ［J］. 安徽农业科学，44（23）：96，136.

张礼维，李思梅，陈曦 . 2016. 薏苡叶枯病病原菌的分离鉴定与生物农药筛选 ［J］. 农药科学与管理，37（9）：45-49.

章霜红 . 2012. 薏苡叶枯病和叶斑病调查与病原鉴定 ［J］. 中国植保导刊，32（6）：5-7.

周祥，周蓉，马臣丰 . 2014. 贵州薏苡黑穗病发病原因分析及防治 ［J］. 农技服务（31）：140-141.

朱立强，刘根节 . 2005. 薏苡黑穗病的防治 ［J］. 特种经济动植物（10）：39.

第五章　药用价值和加工利用

第一节　药用价值

一、薏苡是传统的药用植物

薏苡是药食同源作物。也是传统的药用植物。根据《中国药典》2015 年版，薏苡仁（coicis semen）明确为禾本科植物薏苡 *Coix lacryma - jobi* L. var. *mayuen*（Roman.）Stapf 的干燥成熟种仁。炮制而成的薏苡仁性甘、淡、凉；归脾、胃、肺经；具有利水渗湿，健脾止泻，除痹，排脓，解毒散结的功能；用于水肿，脚气，小便不利，脾虚泄泻，湿痹拘挛，肺痈，肠痈，赘疣，癌肿。薏苡入药由来已久，在中国传统医学的本草典籍中多有收录。

《神农本草经》（东汉·佚名）中薏苡仁被列为上经（上品）草部。"味甘微寒"，"主筋急，拘挛不可屈伸，风湿痹，下气。久服，轻身益气。""后汉书马援传，援在交趾，常饵薏苡实，用能轻身省欲以胜瘴"。

《名医别录》（魏晋·佚名）中薏苡仁被列为上品卷第一。"无毒。主除筋骨邪气不仁，利肠胃，消水肿，令人能食。"

《雷公炮炙论》（南北朝刘宋·雷敩）中薏苡仁列于上卷。"夫用一两，以糯米二两同熬，令糯米熟，去糯米取使。若更以盐汤煮过，别是一般修制，亦得。"

《本草经集注》（南朝梁·陶弘景）中薏苡仁列为草木上品。"味甘，微寒，无毒。主筋急拘挛，不可屈伸，风湿痹，下气。除筋骨邪气不仁，利肠胃，消水肿，令人能食。久服轻身益气。""用之取中仁。今小儿病蛔虫，取根煮汁糜食之甚香，而去蛔虫大效"。

《食疗本草》（唐·孟诜）薏苡仁列于卷下。"去干湿脚气，大验"。

《证类本草》（宋·唐慎微）薏苡仁列于卷第六。"薏苡收子，蒸令气馏，曝干，磨取仁，炊作饭及作面。主不饥，温气，轻身。煮汁饮之，主消渴"，"能治热风，筋脉挛急，能令人食。主肺痿肺气，吐脓血，咳嗽涕唾，上气"，"主消渴，煞蛔虫。根煮服，堕胎"。

《本草纲目》（明·李时珍）中薏苡列为谷部第二十三卷，谷之二。"时珍曰：薏苡仁属土，阳明药也，故能健脾益胃。虚则补其母，故肺痿、肺痈用之。筋骨之病，以治阳明为本，故拘挛筋急风痹者用之。土能胜水除湿，故泄痢水肿用之。按：古方小续命汤注云：中风筋急拘挛，语迟脉弦者，加薏苡仁。亦扶脾抑肝之义。又《后汉书》云：马援在交趾常饵薏苡实，云能轻身省欲以胜瘴气也。又张师正《倦游录》云：辛稼轩忽患疝疾，重坠大如杯。一道人教以薏珠用东壁黄土炒过，水煮为膏服，数服即消。程沙随病此，稼轩授之亦效。《本草》薏苡乃上品养心药，故此有功。"主治：筋急拘挛，不可屈伸，久风湿痹，下气。久服，轻身益气（《本经》）。除筋骨中邪气不仁，利肠胃，消水肿，令人能食（《别录》）。炊饭作面食，主不饥，温气。煮饮，止消渴，杀蛔虫（藏器）。治肺痿肺气，积脓血，咳嗽涕唾，上气。煎服，破毒肿（甄权）。去干湿脚气，大验（孟诜）。健脾益胃，补肺清热，去风胜湿。炊饭食，治冷气。煎饮，利小便。"

二、薏苡仁的化学成分

随着时代的发展，现代医学逐渐取代传统医学，与之相关的是药学研究也从传统的经验总结走向实证研究。薏苡仁作为一味具有千年历史传承的中药材，在长期的实践应用中，整理总结出多种适应症状，并回归到"辨证施治"的传统医学应用。但是薏苡仁在相关症状的有效成分研究方面还是处于空白状态，直至20世纪60年代初，国内外学者通过应用现代分析技术，对薏苡仁的各种有效成分进行逐步的分析与研究。近年来，随着各种色谱、质谱等大型分析仪器的应用，进一步揭示了薏苡仁复杂的化学成分，为其药理活性研究打下了坚实的基础。

（一）概述

董云发等（2000）对中国薏苡属4种2变种（*Coix puellarum* Balansa、*C. stenocarpa* Balansa、*C. lacryma-jobi* L.、*C. lacryma-jobi* L. var. *maxima* Makino、*C. chinensis* Tod. 和 *C. chinensis* Tod. Var. *formosana*（Ohwi）L. liu）的种仁油脂及多糖成分进行了分析研究。结果表明，不同薏苡的种仁之间，油脂含量和多糖含量存在明显的差异性。其中《中国药典》薏苡仁所属的薏苡在脂肪酸的主要成分油酸一项中含量最高，亚油酸、棕榈酸和亚麻酸含量较低，总含油量和总多糖含量相对适中。

回瑞华等（2005）采用索氏提取法对辽宁台安地区所产薏苡仁中的脂肪酸进行了提取，脂肪酸产率为5.81%，并进一步以GC-MS分析，共分离出12种脂肪酸，共占薏苡仁中脂肪酸总量的95.66%，其中主要成分为：棕榈酸（十六酸）13.05%、亚油酸（9，12-十八碳二烯酸）35.75%和油酸（9-十八碳烯酸）39.85%。经分析可以发现脂肪酸是薏苡仁的主要化学成分，而人体无法合成的不饱和脂肪酸占其中的75.6%。Tsend等人（2003）的研究也证明了薏苡仁中不饱和脂肪酸如油酸和亚油酸含量较高，而亚麻酸含量较低。

危晴等人（2012）采用超临界萃取对薏苡仁（薏米）营养成分进行分离提取，萃取物得率为2.24%，经GC-MS分析，共分离鉴定出23种化合物，包括脂肪酸类物质15种，醛类和醇类物质各2种，酯、酸的衍生物、炔、苯酚类物质各1种。其中脂肪酸类物质含量占总物质含量的97.78%，新检测出肉豆蔻酸（十四酸）、蓖麻油酸、二十四酸、9，10-亚甲基十八酸、顺-十七碳烯酸等。脂肪酸中含量较高的为油酸40.41%、亚油酸34.82%、棕榈酸15.61%和硬脂酸4.14%。不饱和脂肪酸占脂肪酸总量的78.07%，并含有奇数碳链脂肪酸，是优质脂肪酸。

杨爽等（2011）和樊青玲等（2015）分别针对20世纪60年代至21世纪初的近50年来国内外学者对于薏苡化学成份的研究进行了总结。薏苡仁的早期研究多集中在蛋白质、氨基酸、脂肪、碳水化合物、食物纤维、微量元素和维生素等营养性成分，后期逐步扩展到具有各种药理活性作用的化学成分。主要成分可以分为五大类，第一类为脂肪酸及其酯类化合物，包括棕榈酸及其甘油酯、硬脂酸及其甘油酯、油酸及其甘油酯、亚油酸及其甘油酯、薏苡仁酯（Coixenolide）和α-单亚麻酯（α-Monolinolein）等；第二类为甾醇类化合物，包括阿魏酰豆甾醇、阿魏酰菜籽甾醇、α-谷甾醇、β-谷甾醇、γ-谷甾醇、豆甾醇、油菜甾醇和Feruliyl phyosterol等；第三类为三萜类化合物，包括Friedlin和Isoarborinol；第四类为多糖类化合物，包括薏苡烷A（Coixan A）、薏苡烷B（Coixan B）、薏苡烷C（Coixan C）、酸性多糖CA-1、酸性多糖CA-2以及中性葡聚糖1~7；第五类为生物碱类化合物，包括四氢哈尔明碱的衍生物等。这些物质主要在降血糖、抗炎以及免疫调节等功能方面表现出显著的活性作用。除薏苡仁外，薏苡植株的其他部位也含有大量具有生理活性功能的化学成分（见表5-1）。

（二）与营养保健有关的成分

薏苡仁在食用时通常以薏仁米的形式出现，其营养价值很高，被誉为"世界禾本科植物之王"。薏苡仁的营养成分中，占比最大的营养成分为淀粉，此外还含有多种维生素和微量元素等。根据2002年原卫生部（现为中华人民共和国国家卫生和计划生育委员会）公布的《按照传统既是食品又是中药材物质目录》中，薏苡仁（薏仁米）可以作为药食同源物质。根据《中国食物成分表》，每100g薏仁米提供能量357kCal，营养物质包括水分11.2g，蛋白质12.8g，脂肪

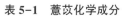

表 5-1　薏苡化学成分

（回瑞华等，2005；杨爽等，2011；危晴等，2012；樊青玲等，2015）

来源	化合物类型	化合物名称
薏苡仁	脂肪酸及其酯类化合物	棕榈酸及其甘油酯
		硬脂酸及其甘油酯
		油酸及其甘油酯
		亚油酸及其甘油酯
		薏苡仁酯（Coixenolide）
		α-单亚麻酯（α-Monolinolein）
		豆蔻酸（十四酸）
		蓖麻油酸
		二十四酸
		9，10-亚甲基十八酸
		顺-十七碳烯酸
		邻苯二甲酸
		十五酸
		11-16 碳烯酸
		十七酸
		11-二十碳烯酸
		二十烷酸
		二十二烷酸
		二十三酸
	甾醇类化合物	阿魏酰豆甾醇
		阿魏酰菜籽甾醇
		α-谷甾醇
		β-谷甾醇
		γ-谷甾醇
		豆甾醇
		油菜甾醇（芸苔甾醇）
		Feruliyl phyosterol
	三萜类化合物	Friedlin
		Isoarborinol
	多糖类化合物	薏苡烷 A/薏苡多糖 A（Coixan A）
		薏苡烷 B/薏苡多糖 B（Coixan B）
		薏苡烷 C/薏苡多糖 C（Coixan C）
		酸性多糖 CA-1
		酸性多糖 CA-2
		中性葡聚糖 1~7
	生物碱类化合物	四氢哈尔明碱的衍生物

（续表）

来源	化合物类型	化合物名称
薏苡糠	内酰胺类化合物	Coixspirolactam A
		Coixspirolactam B
		Coixspirolactam C
		Coixspirolactam D
		Coixspirolactam E
		Coixlactam
		Methyl dioxindole-3-acetate
		Isoindol-1-one
	木质素类化合物	Zhepiresionol
		Ficusal
	吲哚类化合物	Isoindol-1-one
	黄酮类化合物	2', 6-Dihydroxy-4'-methoxydihydroauronol
		5, 7-Dihydroxychromone
		5-Hydroxy-7-methoxychromone
		Davidigenin
		异甘草素（Isoliquiritigenin）
		柚皮素（Narigenin）
		高北美圣草素（Homoeriodietyol）
		橙皮素（Hesperetin）
		甘草素（Liquiritigenin）
		金圣草黄素（Chrysoeriol）
		3, 4', 5, 7-Tetramethoxyflavone
		3, 3', 4', 5, 7-Pentamethoxyflavone
		红桔素（Tangeretin）
		3, 3', 4', 5, 6, 7, 8-Heptamethoxyflavone
		芒柄花黄素（Formononetin）
	甾醇内酯类化合物	Coixspiroenone
薏苡谷壳	酰胺类化合物	神经酰胺
	醇和酚类化合物	对-香豆酸
		松柏醇（Coniferyl alcohol）
		丁香酸（Syringic acid）
		阿魏酸（Ferulic acid）
	木质素类化合物	丁香树脂醇（Syringaresionl）
		4-Ketopinoresinol
		Mayuenolide
	黄酮类化合物	圣草素（Eriodictyol）

（续表）

来源	化合物类型	化合物名称
薏苡根	醇和酚类化合物	*Threo-1-C-syringylglycerol*
		Erythro-1-C-syringylglycerol
		2，6-dimethoxy-p-hydroquinone-1-O-β-D-glycioyranoxide
	苯并噁嗪酮类化合物	Benzoxazinone 1
		Benzoxazinone 2
		Benzoxazinone 3
		Benzoxazinone 4
		Benzoxazinone 5
	Benzoxazalinone 类化合物	薏苡素（Coixol）
薏苡黄化幼苗	茚类化合物	3，5-Dimethoxy-1H-inden-1-one

3.3g，膳食纤维 2g，碳水化合物（主要为淀粉）69.1g，维生素 B_1（硫胺素）0.22mg，维生素 B_2（核黄素）0.15mg，烟酸 2mg，维生素 E 2.08mg，Na 元素 3.6mg，Ca 元素 42mg，Fe 元素 3.6mg，胆固醇含量为 0。与其他常见谷类相比（表 5-2），薏仁米的营养成分更为丰富和均衡，主要体现在更多的蛋白质含量，以及丰富的维生素和矿物元素。如表所示，薏苡米（薏苡仁）中蛋白质含量高于水稻（包括粳稻、籼稻）、高粱、糯米以及荞麦，维生素（VB₁、VB₂ 和 VE）含量也远高于粳稻、籼稻和糯米，Na、Ca 和 Fe 等矿物元素的含量也不同程度的高于大部分谷物，而且薏苡还含有促进儿童大脑发育的锗元素。此外，薏苡还含有赖氨酸、色氨酸、苯丙氨酸、甲硫氨酸、苏氨酸、异亮氨酸、亮氨酸和缬氨酸等人体所必需的全部 8 种氨基酸，且其比例接近人体需要，这种优越的氨基酸组成可以满足营养的均衡摄取需要，显示出较高的食用价值（赵晓红等，2002；谢晶等，2016）。

表 5-2　部分谷物每 100g 食物成分表

（曹君等，2017）

成分＼名称	薏仁米	特级粳稻	特等早籼	高粱米	优糯米	荞麦
能量（kCal）	357	334	346	351	344	324
水分（g）	11.2	16.2	12.9	10.3	14.2	13
蛋白质（g）	12.8	7.3	9.1	10.4	9	9.3

（续表）

成分 \ 名称	薏仁米	特级粳稻	特等早籼	高粱米	优糯米	荞麦
脂肪（g）	3.3	0.4	0.6	3.1	1	2.3
膳食纤维（g）	2	0.4	0.7	4.3	0.6	6.5
碳水化合物（g）	69.1	75.3	76	70.4	74.7	66.5
维生素 B_1（mg）	0.22	0.08	0.13	0.29	0.1	0.28
维生素 B_2（mg）	0.15	0.04	0.03	0.1	0.03	0.16
烟酸（mg）	2	1.1	1.6	1.6	1.9	2.2
维生素 E（mg）	2.08	0.76	0	1.88	0.93	4.4
Na（mg）	3.6	6.2	1.3	6.3	1.2	4.7
Ca（mg）	42	24	6	22	8	47
Fe（mg）	3.6	0.9	0.9	6.3	0.8	6.2

数据来源：《中国食物成分表》

薏苡仁这些丰富而均衡的营养物质使其成为食药兼用的营养保健珍品，并随着人们生活水平的提高，关注度不断提高。传统医学认为长期食用薏苡仁有助于保持皮肤光泽细腻，消除粉刺、雀斑、老年斑、妊娠斑、蝴蝶斑，对脱屑、痔疮、皲裂、皮肤粗糙等都有良好的效果，还可以缓解慢性肠炎、消化不良等症状，对于体弱人群是良好的滋补食品。而现代药理学从薏苡仁各种有效化学成分入手，经广泛而深入的研究表明，薏苡仁的各种有效成分分别或配伍组合在降血糖、抗肿瘤、抑制肥胖、提高机体免疫力、镇痛消炎、抑制骨质疏松、抗氧化、抑菌和降血压等作用方面都具有优秀的表现（表5-3）。其中，以薏苡仁油和薏苡多糖类物质等在营养保健功能方面的效果更为显著。1995年国家即正式批准含10%薏苡仁油的康莱特注射液用于抗癌治疗，其中薏苡仁油是由棕榈酸、油酸、亚油酸等不饱和脂肪酸及其酯类化合物构成的甘油三酯，在抑制肿瘤细胞增殖和扩散方面作用效果显著。根据《中国药典》2015年版，评价薏苡仁质量与药效的指标为甘油三油酸酯（$C_{57}H_{104}O_6$）的含量。合格的薏苡仁干燥品，其甘油三油酸酯的含量不得少于0.50%。但刘聪燕等（2015）以人肺癌细胞株A549和SPC-A-1为试验对象，研究不同产地薏苡仁药效成分含量与体外抗肺癌活性的相关性时发现，薏苡仁的抗肺癌活性与总甘油三酯含量呈正相关，而与甘油三油酸酯含量不具有相关性。因此，暗示薏苡仁在用于抗肿瘤治疗过程中，总甘油三酯含量作为评价其质量与药效的指标可能更为合适。

此外，各种不饱和脂肪酸或其他薏苡仁油组分在在降血脂、抑制肥胖和抑菌等方面也都具有一定的作用效果（表5-3）。薏苡多糖的组分更为复杂，营养保健功能也较为多样，一般认为各种的多糖成分具有降血糖、提高机体免疫力等作用（庄玮婧等，2006；金黎明等，2011；王宁等，2013；谢晶等，2016）。

表5-3 薏苡仁中与营养保健功能相关的营养成分

主要营养保健功能	作用因子
降血糖	薏苡多糖
抗肿瘤	薏苡仁油、薏苡仁酯、不饱和脂肪酸
抑制肥胖（降血脂）	薏苡仁酯、薏苡仁油、薏苡素三萜化合物、亚油酸
提高机体免疫力	中性多糖葡聚糖混合物、酸性多糖
镇痛消炎	薏苡素、薏苡仁麸皮提取物、薏苡仁水提液
抑制骨质疏松	薏苡仁水提液
抗氧化	总酚、黄酮
抑菌	薏苡仁油、茚类化合物、薏苡素
降血压	薏苡素

三、薏苡的药理作用

薏苡仁作为历史悠久的传统中药材和中医食补佳品，具有"健脾消肿、补肺清热、祛风胜湿"等功效，曾经是专供皇室贵族享用的贡品。近年来，随着现代医学和药学的发展，结合针对薏苡化学活性成分的研究，采用多种动物模型和试验方法研究其药理活性和作用。其中最引人瞩目的是薏苡仁及其活性成分提取物在抗肿瘤等方面的药理作用研究。

（一）抗肿瘤

随着社会的发展，人们对于自身健康问题的关注度越来越高，但是对健康生活向往却经常与沉重的工作、生活和精神压力，以及不良的生活习惯等形成了不可调和的矛盾，而矛盾的爆发点往往是无法回避的亚健康状态甚至是各种各样的疾病。在众多的疾病之中，恶性肿瘤犹如高悬在所有人头上的达摩克利斯之剑，它与生或死之间若即若离的关系，无时无刻不在折磨着人们脆弱的神经。根据全国肿瘤登记中心主任陈万青教授等（2016）统计记录，以覆盖8 850万人的数据基础，预计2015年中国有429.2万例新增侵袭性癌症病例和281.4万例死亡，即每天新增病例1.2万、死亡病例0.75万。在这些令人心惊的统计数字背后，既是人们对于恶性肿瘤的恐惧，又体现出人们对于战胜癌症的紧迫需要。因此，各种抗癌药物的研究已经成为医学界研究的重点。据统计，全球各国已批准上市的抗癌药物有 130~150 种，利用这些药物配制成的各种抗癌药物制剂有 1 300~1 500 种（陈清奇，2009），而历史悠久的中药也逐渐成为抗癌药物研究的热点方向。

"肿瘤"在中国传统医学中属"痈疽"一类，至清末"西医东渐"之际，以癌症为代表的恶性肿瘤也是以"痈疽"论。而薏苡仁作为传统中药材，很多验方中提及主治脏腑痈疽，因此成为中药抗肿瘤研究的重要方向。早在 1976 年，由中国工程院院士、浙江中医药大学研究员李大鹏领衔的科研团队就开始进行从中药薏苡仁中提取分离抗癌活性成分的研究课题，最终运用超临界 CO_2 萃取等国际领先技术从薏苡仁中成功获取天然的抗癌活性物质——薏苡仁油，以先进制剂工艺研制而成的可供静、动脉直接大剂量输注的广谱型抗癌新药"康莱特"，并于 1997 年获得卫生部正式生产批文。1999 年，康莱特向美国 FDA（食品药品监督管理局，Food and Drug Administration）提出了新药注册申请，临床前的研究、I 期临床试验（毒性考察）。2004 年康莱特注射液在美国正式进入 II 期临床试验阶段，包括对乳腺癌和前列腺癌的治疗（Basu，2004）。2015 年，康莱特成为第一种在美国本土进入 III 期临床试验阶段的中药注射液，将依靠大规模的人体临床试验，验证康莱特对癌症患者的治疗作用和安全性。

而随着康莱特在国内外癌症治疗中的广泛应用，其抗癌机理研究也在不断深入进行。近十几年的研究表明，康莱特所代表的薏苡仁油对于肿瘤抑制和治疗，呈现出多靶点、多途径、多层次的作用效果，主要表现为诱导肿瘤细胞周期停滞和细胞凋亡、抑制肿瘤细胞增殖、抑制肿瘤细胞浸润与转移、抑制肿瘤血管生成、激活机体免疫功能、放化疗增效减毒、镇痛和提高生存质量以及抑制环氧合酶-2（COX-2）活性等方面（杨红亚等，2007；包三裕等，2011；耿春霞，2014）。

1. 诱导肿瘤细胞周期停滞和细胞凋亡

肿瘤细胞在本质上也是来源于机体正常细胞，但是与正常细胞相比，其细胞周期和细胞凋亡机制呈现出异常状态。正常细胞周期是指从上一次分裂结束开始到下一次分裂结束所经历的完整过程，可以分为两个阶段，即间期和分裂期。其中间期阶段包括 DNA 合成前期（G_1）、DNA 合成期（S）和 DNA 合成后期（G_2）共三期，为有丝分裂完成遗传物质和蛋白质等物质的准备。分裂期阶段即细胞分裂期（M 期），通过有丝分裂的连续变化过程，由一个母细胞分裂成两个子细胞。而 M 期后，部分细胞进入 G_1 期从而可以开始下一个细胞周期，另一部分细胞则脱离细胞周期，在一定时间内停止分裂，即进入 G_0 期。G_0 期细胞同样具有两个发展方向，一是具有重新回到细胞周期的能力，可以再次开始分裂增殖，二是丧失分裂能力，逐渐衰老死亡。但是在肿瘤细胞中，因为 CDKs（周期蛋白依赖性激酶）和 Cyclin（细胞周期蛋白）等细胞周期调控因子功能的失控，或原癌基因、抑癌基因（p53 等）突变导致细胞周期启动与监控机制失效，导致正常细胞周期持续非正常的快速运行，且细胞凋亡机制受到抑制，形成肿瘤细胞的不灭性。因此肿瘤是一类细胞周期性疾病，同时由于发病原因与相关基因突变紧密联系，也可以认为是一种基因病。而细胞凋亡是一种基本生物学现象，在多细胞生物中去除不需要的或异常细胞的一种必要手段，是一种主动行为，细胞凋亡过程可以发生在细胞周期的任一阶段，其过程的紊乱和失控则会使原本应进入凋亡过程的异常细胞继续进入分裂周期，最终成为失控性生长的肿瘤细胞。

目前，研究表明薏苡仁油可以有效的抑制细胞周期运行，并诱导细胞凋亡，特别是以薏苡仁油为主要成分的康莱特注射液已经已经广泛的用于肿瘤的临床医疗，并经实验药理学证明对体内外多种类型的肿瘤细胞具有较强的杀伤和抑制效果。

鲍英等（2004）以人胰腺癌细胞株 Patu-8988 为研究对象，利用 $20\mu l/mL$ 康莱特注射液（薏苡仁油）处理体外培养的 Patu-8988 细胞（胰腺癌细胞），作用 24h 后，流式细胞仪 DNA 含量分析显示，G_2/M 期细胞比率从（17.79 ± 0.16）%上升至（23.96 ± 4.92）%，说明通过使用康莱特可以使 Patu-8988 胰腺癌细胞阻滞于 G_2/M 期。通过基因芯片分析，Patu-8988 细胞中发现参与诱导细胞周期停滞的 p53 基因及其下游 p21 基因上调表达，其中 p53 增加 14.8 倍，p21 增加近 6 倍；而 CDKs（周期蛋白依赖性激酶）和 Cyclin（细胞周期蛋白）等调控蛋白下调表达，其中 Cyclin E2 在经康莱特处理后未检测到基因转录水平。通过 Western blot 验证差异表达基因，结果表明康莱特处理后 p21 蛋白随时间明显增多，而细胞周期蛋白 Cyclin A、Cyclin B1 和 Cyclin E 的含量明显下降，尤其 Cyclin E 在 24h 后含量几乎为 0，相关蛋白水平表达与基因转录差异结果一致。在这些调控因子中，Cyclin B1 蛋白的大量积累是决定细胞周期由 G_2 期进入 M 期的关键，试验中随着康莱特作用时间的延长，Cyclin B1 基因的表达持续降低，因此在 Cyclin B1 蛋白含量下降的影响下，Patu-8988 细胞被阻滞于 G_2/M 期。同时经康莱特处理后，细胞中肿瘤抑制基因 p53 和 p21 的过量表达，与细胞周期 G_2/M 期阻滞发生的时间一致，证明 p21 蛋白通过抑制 Cyclin-CDK 的活性，参与诱导细胞周期停滞。另外，Cyclin E 基因的表达受阻，将直接影响细胞周期由 G_1 期向 S 期的转换，Cyclin E 蛋白含量的降低可以使细胞周期停滞于 G_1 期，因此康莱特对 Patu-8988 细胞的 G_1 期也有一定的阻遏作用，证明了康莱特可以通过影响细胞周期相关调控基因的表达，诱导胰腺肿瘤细胞周期停滞，从而实现抗肿瘤的目的。

苏伟贤等（2008）以人胃癌细胞株 SGC-7901 为研究对象，利用 $5\mu l/mL$、

10μl/mL、15μl/mL 三个不同浓度的康莱特注射液（薏苡仁油）处理体外培养的 SGC-7901 胃癌细胞。经流式细胞仪检测，发现细胞周期分布发生了明显的改变，处于 G_1 期的细胞显著增加，而处于 G_2/M 期的细胞减少，不同浓度组 G_1 期细胞数量与对照相比差异具有统计学意义，各浓度组之间差异也存在统计学意义，证明康莱特对于胃癌细胞周期停滞作用具有明显的剂量依赖性。另一方面也检测到各处理组 G_2/M 期细胞凋亡率有一定程度的提高，同时经酶联免疫吸附法（ELISA）检测到各组中细胞凋亡调控基因 Bcl-2 的表达下调。不同浓度组康莱特作用下，Bcl-2 蛋白水平与对照组差异具有统计学意义，各组间差异也存在统计学意义。诱导细胞凋亡存在 FAS 途径、线粒体途径和内质网途径共 3 种信号通路，而线粒体途径在细胞凋亡过程中发挥着枢纽作用。而 Bcl-2 蛋白特异性的定位于线粒体膜上，是负责细胞凋亡的一种重要的负调控因子，试验中发现处理组 SGC-7901 细胞中的 Bcl-2 蛋白含量显著下降，暗示康莱特可能是通过引起 Bcl-2 基因表达下调，引起细胞周期改变从而诱导胃癌细胞的凋亡。而通过对细胞凋亡的识别因子 Annexin V 的监测发现，经过 24h、48h 和 72h 的处理后，凋亡细胞的比例随康莱特作用时间的延长而增加。

刘翠霞等（2011）以人肺腺癌细胞株 A549 为研究对象，利用 5μl/mL、10μl/mL、15μl/m、20μl/m 和 25μl/m 五个不用浓度的康莱特注射液处理体外培养的肿瘤细胞。流式细胞仪检测各处理组 G1 期细胞均显著增加（$P<0.05$ 或 $P<0.01$），而 S 期细胞明显减少（$P<0.05$ 或 $P<0.01$），证明康莱特可以抑制处于 G0/G1 期的肺腺癌细胞进入 S 期，其中 20μl/m 康莱特作用 48h 时效果最为明显。RT-PCR 和 Western blot 分别测定细胞周期调控基因的转录及相关蛋白表达量的变化，发现细胞周期因子 p21、p27 和 p53 的 mRNA 及蛋白水平显著上升（$P>0.01$）。其中抑癌基因 p53 和 p21 共同构成细胞周期 G1 检查站，减少了受损 DNA 的复制和积累，阻滞受损细胞或异常细胞的细胞周期进程，从而将肿瘤抑制作用与细胞周期控制过程紧密相连。而 p27 通过与细胞周期激酶 E-CDK2、D-CDK4 的结合，抑制激酶的磷酸化，同样可以阻止细胞周期通过。因此康莱特通过上调 p21、p27 和 p53 的表达，调控肿瘤细胞的有丝分裂，于 G1 期阻滞细胞周期进程。

尹蓓珮等（2012）以人肝癌细胞株 SMMC-7721 为研究对象，利用不同浓度的康莱特注射液（薏苡仁油）处理体外培养的 SMMC-7721 肝癌细胞。流式细胞仪检测结果表明，体外培养的 SMMC-7721 肝癌细胞经康莱特注射液（薏苡仁油）处理后，G_1 期缩短而 S 期略有延长，而 G_2/M 期细胞明显高于对照组，表明康莱特对肝癌细胞周期 G_2/M 期由明显的阻碍作用，并存在一定的浓度依赖性。通过 Annexin-V/PI 双染法证明 50μl/mL 康莱特作用 24h 后，SMMC-7721 肝癌细胞凋亡率为 12.38%，比对照组提高了 6 倍多；由于 PI 与 Annexin-V 双阳性细胞显著增多，表明康莱特主要诱导了肝癌细胞的晚期凋亡。经过 Western blot 检测细胞周期蛋白基因的表达，发现经康莱特作用 48h 后，肝癌细胞 Cyclin D1 和 Cyclin E 基因表达下调，其中 Cyclin E 蛋白在 G_1/S 转换过程中与周期蛋白依赖性激酶 2（CDK2）形成复合物，并激活酶活性，促进细胞启动 DNA 合成，从而使细胞周期不可逆的进入 S 期，Cyclin E 的过量表达将导致细胞增殖的失控，从而产生癌变，而 Cyclin D1 同样是在多种肿瘤中呈现出高表达的现象。因此，康莱特通过下调 Cyclin E 和 Cyclin D1 的表达，阻滞细胞周期进程。梁铁军等（2006）在研究康莱特对 HepG2 肝癌细胞的作用时，同样检测到 Cyclin D1 和 Cyclin E 蛋白表达的下调现象（$P<0.05$），并认为康莱特通过抑制二者的表达，阻止了 $P105^{Rb}$ 磷酸化，使活化的 $P105^{Rb}$ 结合转录因子 E2F，并使 E2F 处于失活状态从而将细胞周期进程阻滞在 G_0/G_1 期。

2. 抑制肿瘤细胞增殖

恶性肿瘤的共同生物学特征是细胞周期的失控及细胞凋亡机制的异常，直接导致了细胞增殖失衡与细胞失控增长。而肿瘤细胞增殖程度越高，则肿瘤组织生长越快，也越容易发生转移，通常就意味着肿瘤恶性程度越高。而众多研究发现，康莱特可以有效的抑制肿瘤细胞生长，阻碍肿瘤细胞的增殖，并在蛋白质及基因表达水平上，对其抗肿瘤机理进行解释和说明。

苏伟贤等（2008）发现康莱特（薏苡仁油）通过阻止细胞周期和诱导细胞凋亡，从而抑制胃癌细胞 SGC-7901 的增殖，而且呈现出明显的时间-浓度依赖性，随药物浓度的增加、作用时间的延长，胃癌细胞生长率逐渐降低，抑制作用明显加强。

蔡琼等（2010）以人原位胰腺癌细胞株 BxPC-3 为研究对象，设置空白对照组（0μl/m）、高剂量组（10μl/m）、中剂量组（20μl/m）和低剂量组（5μl/m）的薏苡仁油处理体外培养的肿瘤细胞，并从 0h 开始，每 12h 为一个时间点，共 6 个时间梯度标记点。MTT 法检测发现所有加药组的细胞活性均低于同时间点的空白对照组，其中高剂量组在 24h、36h 和 60h 时，与对照组数据相比存在显著性差异（$P<0.05$）；中剂量组在 36h 时细胞增殖活性与对照组存在显著性差异（$P<0.05$）；而低剂量组在 60h 时与对照相比差异不显著（$P>0.05$）。ELISA 试验结果表明，BxPC-3 细胞经薏苡仁油作用后，72h 加药组对 IL-18（白细胞介素 18，Interleukin 18）蛋白的表达量明显高于空白对照组，且存在显著性差异（$P<0.05$ 或 $P<0.01$），且加药组 72h 内 IL-18 蛋白表达量的最小值高于空白对照组 72h 内的最大值。IL-18 能激活 NK 细胞（自然杀伤细胞，natural killer cell），促进 Th1 细胞增殖，诱导 IL-2 等 Th1 类细胞因子的产生，增强 T 淋巴细

胞的分化增殖，调节免疫功能，增强机体杀伤肿瘤细胞的能力。但是该研究发现薏苡仁对胰腺癌 BxPC-3 细胞表达 IL-18 的诱导可以抑制肿瘤细胞的增殖和生长，但在时间点上并不同步，因此 IL-18 并非是主要因素。另外，试验中还证明了薏苡仁油对于正常细胞（人脐静脉内皮细胞株 HUVEC）并无毒性抑制作用，说明其药物应用安全系数相对较高。

刘翠霞等（2011）利用康莱特处理体外培养的 A549 人肺腺癌细胞，经过 RT-PCR 和 Western blot 检测，发现 PCNA（增殖细胞核抗原，Proliferating Cell Nuclear Antigen）mRNA 和蛋白的表达显著下降（$P<0.01$）。PCNA 为细胞 DNA 合成必需的蛋白质，其表达水平与肿瘤细胞增殖程度呈正比，肿瘤细胞增殖程度越高，则肿瘤组织生长越快，也越容易发生转移，恶性程度越高。因此康莱特可以通过下调 PCNA 的表达，抑制肺腺癌细胞的增殖作用。

武晋荣等（2012）以小鼠 Hepal-6 肝癌细胞株为研究对象，利用不同浓度的康莱特注射液处理体外培养细胞。经 MTT 法检测细胞抑制情况发现，随着康莱特剂量的逐渐增加和作用时间的逐渐延长，其对 Hepal-6 肝癌细胞的生长抑制率逐渐增加，不同浓度的处理组与对照组相比均存在显著性差异（$P<0.01$）。通过细胞形态观测也可以证明随着给药浓度的增加，肝癌细胞的的分裂相逐渐减少，传代能力逐渐下降直至消失，出现悬浮现象。试验中发现以 10mL/L、30mL/L 和 50mL/L 剂量效果最为显著，在作用于 Hepal-6 肝癌细胞 48h 后，细胞凋亡率分别为（7.86 ± 0.40）%、（12.34 ± 1.09）% 和（28.67 ± 0.85）%，而对照组仅为（2.88 ± 0.30）%，存在显著性差异（均 $P<0.01$）。因此证明，康莱特通过诱导小鼠 Hepal-6 肝癌细胞发生凋亡，使细胞的增殖进程受到抑制。

尹蓓珮等（2012）发现 10μl/mL 的康莱特（薏苡仁油）作用于体外培养的 SMMC-7721 肝癌细胞，可以使细胞边界逐渐模糊，折光性差，细胞增殖能力开始下降；20μl/mL 的康莱特（薏苡仁油）使肝癌细胞状态进一步受到影响，并可以观测到部分药物颗粒进入细胞内部；40μl/mL 的康莱特（薏苡仁油）作用下，SMMC-7721 肝癌细胞的生长受到明显的抑制，药物颗粒大量进入细胞，部分细胞裂解呈现碎片状。CCK-8 细胞增殖试验表明，10μl/mL 的康莱特在 24h 和 48h 的细胞相对增殖率为 80.54% 和 60.99%；20μl/mL 的康莱特在 24h 和 48h 的细胞相对增殖率为 64.85% 和 50.22%；而 40μl/mL 的康莱特对于细胞增殖率的影响与 20μl/mL 实验组相似。结果证明，康莱特对于 SMMC-7721 肝癌细胞的增殖具有明显的抑制作用，并具有时间和浓度的依赖性。

李莉等（2016）通过构建小鼠肺癌 Lewis 细胞移植瘤模型，研究腹腔注射 6.25mL/kg、12.5mL/kg 和 25mL/kg 三个不同剂量组的康莱特注射液（薏苡仁油）对于 Lewis 肺癌细胞的作用效果。每 12h 给药 1 次，连续给药 14d 以后，处死小鼠，完整剥离肿瘤并称重。结果表明对照组平均瘤重（2.03±0.03）g，而高、中、低三个剂量组平均瘤重分别为（1.98±0.03）g、（1.19±0.02）g和（1.01±0.03）g。其中，高、中剂量组瘤重与对照组差异存在统计学意义（$P<0.05$），证明高、中剂量的康莱特注射液可以在一定程度上抑制Lewis肺癌小鼠肿瘤的生长，抑制率分别为50.21%和41.59%。

3. 抑制肿瘤细胞的浸润与转移

浸润和转移均为恶性肿瘤的生长特性，代表肿瘤细胞侵犯和破坏了周围正常的组织结构，促进了病灶的扩散。浸润是肿瘤细胞黏连、酶降解、移动以及在基质内增殖等一系列过程的表现，最终在组织间隙呈现异常分布的现象。转移是指恶性肿瘤细胞脱离其原发部位，通过各种渠道的转运，到不连续的靶组织继续增殖生长，在基质中不断增生，形成新的同样性质肿瘤的过程。浸润和转移是互有联系的不同病理过程，浸润是转移的前奏，但并不等于一定发生转移，然而转移必定包含一个浸润的过程，它们共同构成恶性肿瘤的播散。康莱特在用于肿瘤治疗过程中，可以通过抑制肿瘤的扩散与转移，控制继发瘤的产生，缓解肿瘤症状。

黄挺等（2008）通过接种W256癌肉瘤建立Wistar大鼠肝癌转移模型，观察康莱特注射液对大鼠荷瘤脾重与肝癌转移灶的抑制效果，并测定其对瘤组织内基质金属蛋白酶-1（MMP-1）及肝细胞生长因子（HGF）表达的影响。试验发现对照组脾脏肿瘤平均瘤重为（2.41±0.35）g，康莱特给药组平均瘤重为（1.44±0.30）g，与对照相比差异具有显著性（$P<0.01$）；对照组肝癌转移灶数为（12.5±2.54）个，康莱特组肝癌转移灶数平均为（7.3±2.30）个，与对照组相比肝癌转移率达71.23%，呈现显著性差异（$P<0.01$）；康莱特组MMP-1表达量与对照组相比明显减少，且具有显著性差异（$P=0.042<0.05$），而康莱特组HGF表达水平低于对照组，但无显著性差异（$P=0.146$）。MMP-1最适底物是纤维型胶原，主要降解血管壁中的胶原成分，而肝血窦内皮间仅含极微量的纤维型胶原，因此MMP-1高表达的细胞株更容易在肝脏形成转移灶。另外与MMP-9相似，肿瘤细胞所表达的MMP-1能够溶解ECM，使其他细胞生长因子更易进入到肿瘤细胞周围，刺激肿瘤细胞的生长。而HGF是强大的促运动剂，能导致细胞间黏附力下降，肿瘤细胞群落分散，使肿瘤细胞骨架变化，运动能力增强，更具有侵袭性。研究结果表明抑制MMP-1的表达是康莱特注射液抑制肝癌转移的主要机制之一，而康莱特组HGF阳性表达率低于对照组，但无显著性差异可能与样本量过小有关。

王飞等（2011）采用脾接种（人结肠癌高转移细胞株LoVo）并保留脾脏的方法建立结肠癌肝转移裸鼠模型，接种培养后检测肝脏转移状态，并采用ELISA

法检测肿瘤组织上清液中 OPN 浓度。结果表明，45d 后经肉眼及光镜观测肝脏表面及剖面并进行统计，空白对照组平均肝转移结节个数为（5.67±1.50）个，而康莱特组为（2.83±1.17），与对照相比有明显下降，且存在显著性差异（$P<0.01$）。对照组 OPN 平均值为（54.67±5.05）ng/mL，而康莱特组 OPN 平均值为（42.83±6.24）ng/mL，与对照组相比显著下降（$P<0.05$）。OPN 是含有 RGD 结构残基（精氨酸-甘氨酸-天冬氨酸，Arg-Gly-Asp）的磷酸化酸性糖蛋白，其 RGD 序列通过与受体整合素 CD44 等结合促进肿瘤细胞的趋化、黏附和迁移，在结肠癌及肝转移灶中呈现高表达状态。因此 OPN 含量的下降，证明康莱特可以通过下调 OPN 的表达，有效的抑制肿瘤的增长和转移。

尹蓓珮等（2012）在针对 SMMC-7721 肝癌细胞的划痕试验 48h 后，20μl/mL 的康莱特（薏苡仁油）处理组与对照相比细胞迁移变少，而 40μl/mL 的康莱特处理组肝癌细胞的迁移能力受到了显著抑制，划痕宽度与对照组性比差异明显。Transwell 小室穿膜试验中，在血清的趋化作用下，经 40μl/mL 的康莱特处理后穿过滤膜的肝癌细胞数量与对照组相比有一定程度的减少。Matrgel 克隆形成试验中，20μl/mL 的康莱特处理后的 SMMC-7721 肝癌细胞在 Matrgel 基质胶内形成的克隆数量少于对照组，而且克隆体积偏小；40μl/mL 的康莱特处理的效果与 20μl/mL 的处理组相似。研究结果表明经康莱特（薏苡仁油）作用后，SMMC-7721 肝癌细胞的运动、形变及克隆形成能力减弱，证明与肿瘤发生发展密切相关的增殖、迁移和侵袭三大恶性生物学行为等得到了明显的抑制。

印滇等（2012）以体外培养人结肠癌细胞株 LoVo 为研究对象，以康莱特作用于肿瘤细胞后，分别检测癌细胞表达骨桥蛋白（OPN）、基质金属蛋白酶-9（MMP-9）和尿激酶型纤溶酶原激活物（uPA）的变化，研究康莱特对消化道肿瘤转移的影响。OPN 具有明显促进肿瘤恶化的倾向，可视其为一种恶性肿瘤生长的血清标志。OPN 能抑制 NO 的产生从而提高转移细胞的存活力，因此在肿瘤的转移过程中也发挥重要作用，也可以看作是肿瘤已发生转移的标志物，肿瘤转移病人血清中 OPN 水平明显升高。MMP-9 属于基质金属蛋白酶（matrix metallo-protein，MMP）家族，是重要的细胞外基质降解酶，主要功能是降解和重塑 ECM（细胞外基质，extracellular matris）的动态平衡。MMP-9 由肿瘤细胞以酶原的形式分泌，经水解后激活，可降解 IV 型胶原从而破坏基底膜的完整性，释放大量的促生长因子，使肿瘤细胞可沿着缺失的基膜向周围组织侵袭，促进肿瘤的浸润和转移。uPA 蛋白通过与肿瘤细胞表面的受体结合后，形成活化的 uPA，可降解 ECM 中多种成分的降解，促使肿瘤的浸润和转移。试验结果表明康莱特通过下调 OPN、MMP-9 和 uPA 的表达，从分子水平上抑制 LoVo 肿瘤细胞的转移和侵袭。

李莉等（2016）研究发现康莱特可以通过影响 Lewis 肺癌小鼠肿瘤微环境中的 TAM（Tumour-associated macrophages，肿瘤相关巨噬细胞）细胞的数量、改善上皮间质化现象，抑制癌细胞的侵袭和转移。其中 TAM 在肿瘤微环境中偏向极化为 M2 表型（替代活化型），可以通过破坏内皮细胞的基底层和细胞间连接，调节细胞外基质的组成，促使肿瘤细胞的迁移，也可以促进肿瘤细胞的淋巴结转移和浸润。而 Vimentin（波形蛋白）也与上皮源性肿瘤细胞的侵袭和转移密切相关。相反，E-cad（E-cadherin，上皮细胞钙黏附蛋白）是介导同型细胞间黏附的重要分子，抑制肿瘤细胞的发生。因此康莱特可以通过降低肿瘤组织中 TAM 比例，抑制 Vimentin 蛋白基因表达，同时上调 E-cad 蛋白基因的表达等方式，延缓肿瘤发生上皮-间质转化（emithelial-mesenchymal transition，EMT），从而阻止肿瘤细胞的侵袭和转移。

印滇等（2012）以体外培养人结肠癌细胞株 LoVo 为研究对象，以康莱特作用于肿瘤细胞后，分别检测癌细胞表达骨桥蛋白（OPN）、基质金属蛋白酶-9（MMP-9）和尿激酶型纤溶酶原激活物（uPA）的变化，研究康莱特对消化道肿瘤转移的影响。OPN 具有明显促进肿瘤恶化的倾向，可视其为一种恶性肿瘤生长的血清标志。OPN 能抑制 NO 的产生从而提高转移细胞的存活力，因此在肿瘤的转移过程中也发挥重要作用，也可以看作是肿瘤已发生转移的标志物，肿瘤转移病人血清中 OPN 水平明显升高。MMP-9 属于基质金属蛋白酶（matrix metallo-protein，MMP）家族，是重要的细胞外基质降解酶，主要功能是降解和重塑 ECM（细胞外基质，extracellular matris）的动态平衡。MMP-9 由肿瘤细胞以酶原的形式分泌，经水解后激活，可降解 IV 型胶原从而破坏基底膜的完整性，释放大量的促生长因子，使肿瘤细胞可沿着缺失的基膜向周围组织侵袭，促进肿瘤的浸润和转移。uPA 蛋白通过与肿瘤细胞表面的受体结合后，形成活化的 uPA，可降解 ECM 中多种成分的降解，促使肿瘤的浸润和转移。试验结果表明康莱特通过下调 OPN、MMP-9 和 uPA 的表达，从分子水平上抑制 LoVo 肿瘤细胞的转移和侵袭。

4. 抑制肿瘤血管生成

在肿瘤转移过程中，肿瘤细胞的转运和生长与肿瘤血管的形成密不可分。1971 年，Folkman 首先发现了新生血管的生成与肿瘤生长之间的关系，提出肿瘤血管的形成是肿瘤的生长和转移的必要条件。实体瘤超过 $2mm^3$ 以上时，必须要有新生血管的支持才能与肿瘤宿主的血管系统保持一定的连续性，而且肿瘤的转移和转移部位的生长也有赖于肿瘤组织血管新生。肿瘤血管具有脆性较大和渗透性较高等结构特异性，也有利于肿瘤细胞的转移与扩散。因此，血管新生是肿瘤增生、扩散和微转移灶发展的重要条件之一（黄竞荷等，2002）。因此，通过抑制肿瘤血管的生成，可以有效的阻滞肿瘤生长和转移。

冯刚等（2004）建立小鼠肉瘤 S180 细胞株荷瘤鼠模型，研究康莱特对于肿瘤生长及肿瘤血管形成的抑制作用。经过治疗后，25mL/kg 大剂量康莱特处理组瘤重为（0.814±0.23）g，与对照组瘤重（1.513±0.54）g 相比，抑瘤率为 46.21%（$P<0.01$）；12.5mL/kg 和 6.25mL/kg 中、小剂量康莱特处理组瘤重分别为（0.912±0.21）g 和（1.082±0.35）g，与对照组相比，抑瘤率分别为 39.72%（$P<0.05$）和 28.51%（$P<0.05$）。经免疫组化 SABC 法染色后可观察到大剂量康莱特处理组 MVD 为（9.64±3.07）条/m²，与对照组（16.747±5.23）条/m²相比，具有显著性差异（$P<0.01$）；中小剂量康莱特组 MVD 分别为（13.19±3.87）条/m²、（14.51±2.98）条/m²，与对照组相别在 0.05 水平上存在显著性差异。免疫组化结果显示 VEGF（血管内皮生长因子，vascular endothelial growth factor）和 bFGF（碱性成纤维细胞生长因子）蛋白在 S180 肉瘤组织中成高表达水平，而大、中剂量康莱特组对两种生长因子的表达具有显著的抑制作用（$P<0.05$，$P<0.01$）。VEGF 是最有效的促血管生长因子，能直接作用于血管内皮细胞促进血管内皮细胞增殖，增加血管通透性。bFGF 在血管形成、促进创伤愈合与组织修复、促进组织再生和神经组织生长发育过程中起着十分重要的作用。试验结果表明足够剂量的康莱特通过下调 VEGF 和 bFGF 蛋白的表达，抑制肿瘤血管的形成，最终阻滞了肿瘤的生长。

余涛等（2016）以人结肠癌细胞株 HCT116 为研究对象，观察薏苡仁油对血管生成拟态（VM）的影响。通过三维培养观察 VM 形成，对照组 HCT116 在模拟细胞外基质的胶原上形成大量完整的 VM 结构，而 5μL/mL 薏苡仁油处理组中完整 VM 结构明信减少，而 10μL/mL 薏苡仁油处理组则几乎未见到完整的 VM 结构。划痕试验检测薏苡仁油对 HCT116 细胞迁移能力的影响，发现对照组、5μL/mL 和 10μL/mL 薏苡仁油处理组的平均迁移距离依次缩小，迁移率分别为 17.07%、9.19% 和 2.10%，两处理组与对照组均存在差异性差异（$P<0.05$）。蛋白印迹法检测发现与对照组相比，薏苡仁油处理对于 Mig-7 蛋白（迁移诱导蛋白 7）表达具有明显的抑制作用，其中 10μL/mL 处理组的抑制作用比 5μL/mL 更显著，二者存在显著性差异（$P<0.05$）。VM 是一种不依赖于内皮细胞的新型肿瘤供血管道，主要由肿瘤细胞通过自身表型和胞外基质重塑围绕，作为传统微循环结构的补充，和内皮依赖性血管一起为肿瘤的生长和转移提供必要条件。而 Mig-7 蛋白是分布在细胞膜上和内皮细胞钙黏蛋白相邻，可促进 MMP-2 的表达，是 VM 形成的重要条件，在 VM 形成过程中具有重要的调控作用。因此，试验结果表明，薏苡仁油通过下调 Mig-7 的表达，抑制肿瘤 VM 的形成，从而阻滞肿瘤生长和迁移，并表现出明显的浓度依赖性。

李莉等（2016）发现康莱特注射液可以通过降低 TAM 比例，而 M2 型 TAM 通过释放 MMP-2、MMP-9 等物质降解细胞外基质，促进血管内皮迁移，诱导血管新生，并可以释放许多血管活性物质如 P 物质、血管通透因子（VPF）、前列腺素 E（PGE）等增加血管的通透性，促进肿瘤的生长。因此使用康莱特注射液可以抑制肿瘤新生微血管的生成。

陈星等（2016）建立人型结肠癌 HT-29 裸鼠皮下移植瘤模型作为研究对象，利用动态增强磁共振（DCE-MRI）技术研究康莱特抑制肿瘤血管生成的作用效果。试验通过 DCE-MRI 图像处理与数据分析获得反应肿瘤微血管通透性的各项参数，包括对比剂容积转运常数 K^{trans}，血管外细胞外容积分数 V_e，血浆空间容积分数 V_p，计算出速度常数 K_{ep}。试验结果表明，康莱特治疗后 7h、14h 和 21h 三个时间点，实验组 K^{trans} 及 K_{ep} 较对照组明显减小，差异有统计学意义（$P<0.05$），而实验组和对照组的 V_p 和 V_e 在组间及组内均无显著性差异（$P>0.05$）。通过微血管技术发现，实验组三个时间节点的微血管密度（MVD）分别为（8.3±0.6）条/每视野、（6.0±0.4）条/每视野和（5.0±0.7）条/每视野，而对照组三个时间节点 MVD 分别为（16.4±0.7）条/每视野，（20.4±0.9）条/每视野和（24.4±1.0）条/每视野。结果显示实验组和对照组各时间节点的 K^{trans} 和 K_{ep} 与 MVD 之间均有良好的相关性。K^{trans} 和 K_{ep} 值与血流的组织灌注量和血管渗透性相关，可同时反映肿瘤内新生血管的程度。研究结果表明，治疗组 K^{trans} 和 K_{ep} 值的逐渐降低，证明康莱特能够抑制肿瘤血管的新生，降低肿瘤血管的渗透性，减慢 DCE-MRI 所用对比剂的交换速率，促进血管的正常化。

5. 对机体免疫功能的影响

在肿瘤病灶存在的条件下，机体免疫功能包括对肿瘤的特异性免疫和非特性免疫的总和。正常情况下，机体依赖完整的免疫机制来有效地监视和排斥癌变细胞，阻滞肿瘤病灶的产生。当肿瘤特异性抗原的识别机制和免疫杀伤机制异常时，癌变细胞增殖并最终形成肿瘤或促进肿瘤的生长。而在肿瘤治疗过程中，通常先用常规疗法清扫大量的肿瘤细胞后，再用免疫疗法清除残存的肿瘤细胞，可提高肿瘤治疗的效果。肿瘤免疫治疗主要方式是激活机体的抗肿瘤免疫应答，同样包括非特异性免疫和特异性肿瘤免疫机制。康莱特在大量的体外及临床试验中发现可以有效的诱导激活机体的免疫功能。

姚玉龙等（2002）以移植性动物肺癌细胞株 Lewis 小鼠荷瘤为研究对象，经口灌胃不同剂量（2.5mg/kg、5.0mg/kg 和 10.0mg/kg）康莱特胶囊，探寻小鼠免疫机能的变化。结果表明，5.0mg/kg 和 10.0mg/kg 的康莱特对荷瘤小鼠具有明显的促进淋巴细胞增殖作用（$P<0.01$），并显示出明显的剂量相关性；同时可

以促进 IL-2 的表达量，并激活 NK 细胞活性，与对照相比，差异均存在统计学意义（$P<0.01$）。通过耐缺氧和游泳试验证明，口服康莱特可以有效提高试验小鼠的存活时间，表现出增强机体非特异性抵抗能力和抗疲劳作用。

杨昕光等（2007）以肿瘤根治后行辅助化疗的肺癌患者为研究对象，通过 OT 试验（结核菌素试验）及巨噬细胞吞噬功能检测，研究康莱特静脉滴注治疗对于术后化疗患者免疫功能的作用及机体细胞免疫功能的变化。试验结果表明康莱特治疗组 OT 皮试反应能力及巨噬细胞吞噬率显著高于对照组（$P<0.05$）。其中 OT 皮试是具有代表性的细胞免疫功能活性的客观指标；而巨噬细胞能够识别肿瘤并表现出非特异性肿瘤杀伤作用。因此在肺癌患者的化疗过程中联合使用康莱特注射液对肺癌患者免疫功能的恢复具有重要意义，且针对康莱特治疗组肝肾功能、血常规、凝血相机心电图检查均为发现严重不良现象，证明了其对人体正常机能的安全性。

李莉等（2016）采用腹腔注射康莱特研究 Lewis 肺癌荷瘤小鼠的脾脏指数，高、中、低三个不同剂量组的脾脏指数分别为（4.70±0.04）、（4.13±0.02）和（3.15±0.02），与对照组（2.31±0.04）相比，差异均有统计学意义（$P<0.05$）。而脾脏作为免疫器官，脾脏指数可以作为评价机体免疫功能的指标之一。因此证明康莱特注射也对 Lewis 肺癌荷瘤小鼠的免疫功能具有一定的保护作用。

谢有科等（2016）以晚期乳腺癌患者为研究对象，以健康人群为对照，研究康莱特对晚期乳腺癌患者外周血 CD4$^+$ 及 PD-1（程序性死亡分子）阳性 T 细胞比例的影响，探寻康莱特诱导抗肿瘤免疫的作用。PD-1 是细胞免疫负性调控分子，主要表达在淋巴细胞（如 CD4+T 淋巴细胞）表面。CD4+T 淋巴细胞是人体免疫系统中重要的免疫细胞，是 T 淋巴细胞的一种，不仅辅助 CD8+T 细胞杀伤肿瘤细胞，而且 CD4+T 细胞在肿瘤免疫中具有免疫记忆，也可以通过 IFN-γ 依赖性等机制直接杀伤肿瘤细胞的作用。当 PD-1 在 CD4+T 淋巴细胞表面表达增加，CD4+PD-1+T 淋巴细胞比例升高，代表肿瘤免疫逃逸（Tumor escape）处于高峰状态。试验结果显示，晚期乳腺癌患者 CD4+T 淋巴细胞低于健康人群（$P<0.001$），而 CD4+PD-1+T 淋巴细胞高于健康人群（$P<0.003$），说明晚期乳腺癌患者机体免疫功能处于免疫低下状态。而经过康莱特静脉滴注治疗后，晚期乳腺癌患者外周血 CD4+PD-1+T 细胞比例较治疗前显著降低，而 CD4+T 细胞显著增高，且均达到了显著性差异（$P<0.01$）。证明康莱特治疗后，在上调机体免疫力的同时，减弱肿瘤免疫耐受性，有助于诱导特异性肿瘤免疫，提高机体抗肿瘤免疫水平。但是 CD4+PD-1+T 淋巴细胞水平后仍然高于健康人群的数值，也证明了康莱特阻断 PD-1/PD-L1 通路的能力相对较弱，在治疗时应辅以其他治疗手段共同作用。

秦银忠（2016）以晚期非小细胞肺癌（NSCLC）初治患者为研究对象，发现康莱特配合化疗治疗方案（观察组）可以有效的维持患者免疫系统中 T 细胞亚群（CD4+、CD8+、CD4+/CD8+）和 NKT 细胞（CD3+、CD56+）的活性，治疗前后活性差异并无显著性差异（$P>0.05$），而单纯化疗方案患者（对照组）治疗后各淋巴细胞活性均显著下降（$P<0.05$），且治疗后观察组者的各淋巴细胞活性均明显强于对照组（$P<0.05$）。在免疫球蛋白方面，观察组在治疗前后血清 IgG、IgA 和 Igm 均有一定程度的降低，但前后含量水平差异并无统计学意义（$P>0.05$）；而对照组在治疗后有明显的降低（$P<0.05$）。在疗程结束后，对照组免疫球蛋白 IgG 水平也明显低于治疗组（$P<0.05$）。结果证明康莱特结合化疗治疗 NSCLC 时可以有效提高患者的免疫能力。

6. 放化疗有增效减毒作用

目前，手术、化疗、放疗仍然是恶性肿瘤治疗的三大支柱手段。根据癌症种类和病灶部位的不同，放化疗可以用于根治性治疗、姑息性治疗、术前辅助治疗和术后辅助治疗等多种治疗手段。但化疗的副作用是全身性的并且需要更长的时间去恢复。但是很多癌症治疗所需的大剂量放化疗，在杀灭癌细胞的同时也降低了体内抗氧化酶活性，而使患者出现脂质过氧化作用增强，引起组织细胞过氧化损伤，导致心、肝、肾等重要脏器功能受损。具研究表明，在疗效相同的条件下，即使放射剂量减少 10%，也会明显地降低放射副作用和后遗症，从而提高患者的生存质量。而康莱特在治疗过程中，可以配合放化疗，有效的提高肿瘤细胞对于放化疗的敏感性，提高治疗效果，同时可以相应的降低治疗所需的剂量，减少放化疗对于人体机能的损伤。

王俊杰等（1999）以临床放射治疗不敏感的肾癌肿瘤细胞作为研究对象，以人肾颗粒癌细胞株 GRC-1 体外培养至细胞生长指数期，添加 0.2mg/mL 康莱特注射液作为处理组，并以空白乳剂为对照组，培养 48h 后进行放射线照射。结果表明康莱特处理组 D_0 值为 90.44 cGy，而空白乳剂组和空白对照组 D_0 值为别为 139.40 cGy 和 131.40 cGy。D_0 值（平均致死剂量）表示受照射细胞在高剂量区的放射敏感性，D_0 值越大，细胞对放射越抗拒。因此，康莱特处理可以显著的提高 GRC-1 肾癌细胞的放射敏感性（$P<0.05$），增敏比分别为 1.54 和 1.45。采用 SP™法进行免疫细胞化学分析，发现康莱特处理组的肿瘤细胞在经射线照射后，bcl-2 基因表达下调，与对照相比差异达到显著水平（$P<0.01$）。Bcl-2 基因（B 淋巴细胞瘤-2）可以增强细胞对大多数 DNA 损伤因子的抵抗性，抑制细胞凋亡的发生。因此 Bcl-2 基因的表达量下降证明康莱特可以使肾癌细胞对射线诱发细胞凋亡作用更加敏感。同样试验中发现 PCNA 表达上调，也从侧面证明了肾癌细胞对射线敏感性的增加。

李毓等（2005）建立人鼻咽癌细胞株 CNE-2Z 荷瘤裸鼠模型，研究康莱特对于 γ 射线辐射效应的影响。试验结果表明，经康莱特与处理的荷瘤裸鼠，γ 射线照射后，肿瘤缩小更为明显，根据康莱特剂量大小不同增敏率在 7.19% ~ 26.28%。同时照射后实验组肿瘤体积回复到照射前水平所需的时间较对照组长，时间延长率根据康莱特剂量不同处于 8.07% ~ 36.38%。试验结果表明，裸鼠移植瘤经照射后，生长受到抑制，经康莱特处理再照射后，杀伤作用更加明显，具有显著的增敏作用，并与该药剂量呈正相关。同时康莱特对于肿瘤放射损伤修复所需时间也明显延长。

胡笑克等（2000）以体外培养的人鼻咽癌细胞株 CNE-2Z 细胞为实验对象，研究薏苡仁酯对 γ 射线照射效果的影响。首先在无 γ 射线照射的情况下，CNE-2Z 细胞的克隆形成率不受加入薏苡仁酯（10^{-7} mol/L，$10^{-6.5}$ mol/L 和 10^{-6} mol/L）的影响，与对照组相比没有显著性差异（$F = 0.42 < 3.10$，$P > 0.05$）。而经 γ 射线照射后 CNE-2Z 细胞的集落形成收到抑制，存活分数下降，并与射线剂量成正比。加入不同剂量（10^{-7} mol/L，$10^{-6.5}$ mol/L 和 10^{-6} mol/L）的薏苡仁酯，放射剂量-存货曲线左移，D_0 值和 D_q 值下降，SER（增敏比，Sensitization enhancement ratio）上升。并且分别在放射前后加入 10^{-6} mol/L 薏苡仁酯的处理组，在 CNE-2Z 细胞克隆形成抑制率方面没有显著差异（$t = 0.956 < 1.372$，$P > 0.2$）。试验数据中，D_0 值（平均致死剂量）的下降，代表 CNE-2Z 细胞对辐射的敏感性上升；D_q 值（准阈剂量，quasithreshold dose）表示开始照射到细胞呈指数性死亡时所"浪费"的剂量，其下降证明达到同样的治疗效果可以减少放射剂量，也表明产生了明显的增敏作用，也就是 SER 的升高，同时 SER 也随着薏苡仁酯剂量的增加而升高。推测薏苡仁酯对于放射增敏的机理可能与增加肿瘤细胞的耗氧量有关。此外，照射前后加入薏苡仁酯也没有明显差异。

秦银忠（2016）将 120 例晚期非小细胞肺癌（NSCLC）初治患者等量随机分成观察和对照两组，观察组给予康莱特注射液配合放疗治疗方案，对照组给予单纯放疗治疗方案。2 个月疗程过后，治疗结果表明，观察组总有效率（完全缓解 CR+部分缓解 PR）为 51.67%，疾病控制率 DCR（完全缓解 CR+部分缓解 PR+稳定 SD）为 81.67%，；而对照组总有效率为 20.00%，疾病控制率 DCR61.67%。两组相比，观察组总有效率及疾病控制率均有显著提高（$P < 0.05$），证明康莱特配合放射治疗对 NSCLC 患者存活率、缓解率的提高具有重大意义，存在重要的临床使用价值。

姚玉龙等（2002）研究发现不同剂量（2.5mg/kg、5.0mg/kg 和 10.0 mg/kg）康莱特胶囊经口灌胃荷瘤小鼠（移植性动物肺癌细胞株 Lewis）后，在 20d 内对化疗药物 CTX（环磷酰胺）所引起的白细胞减少具有明显的治疗作用

（$P<0.01$，$P<0.05$），剂量与升白作用呈正相关。证明康莱特对化疗产生的免疫力下降的副作用具有一定的修复功能。

印滇等（2012）采用 MTT 法检测康莱特配合化疗药物 CTX 对体外培养的人结肠癌 LoVo 细胞株细胞毒作用。单独使用康莱特、CTX 及二者联合使用三组细胞存活率分别为 63%、57% 和 38%，与空白对照组相比均达到显著性差异（x^2 分别为 45.90、54.78 和 89.86，$P<0.05$）。联合使用组与单一使用康莱特、CTX 相比，肿瘤细胞存活率显著降低（x^2 分别为 12.50、7.29，$P<0.05$）。同时联合使用组肿瘤细胞迁移数为 21±0.9，而单一使用 CTX 细胞迁移数为 45±1.3，二者存在显著性差异（$t=33.94$，$P<0.05$）。证明了康莱特与化疗有协同作用，联合使用可以更加有效的抑制肿瘤细胞的增殖和转移，显著提高化疗效率。

7. 镇痛和生存质量

疼痛已经被现代医学列为继体温、脉搏、呼吸、血压之后的第五大生命体征。研究表明 75%~95% 的晚期和转移的癌症和恶性肿瘤患者都有疼痛的症状，其中 45% 的癌症患者疼痛未得到有效缓解（李国度等，1999）。在生理机制上，癌痛主要为内脏痛，表现为定位不明确，挤压痛、胀痛或牵拉痛。癌痛严重影响了肿瘤患者的生活质量。癌症疼痛程度的分级标准有很多，其中 WHO（世界卫生组织，World Health Organization）划分为 5 个等级，0 度：不痛；I 度：轻度痛，为间歇痛，可不用药；II 度：中度痛，为持续痛，影响休息，需用止痛药；III 度：重度痛，为持续痛，不用药不能缓解疼痛；IV 度：严重痛，为持续剧痛拌血压、脉搏等变化。数字分级法（NRS），由数字 0~10 依次表示疼痛程度，0 表示无疼痛，1~3 表示轻度疼痛，4~6 表示中度疼痛，7~10 表示重度疼痛，其中 10 表示最剧烈的疼痛。根据主诉疼痛的程度分级法（VRS 法），是将疼痛测量尺与口述评分法相结合而成。分为五级：无痛、轻度痛（患者疼痛完全不影响睡眠）、中度痛（疼痛影响睡眠，但仍可自然入睡）、重度痛（疼痛导致不能睡眠或睡眠中痛醒，需用药物或其他手段辅助睡眠）和剧痛（痛不欲生、生不如死的感觉）。此外还有视觉模拟法（VAS 划线法）、疼痛强度评分 Wong-Baker 脸和神经病理性疼痛的治疗评估等方法。

随着肿瘤患者的不断增多，以及肿瘤患者生存率的不断上升，如何有效的缓解剧烈的癌痛，帮助患者回归正常生活，已经成为目前肿瘤治疗的重要研究方向。很多临床数据表明，康莱特可以有效的缓解癌症术后患者的癌性疼痛，改善症状，提高生存质量。

王建娜等（2007）以各类型晚期恶性肿瘤患者 29 例为研究对象，使用康莱特注射液进行静脉滴注治疗，期间未使用其他抗癌药物。试验结果对晚期恶性肿瘤的近期有效率为 46.1%，镇痛有效率 73.1%，治疗腹腔积液有效率 60%，治疗后血象没有明显变化。因此表明康莱特注射液用于晚期恶性肿瘤患者，在减轻痛苦、改善症状、提高生存质量等方面疗效显著，且康莱特对癌症患者的止痛效应不会产生吗啡类止痛药那样的成瘾性，也可以进行静脉、动脉大剂量注射而无毒副作用。

刘彩霞（2011）以各类晚期恶性肿瘤患者 34 例为研究对象，进行 2 个疗程共计 40 d 的 10%康莱特注射液静脉滴注治疗，期间不使用其他抗癌药物。试验结果康莱特注射液对晚期恶性肿瘤的有效率为 32.4%，镇痛有效率为 79.2%，治疗前后血象无明显变化。治疗后改善 10 例（29.4%），稳定 10 例（29.4%），下降 5 例（14.7%）。说明静脉滴注康莱特具有抑制或杀伤肿瘤的作用，同时不损伤骨髓造血功能，可以减轻病痛，患者自觉食欲、睡眠状况改善，提高了生存质量。

秦银忠（2016）研究发现康莱特注射液配合放疗治疗晚期 NSCLC 患者，可以显著提高患者的生活质量（$x^2 = 3.980$，$P<0.05$）。放疗出现白细胞减少、血小板下降、血红蛋白下降、恶心呕吐、腹泻、脱发等不良反应的案例较单纯化疗患者也有明显的减少，且差异具有统计学意义（$P<0.05$）。

毛海燕等（2016）以符合筛选标准的停用放、化疗 1 个月以上的肺癌、食管癌、结直肠癌、胃癌及肝癌患者 91 例为研究对象，其中存在癌性疼痛的有 83 例。治疗手段为静脉滴注薏苡仁提取物注射液（康莱特），周期为 2 个疗程共 6 周，疗程结束后以癌症疼痛程度和生存质量为标准进行疗效评定。康莱特给药组疼痛完全缓解率为 36.14%（30/83），总缓解率为 83.13%（69/83）；生存质量提高者占 49.45%（45/91），稳定者比例为 30.76%（28/91），下降者比例为 19.78%（18/91）；体重质量增加者比例为 60.44%（55/91），稳定者比例为 18.68%（17/91），下降者比例为 20.88%（19/91）。试验结果表明薏仁提取物注射液作为放化疗的辅助治疗方法，可以有效缓解癌性疼痛，提高患者生存质量。

8. 抑制环氧合酶-2（COX-2）的活性

环氧化酶（COX）是催化花生四烯酸产生前列腺素 H2（PGH2）的关键酶，PGH2 的分解产物中 PGE2 与肺癌的关系密切，非小细胞肺癌（NSCLC）患者支气管关系也中的 PGE2 水平明显增高，可诱导局部免疫抑制，对恶性肿瘤进展有重要作用。COX 有 2 种异构体，COX-1 和 COX-2。COX-1 结构性表达于很多组织中，参与维持细胞正常的生理功能，如维护胃肠道黏膜的完整和调控肾血流。而 COX-2 是一种诱导性酶，有促进癌的发生及肿瘤细胞生长的作用，并可抑制免疫和细胞凋亡，促进肿瘤血管生成、侵袭和转移。其在正常组织中几乎检测不到，只在受到各种因素刺激时诱导性表达，最多见于炎症组织和肿瘤组织中

（董庆华等，2005；李明焕，2012）。Hasturk 等（2002）检测发现 72 例健康人肺活检标本中正常支气管上皮细胞中没有 COX-2 表达，而 101 例 NSCLC 肿瘤组织标本的 COX-2 表达比率为 30%。田锋等（2003）研究发现 79 例 NSCLC 肿瘤组织中，腺癌和鳞癌的 COX-2 阳性表达率分别为 85% 和 57%，认为 COX-2 的高表达与 NSCLC 的浸润性发展密切相关，是癌症患者预后不良的风险因素之一。

董庆华等（2005）选择肺癌细胞株 A549 体外培养细胞为试验对象，研究康莱特对白细胞介素-1β（IL-1β）刺激产生 COX 关键酶表达的作用效果。A549 细胞可以正常表达 COX-1 而不表达 COX-2，但在 IL-1β 刺激条件下大量表达 COX-2，因此可以用于检测消炎类药物对 COX 表达作用的影响。结果显示康莱特对 IL-1β 刺激状态下 A549 细胞作用 24 h 后，COX-2 mRNA 表达没有明显的抑制作用，但对于 COX-2 mRNA 的表达具有明显的抑制作用，且抑制作用具有明显的剂量依赖性。Western-blot 验证康莱特对 IL-1β 刺激状态下 COX-2 蛋白的表达也具有较为明显的抑制作用，作用效果存在剂量依赖性。试验结果证明康莱特能够选择性的抑制 A459 肺癌细胞 COX-2 的表达，阻滞肿瘤细胞增殖和转移。而且康莱特对于 COX 酶系的特异性选择作用，从而避免了其他消炎类药物在抑制 COX-2 的同时抑制 COX-1 的表达，并引起胃肠道溃疡的副作用。

根据现有的研究资料，以康莱特为代表的薏苡仁有效活性成分在体内外试验及临床治疗中均表现出明显的抗肿瘤作用。而这种抗肿瘤的治疗效果是由多种机制协同作用产生的综合效应，各种作用效果相互关联。通过影响相关基因的表达和蛋白质的合成，阻滞肿瘤细胞周期、诱导细胞凋亡，并抑制肿瘤血管的形成，实现对肿瘤细胞增殖和转移的抑制作用；同时激活机体的免疫应答机制，实现对肿瘤细胞直接或间接的杀灭作用，特别是在与放化疗协同作用时，一方面增强肿瘤细胞对放化疗的敏感性，另一方面减低放化疗对正常机体细胞的伤害，最终改善了治疗效果并提高了患者生存质量。因此，在肿瘤的预防和治疗过程中，薏苡仁及其活性物质提取物具有广阔的研究前景和应用空间。

（二）其他

近年来，随着人们生活水平的提高，对于生活质量的要求也逐步提升，但是即便不考虑恶性肿瘤的威胁，一些高血脂、高血糖等所谓"富贵病"更是几乎人人无法避免。因此，人们迫切需要研究安全可靠的方式抵御这些"富贵病"的侵袭。而薏苡作为药食兼用品，安全可靠无副作用，无疑是一个理想的选择。此外薏苡仁还具有抗氧化作用，在抗炎、镇痛、镇静以及心脑血管疾病防治等方面也都有一定的效果。

张明发等（2011）报道韩国研究人员曾使用喂食数周的高脂饲料致肥胖大鼠为实验对象，灌服薏苡仁水提物后，肥胖大鼠的摄食量、体重、和脂肪重量显著降低，显微观察下白色脂肪组织大小、血清甘油三酯、总胆固醇等指标显著减少。进一步研究发现，薏苡仁水提物可以显著降低肥胖大鼠下丘脑室旁核中神经肽 Y 以及瘦蛋白受体 mRNA 的表达水平，证明其可以通过该调控脑内神经内分泌活性，治疗肥胖。

徐梓辉等（2000）以小鼠为试验对象，对薏苡仁多糖降血糖作用进行了详细的研究。首先在给药方式试验中，发现正常小鼠以灌胃方式（i.g）摄入薏苡仁多糖对于血糖水平无明显影响，而以腹腔注射方式（i.p）给药，在 2h 和 7h 后表现出显著的降血糖作用（$P<0.05$，$P<0.01$），且血糖水平降低程度表现出明显的剂量依赖性。表明口服薏苡仁多糖可能会因消化酶水解成小分子单糖或寡糖而失去活性。其次，在利用四氧嘧啶选择性破坏胰岛 β 细胞后建立的糖尿病小鼠模型中，腹腔注射方式给药后，表现出明显的降血糖作用（$P<0.01$），与模型对照组相比，给药后 2h 和 7h 血糖值可下降 20%~40%。因此可以推测薏苡仁多糖的降血糖活性主要是通过影响胰岛素受体后糖代谢的某些环节而实现的。研究还发现薏苡仁多糖能够显著的抑制肾上腺素引起的小鼠血糖升高，推测其可能具有抑制肝糖原分解、肌糖原酵解，抑制糖异生作用，从而达到使血糖水平降低的目的。

吕峰等（2008）以 CCL_4 肝损伤小鼠模型为研究对象，以 VE（维生素 E）为对照，研究薏苡仁多糖的抗氧化作用。试验结果表明，建模小鼠染毒后，肝脏指数与正常小鼠相比显著增大（$P<0.01$），薏苡仁实验组与正常小鼠差异不显著。肝损伤指标方面，薏苡仁组与对照组相比，显著抑制损伤肝细胞 GOT（谷草转氨酶）和 GPT（谷丙转氨酶）水平以及 MDA（丙二醛）含量的上升，并呈现出明显的剂量依赖关系，高剂量组与对照相比，GOT 和 GPT 上升幅度分别减小 71.9% 和 63.1%，均达到显著差异水平（$P<0.01$），而 MDA 值甚至较正常小鼠下降 21.8%。表明口服薏苡仁纯多糖能够显著的激活体内抗氧化作用机制，以及预防急性 CCL_4 肝损伤作用。另一方面，CCL_4 中毒后，薏苡仁可以显著的提高建模小鼠体内抗氧化系统中 SOD（超氧化物歧化酶）、GSH-Px（谷胱甘肽过氧化物酶）、GSH（还原型谷胱甘肽）和 T-AOC（血清总抗氧化能力）的活性，表明薏苡仁多糖能够有效的提高内源性抗氧化酶活性，及时清除氧自由基，防治因 CCL_4 肝损伤造成的脂质过氧化对细胞组织的伤害。

李红艳等（2013）利用两种不同方法获取的薏苡仁水提取物对小鼠抗炎作用进行研究。首先，薏苡仁水提取物对二甲苯致小鼠耳肿胀具有明显的抑制作用，表明其可能通过抑制炎症早期组织液渗出的方式，抑制早期急性炎症的发生和发展。抑制程度表现出剂量依赖性，且通过传统的热水煎煮方式获得的提取物作用效果（$P<0.01$）要明显好于冷水浸提（$P<0.05$）。其次，在抑制角叉菜胶致

足肿胀试验中，致炎后 2h 热水煎煮高剂量组薏苡仁提取物抑制效果达到显著水平（$P<0.05$），致炎后 3h，冷水浸提高剂量组和热水煎煮低剂量组抑制效果也达到了显著水平（$P<0.05$），证明薏苡仁提取物抗炎作用是通过抑制 PGE（前列腺素 E）的合成与释放相关。试验中，薏苡仁提取物的抑制效果同样表现出剂量依赖性，且于提取方式直接相关。

在镇静作用研究方面，李红艳等（2013）和吴建方（2015）都采用滚笼法测定薏苡仁提取物对小鼠的镇静作用。结果均表明高剂量组（3.75g/kg）可以显著降低小鼠滚笼次数，且热水煎煮方式提取物效果（$P<0.01$）要好于冷水浸提（0.01）。而在低剂量组中，热水煎煮提取物镇静效果不显著，冷水浸提提取物作用于小鼠后，滚笼次数反而又升高作用。暗示冷水浸提方式获得的薏苡仁提取物可能在低剂量时会出现致兴奋作用。

谭煌英等（2007）采用 CFA（完全弗氏佐剂）诱导的大鼠慢性炎痛模型进行康莱特注射液干预治疗研究，观察大鼠炎症足对剂型刺激的痛阈变化，并用 ELISA 方法检测局部组织 THF-α 和 IL-Iβ 水平，探讨其镇痛作用机制。实验前各组大鼠基础痛阈值均在 200g 左右，并无显著性差异（$P>0.05$），造模（诱导大鼠炎症痛模型）后 24h，生理盐水对照组大鼠机械痛阈值明显下降，且痛觉状态维持至少 3d。而康莱特组与对应时间点生理盐水组比较，其大鼠机械痛阈值增大，其中 15mL/kg 和 10mL/kg 康莱特组与生理盐水组比较具有限制性差异（$P<0.01$，$P<0.05$）。在造模致炎 72h 后，大鼠皮肤组织 THF-α 和 IL-Iβ 的平均水平明显升高，而不同剂量的康莱特各组 THF-α 和 IL-Iβ 水平与生理盐水组比较则表现出显著的下降（$P<0.01$）。THF-α 和 IL-Iβ 为促炎细胞因子，与癌性恶病质密切相关，在多种致痛模型中均发现外周局灶组织及脊髓的 THF-α 和 IL-Iβ 表达上调。因此试验结果表明康莱特注射液可以通过下调局灶组织中 THF-α 和 IL-Iβ 的表达，实现提高痛阈值的目的。

王婉钢等（2010）在临床治疗过程中，研究薏苡仁对脑中风常见的短暂性脑缺血发作（TIA）血浆溶血磷脂酸（LPA）水平的影响。LPA 是一种可致动脉粥样硬化和血栓形成因子，在 TIA 中其重要作用，而 TIA 是脑中风的危险因素，积极的预防性治疗 TIA，可有效的预防脑中风。治疗对象选择符合 TIA 诊断的 142 例患者，并按病情分为高危组和低危组。在 30d 治疗期内，薏苡仁组为蒸熟服食 60g/d，阿司匹林组为口服阿司匹林 100mg/d。治疗结果表明，各组在用药过程中均未出现明显的药品不良反应，治疗后血浆 LPA 水平均显著低于治疗前（$P<0.05$），其中薏苡仁高危组治疗后 LPA 下降最为明显，且显著低于阿司匹林高危组（$P<0.05$）。而薏苡仁低危组与阿司匹林低危组治疗后血浆 LPA 水平无显著性差异（$P>0.05$）。治疗结果证明薏苡仁可以作为脑中风预防性治疗药

物，且对 TIA 高危患者治疗效果更好，且无出血风险，具有推广应用价值。

四、主治症候

（一）传统治病

中国传统医学中薏苡仁用于治病的附方众多，现仅以《本草纲目》提及的新七、旧七共十四个附方为例，介绍薏苡仁在中国传统医学中的实际应用①。

薏苡仁饭，治冷气：用薏苡仁春熟，炊为饭食。气味欲如麦饭乃佳。或煮粥亦好。——《广济方》。

薏苡仁粥，治久风湿痹，补正气，利肠胃，消水肿，除胸中邪气，治筋脉拘挛：薏苡仁为末，同粳米煮粥，日日食之，良。——《食医心镜》

风湿身疼，日晡剧者，张仲景麻黄杏仁薏苡仁汤主之：用麻黄三两，杏仁二十枚，甘草、薏苡仁各一两，加水四升，煮成二升，分两次服。

水肿喘急：用郁李仁三两（研）。以水滤汁，煮薏苡仁饭，日二食之。——《独行方》

沙石热淋，痛不可忍：用玉秫，即薏苡仁也，子、叶、根皆可用，水煎热饮。夏月冷冻饮料。以通为度。——《杨氏经验方》

消渴饮水：薏苡仁煮粥饮，并煮粥食之。

周痹缓急偏者：薏苡仁十五两，大附子十枚（炮），为末。每服方寸匕，日三。——张仲景方

肺痿，咳唾脓血：薏苡仁十两（杵破），水三升，煎一升，酒少许，服之。——《梅师》

肺痈咳唾，心胸甲错者：以淳苦酒煮薏苡仁令浓，微温顿服。肺有血，当吐出愈。——《范汪方》

肺痈咯血：薏苡仁三合（捣烂），水二大盏，煎一盏，入酒少许，分二服。——《济生》

喉卒痈肿：吞薏苡仁二枚，良。——《外台》

痈疽不溃：薏苡仁一枚，吞之。——姚僧坦方

孕中有痈：薏苡仁煮汁，频频饮之。——《妇人良方补遗》

牙齿痛：薏苡仁、桔梗生研末。点服。不拘大人、小儿。——《永类方》

（二）当代临床应用

薏苡仁是历史悠久的中药材，在中国传统医学中应用广泛。张世鑫等

---

① 注：本书提及附方及中成药等为传统医学中的材料收集整理，仅为原则性或原理性介绍，不能作为医疗或药食凭证

（2016）统计目前临床应用较为广泛的方剂中，含有薏苡仁成分的有 72 首，主治 166 种疾病，其中使用频率较高的有腹泻、痹病、积滞、腹胀、疳病等 13 种主治疾病。疾病症候中使用频率较高的有脾虚食积证、脾胃气虚证、风寒湿凝滞筋骨证、食积证、脾虚湿困证和湿困脾胃证 6 种。通过对含薏苡仁方剂中四气、五味、归经等药气的分析，可以发现相关药物大部分具有甘性、苦味，多具有健脾益气、渗湿止泻、祛湿除痹功能。

　　目前薏苡仁在临床治疗中应用非常广泛（刘晓梅，2010；齐丽君，2012）。在癌症的临床治疗中，除了上文提到的薏苡仁油为主要成分的康莱特之外，还可以直接食用薏苡仁，根据现有使用方法归纳主要包括单独使用薏苡仁 30~50g 加水适量煮熟食用，2 次/d，连食数月；或与大米一起煮粥食用。也可以与其他抗肿瘤药组成复方应用。目前在鼻咽癌、喉癌、肺癌、胃癌、肝癌、膀胱癌、宫颈癌以及绒癌等均有较好的疗效。此外在上文提及的癌症术后放化疗过程中，也可以食用薏苡仁，减轻不良反应，提高生活质量。中医认为薏苡仁入脾胃二经，具医药多效，即可益气健脾胃，又可化湿祛邪。因此可以采用处方：薏苡仁 60g、黄芪 30g、党参 30g、砂仁 6g（后下）、干姜 10g、（制）附子 15g（先煎）、半夏 10g、细辛 6g、紫苏子 6g、杏仁 6g、沉香 6g、五味子 6g、当归 12g、丹参 15g、炙甘草 6g。1 剂/d，水煎服。

　　除癌症治疗外，薏苡仁在肥胖、生殖、及皮肤病等方面均有临床应用。现根据刘晓梅和齐丽君等人的报道，简单介绍部分薏苡仁临床应用情况。

　　1. 肥胖症

　　生薏苡仁 50~100g，水煎服饮用，1 剂/d，有利尿、消除脂肪以减轻体重的功效。

　　2. 妇女不排卵

　　薏苡仁配人参、甘草、白术、当归、熟地黄、肉苁蓉、紫石英、菟丝子等药以益气养血、补肾调经，可以诱发排卵以助孕育。

　　3. 急性咽喉炎

　　生薏苡仁 15~30g，水煎至发黏后，先饮汁液，再食薏苡仁，连用 3~5d 后则咽喉肿痛消失。

　　4. 扁平疣

　　可取薏苡仁 100g 和粳米适量煮而食之，1 次/d，坚持连续服用，赘疣消失前，病灶可增大变红，继续服用数日后，必然自行脱落而愈。或薏苡仁 30g，大青叶 10g，板蓝根 10g，红花 5g，生牡蛎 20g。水煎服且外搽患处，1 剂/d，15 剂为一疗程。

5. 带状疱疹

中医称之为缠腰火丹、"蜘蛛疱""蛇串疱"等，可取薏苡仁120g，2次/d煎服，3~7d后疱疹可消退。

6. 尿路结石

薏苡仁研末加少许白糖拌匀，每服30g，2次/d。服后大量饮水，同时配以跳跃运动，可以促进排石。

7. 糖尿病日常饮食

薏苡仁100g、山药100g、枸杞子100g、大米适量，煮粥食用。

8. 慢性鼻窦炎

中医辨证为风热阻窍之鼻渊，方用清热以解毒，利湿以开窍。可以用薏苡仁100g、辛夷15g、野菊花20g、白芷15g、甘草6g，水煎服，1剂/d。

9. 乳腺小叶增生

中医诊为脾虚痰凝，治以疏肝健脾，行气化痰，方用消瘰散结汤。可以用薏苡仁30g，当归、川芎、茯苓、延胡索、昆布、海藻、郁金、香附、王不留行各15g，荔枝核20g乳香、没药各10g，水煎服，1剂/d，连服15剂，经期停用。

10. 顽固性失眠

中医证属肝经郁热，心神失养，胃失和降。方以调和脾胃，清肝泻热，佐以安神。可以用法半夏30g，石菖蒲12g，合欢皮30g，生龙骨、生牡蛎各30g，夜交藤30g，蝉蜕6g，甘草5g，1剂/d，水煎服。薏苡仁使用时应注意脾虚无湿、大便燥结者及孕妇慎用，临床药用时尤其使用方剂时，必须亲至有资质的中医院详细诊察，做到辨证施治，切忌盲目用药。

（三）薏苡植株的药用

除薏苡仁以外，薏苡植株也可以入药。《本草纲目》记载"（薏苡）叶，作饮气香，益中空膈（苏颂）。暑月煎饮，暖胃益气血。初生小儿浴之，无病（时珍。出《琐碎录》）"，"（薏苡）根，（气味）甘，微寒，无毒。（主治）下三虫（《本经》）。煮汁糜食甚香，去蛔虫，大效（弘景）。煮服，堕胎（藏器）。治卒心腹烦满及胸胁痛者，锉煮浓汁，服三升乃定（苏颂。出《肘后方》）。捣汁和酒服，治黄胆有效（时珍）。"《滇南本草》记载薏苡根"清利小便。治热淋疼痛，尿血，止血淋、玉茎疼痛，消水肿。"《草木便方》记载薏苡根"能消积聚癥瘕，通利二便，行气血。治胸痞满，劳力内伤。"现代药学研究表明，薏苡的茎、叶与薏苡仁一样含有众多的活性物质（表5-1），具有广阔的利用价值和开发应用前景。

黄莹等（2015）针对薏苡叶甲醇提取物的生理作用，进行了体外抗氧化活性试验。试验结果表明，在不同的体外抗氧化模型中，薏苡叶甲醇提取物可以有效地清除超氧自由基和DPPH自由基，也具有较强的还原能力。值得注意的是，当两种自由基清除率达到50%时，薏苡叶甲醇提取物的浓度仅为0.6mg/mL左右，证明其对这两种自由基具有较强的清除能力。而且在试验设定的范围内，薏苡叶甲醇提取物的抗氧化能力呈现明显的剂量依赖性。人体的很多疾病与自由基产生过量或自由基清除能力不足等导致的氧化应激反应密不可分，因此抗氧化活性对于人体健康至关重要。试验中，薏苡叶甲醇提取物在体外所表现出的优良的抗氧化能力，对于薏苡叶药用功能研究具有重要的现实意义。卢善善等（2015）在试验中发现，薏苡茎的甲醇提取物体外抗氧化活性试验中，同样表现出对超氧自由基和DPPH自由基良好的清除作用，以及对Fe^{3+}较强的还原能力。证明薏苡茎和叶中可能含有相近或相同的活性物质，具有强还原能力，或者可以诱导激活机体抗氧化的还原机制。李远辉等（2015）研究证明薏苡叶乙酸乙酯提取物同样具有较强的清除DPPH自由基和超氧自由基的能力，对Fe^{2+}也具有较强螯合还原的能力。而且其抗氧化性与浓度间存在明显的量效关系，浓度越高抗氧化能力越强。黄凯玲等（2016）证明薏苡叶乙酸乙酯提取物中含有较高的多酚，其提取液有较强的清除羟自由基、超氧自由基和DPPH自由基的能力，其抗氧化性同样随着提取液浓度的增大而增强。

朱晓莹等（2015）选择薏苡植株的茎和叶两个部位，分别进行水提取和乙醇提取，获得活性物质，研究四种不同的提取液对人肝癌细胞HepG2、人胃癌细胞SGC-7901和人宫颈癌细胞Hela的抑制作用效果。结果显示四种提取液对于三种癌细胞均有抑制作用，且表现出剂量依赖性。计算IC_{50}（半数抑制浓度）发现薏苡叶乙醇提取液对于三种癌细胞的抑制效果更好，在一定程度上证明了薏苡中抗癌活性物质在叶中的含量要高于茎部，且乙醇提取物活性更高。

黄挺章等（2015）研究薏苡茎醇提取物对肝癌细胞株H_{22}荷瘤小鼠体内抗肿瘤作用效果。结果显示薏苡茎醇提取物对于荷H_{22}小鼠肉瘤具有显著的抑制作用（$P<0.05$），但作用效果小于CTX（环磷酰胺），并且作用效果抑瘤率随提取物剂量的升高而降低，怀疑薏苡茎醇提取物具有一定的毒副作用，且与浓度相关。在对肝脏及免疫器官作用效果研究中发现，薏苡茎醇提取物对脾脏和胸腺等免疫器官具有明显的保护作用，而对肝脏的保护作用要强于CTX。郭圣奇等（2015）同样以肝癌细胞株H_{22}荷瘤小鼠为试验对象，研究薏苡茎水提取物的抗肿瘤作用效果。结果显示薏苡茎的水提取物在抑瘤率方面与醇提取物相似，都表现出明显的抑制肿瘤作用，但效果弱于CTX，且同样表现出提取物浓度上升而抑瘤率下降的趋势。在肝脏及免疫器官作用方面，水提取物处理组小鼠的肝脏、胸腺和脾

等指标均优于 CTX 处理组，证明薏苡茎水提取物尽管抑瘤效果不及 CTX，但对于肝脏及脾、胸腺等免疫器官的不良反应较小，是较为理想的抗肿瘤药物。

李容等（2015）以薏苡茎为研究对象，采用 95% 乙醇提取和石油醚萃取得到脂肪酸、酯类、醛类等 23 种脂溶性成分，约占提取物总量的 87.12%。这些脂溶性成分对表皮葡萄球菌、金黄色葡萄球菌和大肠杆菌有明显的抑制作用，对伤寒杆菌的抑制作用也有一定的抑制作用。

（四）薏苡中成药

中成药（Traditional Chinese Medicine Patent Prescription）是以中草药为原料，经制剂加工制成各种不同剂型的中药制品，包括丸、散、膏、丹各种剂型。是中国历代医药学家经过千百年医疗实践创造、总结的有效方剂的精华。下文列举部分以薏苡仁为主要成分的中成药。

1. 小儿七星茶冲剂

标准编号：WS3-B-1689-94

处方：薏苡仁 625g、稻芽 625g、山楂 312.5g、淡竹叶 468.8g、钩藤 234.5g、蝉蜕 78.1g、甘草 78.1g。

性状：本品为红棕色的颗粒；气微，味甜、微苦。

功能与主治：定惊消滞。用于小儿消化不良，不思饮食，二便不畅，夜寐不安。

2. 健儿素冲剂

标准编号：WS3-B-1806-94

处方：党参 30g、白芍 15g、麦冬 30g、诃子 15g、薏苡仁 30g、白术（炒）30g、稻芽（炒）30g、南沙参 30g。

性状：本品为浅黄色颗粒；味甜。

用法与用量：开水冲服，一次 20~30g，一日 3 次。

功能与主治：益气健脾，和胃运中。用于小儿脾胃虚弱，消化不良，腹满胀痛，面黄肌瘦。

3. 肥儿糖浆

标准编号：WS3-B-1398-93

处方：山药 3.5g、芡实 3.5g、莲子 3.5g、北沙参 3.5g、薏苡仁（炒）3.5g、白扁豆（炒）3.5g、山楂 3.5g、白术（炒）1.7g、麦芽（焦）2.6g。

性状：本品为淡黄棕色或黄棕色澄清的黏稠液体；气微，味甜。

功能与主治：小儿滋补剂。用于小儿脾胃虚弱，不思饮思，面黄肌瘦，精神困倦。

4. 健脾糕片

标准编号：WS3-B-0382-90

处方：党参48g、白术（炒）32g、陈皮24g、白扁豆（炒）96g、茯苓96g、莲子96g、山药96g、薏苡仁（炒）96g、芡实（炒）96g、冬瓜子（炒）64g、鸡内金48g、甘草（蜜炙）32g。

性状：本品为灰褐色的片。气香，味甘。

功能与主治：开胃健脾。用于脾胃虚弱，身体羸瘦，食欲不振，大便溏溏。

5. 祛风胜湿酒

标准编号：WS3-B-2000-95

处方：羌活75g、当归50g、独活75g、防己75g、威灵仙75g、香加皮75g、薏苡仁75g。

性状：本品为棕红色的澄清液体；气香，味微苦、微甜。

功能与主治：祛风胜湿，通络止痛，舒筋活血。用于四肢、腰脊风湿痹痛，手足麻木。

6. 胃炎宁冲剂

标准编号：WS3-B-0774-91

处方：檀香68g、木香（煨）136g、细辛68g、肉桂68g、赤小豆136g、鸡内金34g、甘草（蜜炙）204g、山楂900g、乌梅204g、薏苡仁（炒）204g。

性状：本品为棕色的颗粒；味酸甜、微苦。

功能与主治：温中醒脾，和胃降逆，芳香化浊，消导化食。用于萎缩性胃炎，浅表胃炎及其他性胃炎，胃窦炎及伤食湿重引起的消化不良等症。

7. 骨刺消痛胶囊

标准编号：WS3-B-3944-98

处方：制川乌53.25g、制草乌53.25g、秦艽53.25g、白芷53.25g、甘草53.25g、粉草（解）106.5g、穿山龙106.5g、薏苡仁106.5g、天南星（炙）53.25g、红花106.5g、当归53.25g、徐长卿159.75g。

性状：本品为胶囊剂，内容物为黄褐色的粉末；味微有麻辣感。

功能与主治：祛风止痛。用于骨质增生，风湿性关节炎，风湿痛。

8. 三仁合剂

标准编号：WS3-B-0879-91

处方：苦杏仁165g、豆蔻66g、薏苡仁198g、滑石198g、淡竹叶66g、姜半夏165g、通草66g、厚朴66g。

性状：本品为淡棕色的澄清液体；气香，味微苦，有大量的油脂浮于液面。

功能与主治：宣化畅中，清热利湿。用于湿温初起，邪留气分，尚未化燥，暑温夹湿，头痛身重，胸闷不饥，午后身热，舌白不渴。

9. 跌打风湿药酒

标准编号：WS3-B-1037-91

处方：三棱（醋制）10g、乳香16g、没药16g、川芎（酒蒸）12g、当归16g、莪术10g、皂角刺12g、骨碎补12g、牡丹皮10g、威灵仙10g、赤芍16g、五灵脂10g、薏苡仁16g、桂枝16g、羌活16g、独活16g、木瓜12g、防己14g、白鲜皮10g、艽10g、防风10g、补骨脂10g、杜仲14g、巴戟天14g、天麻（制）12g、续断14g、牛膝8g、半夏（制）14g、制川乌10g、香附（四制）14g。

性状：本品为棕红色的澄清液体；味苦、辛辣。

功能与主治：活血祛风，化瘀止痛。用于跌打撞伤，积瘀肿痛，手脚麻痹。

第二节 加工利用

一、药材炮制

（一）药材标准

根据《中国药典》（2015）要求，薏苡仁药材性状为"宽卵形或长椭圆形，长4~8mm，宽3~6mm。表面乳白色，光滑，偶有残存的黄褐色种皮；一端钝圆，另端较宽而微凹，有一淡棕色点状种脐；背面圆凸，腹面有一条较宽而深的纵沟。质坚实，断面白色，粉性。气微，味微甜。"药材杂质≤2.0%，水分≤15%，总灰分≤3.0%，每千克薏苡仁黄曲霉毒素B_1≤5μg，黄曲霉毒素B_1、黄曲霉毒素B_2、黄曲霉毒素G_1和黄曲霉毒素G_2总量≤10μg。薏苡仁以干燥品计算，含甘油三油酸酯（$C_{57}H_{104}O_6$）≥0.50%。

（二）炮制方法

薏苡仁的炮制历史悠久，于历代本草及炮制论著中多有记载。南北朝刘宋时有"夫用一两，以糯米二两同熬，令糯米熟，去糯米取使，若更以盐汤煮过，别是一般修制亦得"（《雷公炮炙论》）。宋代有微炒黄（《太平圣惠方》）。明代有盐炒（《医学入门》）。清代增加了土炒（《本草述》）、姜汁拌炒（《本经逢原》）、拌水蒸透（《本草纲目拾遗》）。目前《中国药典》中收录的唯一法定炮制饮片为麸炒薏苡仁，而现在主要的炮制方法有清炒、麸炒等，各种不同炮制方法对于薏苡仁的药性和品质有很大的关联。

宋丽琴等（2010）以《中国药典》中明确的薏苡仁有效成分甘油三油酸酯为检测指标，研究清炒法、微波加热法、麸炒法、土炒法和用水润透炒法5种不同的炮制方法对薏苡仁药效的影响。结果表明5种炮制方法对甘油三油酸酯的含量均有一定程度的提高，其中用水润透炒法薏苡仁中甘油三油酸酯、甘油三亚油酸酯、1，2-油酸-3-亚油酸-甘油三酯和1，2-亚油酸-3-油酸-甘油三酯等有效成分含量最高。且该方法与传统的加热技术相比，具有加热时间短、热效率高等优点，在一定程度上更好的保持了薏苡仁原有的特性，炮制后药材外观鲜亮，加之有效成分得到更好的保存和提升，因此用水润透炒法对于薏苡仁而言是一种较好的炮制方法选择。

单国顺等（2010）以活性物质甘油三油酸酯和多糖为指标，从温度、时间和加麸量3个因素出发，研究麸炒薏苡仁炮制工艺的优化条件。通过正交试验，结果表明三个因素中，对炮制品中甘油三油酸酯和多糖含量影响因素的大小依次为炒制温度>炒制时间>麸用量，其中炒制温度和炒制时间为显著因素，即对于两种活性成分含量变化具有显著性影响。最终筛选出的最佳炮制工艺为生品薏苡仁药材加麸量100：20，于210~220℃炒制温度，炒制60s。

根据《贵州省中药饮片炮制规范》，薏苡仁贵州炮制方法为"取生薏苡仁，用水浸泡3~4h，透心后置蒸笼内蒸熟取出，烘干，倒入已将砂炒热的锅中，用小火加热，不断翻炒，至薏苡仁发泡取出，立即筛去砂，放凉。"该炮制工艺流程较长，影响因素很多，王建科等（2013）将其划分为蒸制工艺和炒制工艺两部分，并进行工艺条件的优化。最终获得薏苡仁贵州炮制方法的最佳工艺为"薏苡仁药材加水，以药透水尽为原则，浸泡1h后，置于蒸制容器内蒸15min后取出，在60℃温度下干燥，再倒入6倍于药材量的热砂中，在250℃下不断翻炒90s后取出，立即筛去砂，放凉"。按照经过优化后的工艺条件炮制后的薏苡仁甘油三油酸酯含量稳定，平均值在1.026%左右，远高于《中国药典》规定中的0.50%。

宋小军等（2011）以抗癌活性成分薏苡仁油含量为指标，研究温度对于炮制饮片质量的影响。结果表明，在炮制前经过水洗工序可以提高炮制饮片的含油量，可能与水洗去除薏苡仁中的杂质有关。而炮制时设15℃日晒和30℃、40℃、50℃、60℃、70℃、80℃、100℃7个烘干梯度温度共8个处理组，结果表明各组炮制的薏苡仁化学成分种类未发生变化，但随温度的升高相应组分的含量有所下降，尤其是含油量随炮制温度的升高呈现出明显的下降趋势，当炮制温度高于50℃时，薏苡仁油的损失更为明显。从外观上观察，日晒及60℃以下炮制薏苡仁气味清香，而70℃以上的炮制饮片气味混杂，温度更高时甚至产生一定的败油气味。因此在以薏苡仁油为主要获取目的时，薏苡仁的最佳炮制温度应低于 50℃。

二、综合利用

(一) 不同部位营养成分

薏苡中含有大量的营养成分（表 5-1），其中薏苡素对肿瘤细胞有明确的抑制作用，且对中枢神经系统有镇静、镇痛作用，近年来还发现其具有抗衰老的美容和保健功效，应用前景广泛。张明昶等（2010）利用高效液相色谱法，针对薏苡根、茎和种皮 3 个非种仁部位的薏苡素含量进行检测。结果发现薏苡根中的薏苡素含量明显高于其他两个部位，为种皮中薏苡素含量的 75 倍以上，而茎部未检测到薏苡素。

王颖等（2013）综合评价了薏苡不同部位的营养成分，包括蛋白质、多糖、粗纤维等常规营养成分，以及氨基酸、矿质元素、维生素、脂肪酸、薏苡素、总黄酮和总酚等营养或功能性成分的含量。结果表明在常规营养成分中，种仁和根、茎的蛋白质含量最高，种皮的粗纤维含量最高、根的粗脂肪含量最高，种仁的多糖和淀粉含量远高于其他部位，呈现数量级差异。总体而言，种仁的营养价值最高，但其他部位也都具有一定的营养价值。维生素含量方面，根部的维生素含量最高，其中 VE、VC、VB_1、VB_2、VB_6 和 VB_{12} 含量均具前列，只是烟酸和叶酸含量较低，叶片中叶酸含量最高，而种皮、种仁以及外壳的烟酸含量明显较为丰富。矿质元素方面，根、叶部位具有较为明显的富集优势，积累了大量的常量元素和中微量元素，其中包括人体必需的微量元素 Cr，其在糖代谢和脂代谢中发挥特殊的作用。此外，根、外壳和种皮中 Se 元素的含量较多，其具有抗氧化和抗癌作用。氨基酸方面，种仁中含量最高，共检出 7 种必需氨基酸和 10 种非必需氨基酸，但必需氨基酸占总氨基酸含量的 41.2% 左右，没有达到 60% 的优质蛋白质标准。脂肪酸方面，种皮、茎、叶中不饱和脂肪酸相对含量在 70% 以上，种仁中也达到了 67.1%，证明这些部位都具有一定的保健作用。功能性成分方面，各部位均含有薏苡素、黄酮和多酚，其中根部薏苡素和多酚的含量明显高于其他部位，茎和叶中多酚含量也相对较高，而种仁和叶片中总黄酮的含量最高。表明薏苡的种仁、根、茎和叶都具有一定的生理活性功能，在抗肿瘤、镇痛、镇静和抗氧化等方面军具有重要的应用价值。

邵进明等（2014）对 9 个品种薏苡的内外种皮和根三个非种仁部位的氨基酸含量进行测定，共检测出 16 种氨基酸，其中包括 7 种人体必需氨基酸。总氨基酸含量由高到低为内种皮>根>外种皮，其中内种皮中脯氨酸、谷氨酸及亮氨酸含量最高，外种皮中谷氨酸、天门冬氨酸和丙氨酸含量最高，根中谷氨酸、天门冬氨酸及赖氨酸含量最高。此外研究还发现各部位样品中 16 种氨基酸总量随贮藏时间的延长而减小，内外种皮中 7 种人体必需氨基酸的变化趋势与总氨基酸变化趋势一致。

（二）提取

从上文薏苡仁抗肿瘤应用中可知，薏苡仁中酯类化学物质（薏苡仁油）在肿瘤防治等医疗保健中的应用最为重要，其提取工艺主要有水煎煮、醇提、CO_2 超临界流体萃取以及回流提取等方法。巩晓杰等（2010）针对薏苡仁酯类化学物质回流提取法的工艺进行优化条件研究，分别对提取部位、溶剂选择和粒度等单因素进行分析，并对溶剂量、提取时间以及提取次数等条件进行正交试验分析和确定。单因素试验结果显示，薏苡仁种壳、种皮和种仁三部分中，种仁酯类含量最高，为种壳的 340 倍，种皮的 113 倍，因此选择薏苡种仁为酯类物质提取部位；相同提取条件不同提取溶剂中，丙酮提取物含量为乙醇的 80 倍，乙酸乙酯的 1.5 倍，二氯甲烷的 1.8 倍，因此最适提取溶剂为丙酮；原料粉碎粒度越小，提取率越高。正交试验结果显示，对于综合评分影响大小排序为提取次数>溶剂用量>提取时间。综合研究结果确定薏苡仁酯类活性物质最佳提取工艺为：选择薏苡种仁，粉碎粒度达到 100 目，6 倍量丙酮回流提取 1 次，每次 30min。

吕鹏等（2011）针对从脱脂薏苡仁粉中进行蛋白质提取工艺的研究，并将提取工艺分为 $NaHSO_3$ 浸泡预处理和高温 α-淀粉酶水解提取两个部分。$NaHSO_3$ 预处理可以破坏蛋白与淀粉的结合，使蛋白质溶出。单因素试验结果显示，0.4% 的 $NaHSO_3$ 溶液在 45℃ 条件下浸泡效果最佳，温度<45℃时蛋白溶出量随温度升高而上升，温度过低则原料吸水膨胀速度减慢，不利于蛋白质与亚硫酸盐发生作用；而温度>45℃时，温度过高易导致 $NaHSO_3$ 的分解，影响反应效率。温度一致时，0.4% 的 $NaHSO_3$ 溶液浸泡效果要好于 0.6%，$NaHSO_3$ 过大浓度易导致部分蛋白分解而被淀粉吸附。0.4% $NaHSO_3$ 溶液浸泡 15 h 效果最好，时间过少，蛋白质分散不完全，不利于蛋白溶出；时间过长，分散的蛋白质重新聚合，溶出蛋白量逐渐减少。pH 值 5.0 的 $NaHSO_3$ 溶液效果最好，pH 值过低接近薏苡仁水溶性蛋白等电点 pH 值，蛋白溶出量减少；pH>5.0 时，亚硫酸盐无法充分发挥作用，从而阻碍蛋白的溶出。因此，$NaHSO_3$ 浸泡预处理最有利的条件为 45℃，pH5.0，0.4% $NaHSO_3$ 溶液浸泡 15h。高温 α-淀粉酶水解提取正交试验结果显示，影响水解提取物中蛋白含量和淀粉残留的因素的重要性为加酶量>时间>温度，其中加酶量对蛋白含量有显著影响（$P<0.05$），对淀粉残留量有一定的影响（$P<0.10$）。综合加工成本和性价比，最终确定高温 α-淀粉酶水解提取条件为：200U α-淀粉酶，反应时间 4 h，反应温度 80℃。按照优化的条件，得到的水解提取物中蛋白含量为 60.8%，淀粉残留为 14.1%，蛋白和脂肪含量达到原料的 4 倍，粗纤维含量接近原料的 3 倍，而淀粉含量仅为原料的 21%。

薏苡仁多糖具有调节免疫、抗氧化、抗衰老、降血脂、降血糖、抗肿瘤等作用，在医疗和营养保健流域具有广阔的应用前景。郑早早等（2013）在单因素试验的基础上，利用 RSM 分析法（响应面分析法）分析薏苡仁多糖提取的影响因素，优化提取工艺。结果显示，水提取最适温度为86℃，温度升高，多糖溶解度提高，但温度过高多糖结构易发生变活甚至降解；乙醇提取最适时间60min，水浸提最适时间72min，提取时间与提取温度的交互作用对提取效果具有显著影响；最佳液料比为 4.3∶1，高液料比有利于多糖的溶解。按照最适条件进行验证试验，多糖得率平均为 10.25%，与前人研究 5% 的得率相比有明显的提高。

武皓等（2015）以半胱氨酸盐酸盐溶液为提取溶剂，通过单因素试验和正交试验对薏苡仁水溶性蛋白提取工艺进行优化，分析各个因素对薏苡仁蛋白浸提率的影响。单因素试验结果显示，浸提温度不宜超过 60℃，温度过高达到 70℃ 出现淀粉糊化现象影响蛋白浸提率；浸提溶液最佳 pH 值为 10，提高 pH 值可以显著增加蛋白浸提率，但碱性过大易引起蛋白变性、水解以及稳定性降低等问题；最佳料液比为 1∶20；最佳浸提时间为 4h，一定时间内蛋白浓度随浸提时间延长逐渐而增加，但达到 4h 后趋于稳定。正交试验根据方差分析结果确定最优提取方案为浸提温度 40℃，浸提 pH 值 10，料液比为 1∶20，浸提时间为 4h。按此方案提取薏苡仁水溶蛋白浓度可以达到 1.079mg/mL。

黄凯玲等（2016）利用乙酸乙酯作为提取溶剂，以薏苡叶为原材料，在 78℃ 水浴中超声提取 30min，获得含多酚的提取液。经体外抗氧化试验，结果表明，薏苡叶提取液中含有大量多酚，具有较强得到清除羟自由基、超氧自由基和 DPPH 自由基的能力，其抗氧化性随着提取液浓度的增大而增强。

（三）综合利用

中国的传统医学以及饮食文化中，"药食同源"是一个有趣的概念，其溯源可以体现中国的传统文化，甚至是中国古代的哲学思想。食物即药物，它们之间并无绝对的分界线，不仅来源相同，而且最终作用效果的产生原因也有相同的来源，如"四性""五味"等。当西方的医学逐渐发展到"药食对立"的状态，中国人仍然坚守"药食同源"，相信"药食兼用"，恪守"药补不如食补"的信念。而薏苡则充分代表和体现了中国人这种"药食同源"观念，从前文的描述中也可以发现其即使是在现代医学中，也有令人印象深刻的表现，而在食用方面薏苡也是历史悠久的杂粮之一。但是薏苡仁中的主要碳水化合物为支链淀粉，结构比较坚硬，常规烹饪时糊化难度较高，食用时必须经过长时间浸渍后煮沸，这限制了其在食品方面的应用。但是近年来，随着薏苡在医药领域的广泛应用，使其丰富的营养价值和生理活性成分为人们熟知，催生了很多薏苡深加工技术和产品，促进了其在食用方面的进一步发展。

1. 薏苡初加工

薏苡初加工是薏苡最基本的加工方式，也是较为传统的加工方式。主要流程一般为清理—烘干—脱壳—去皮—水洗—甩干—色选—筛选，其中脱壳后可获得薏仁糙米，再去皮后获得的即为薏仁米，简称为薏米，经筛选后获得精薏米。谢孝红（2013）对薏苡初加工产品进行了工艺优化，采用优化后的工艺进行初加工，出糙率为 72%～76.3%，碎米率为 3.55%～7.15%，成品米出率为 60%～64%。初加工后的薏仁米是中国重要的出口农产品，主要销往日本、韩国以及东南亚各国，2014 年新闻报道黔西南薏仁米已经直接出口美国，打开了新的销售渠道。

2. 方便食品

为实现在家庭烹饪过程中方便而有效的应用，薏苡通常会被加工成各种类型的方便食品，如速溶薏米粉、糊化薏米以及膨化型薏米等。高贵涛（2013）报道了一种速溶薏米粉的简便加工方法：薏米清选去杂后，在 180～250℃ 条件下，搅拌烘焙 15～25min，呈现焦糖色即可，破碎成 2～4 瓣，浸提 2 次，离心澄清，除去固体物质，加入辅料，混合均匀浓缩至固形物含量为 45% 后进行喷雾干燥，迅速出粉、冷却，并进行包装。齐凤元等（2008）介绍一种利用家庭微波炉加热糊化薏米的方法：去杂清洗后，在 20℃ 清水中浸泡 90min，吸水系数为 1.38 左右，微波炉火力 100 条件下煮 30min，煮好的薏米沥水、100℃ 平铺干燥 2h，自然条件下冷却，即可得到 100% 糊化率的糊化薏米。商珊等（2014）以糙薏米和精薏米为原料，开发膨化型薏米食品，并将加工过程拆分成蒸煮、干燥、喷爆和油炸等四个工序，进行分段热加工处理，并对各工序对薏米营养和功能成分的变化进行研究分析。蒸煮过程中，精薏米与糙薏米无论在高压蒸煮或常压蒸煮过程中，蛋白质含量均会显著下降（$P<0.05$），且常压损失率>高压损失率、精薏米损失率>粗薏米；脂肪含量会有一定程度损失率，且高压蒸煮>常压、精薏米>粗薏米；而具有抗癌功能活性成分薏苡酯含量在蒸煮过程中略有减少，且常压损失率>高压损失率、精薏米损失率>粗薏米。喷爆过程为高温短时的加工过程，薏米受热时间短，但薏苡酯在高温和机械力作用下大量损失，含量下降 20% 左右，且精薏米损失率>粗薏米。

3. 薏米粉面条

为解决薏苡蛋白难以糊化的问题，研究人员通常会在加工时对薏米粉进行预糊化处理，获得预糊化淀粉（α 化淀粉）。杨学美（2011）在加工制作薏米大麦面条时，即选择将薏仁米预糊化后，与大麦按等比例投入膨化机，并以获得的膨化物制粉得到薏米大麦糊料，再与 80~160 目的大麦粉或小麦粉、荞麦粉混合，加入食盐和水，按常规制面法加工成面条。宋莲军等（2011）通过单因素食盐和正交试验优化在面条中添加薏米粉的加工工艺，试验发现薏米粉添加量过大会增强面条的粗糙感，影响口感；添加食盐会在一定程度上增断条率，影响外观品质；而谷朊粉虽然可以提高面条的面筋含量，但同样会提高面汤的浊度，影响外观品质；而海藻酸钠与面条的浊度有关。最终根据实验结果，确定薏米面的最佳配方为：薏米粉 17%，谷朊粉 4%，食盐 1.4% 以及海藻酸钠 0.4%。

4. 薏苡保健饮料

李存芝等（2011）研制一种酶解薏米饮料，在经筛选清洗后，将薏米在 150℃ 翻动烘烤 30min，至薏米呈浅黄色，具烘烤香气，冷却后粉碎并进行糊化、酶解处理，离心获得原浆液，加入乳化剂和稳定剂进行均质，灭菌包装。通过单因素试验和正交试验，确定了薏米饮料的稳定剂组成为脂肪酸蔗糖酯乳化剂用量 0.2%，稳定剂黄原胶 0.1%、果胶 0.05% 和海藻酸钠 0.15%。旷慧等（2013）优化了酶解薏米汁的加工条件，并通过正交试验确定酶解 pH 值是影响薏米汁中还原糖含量的最主要因素。酶解温度、时间和料水比依此次之。

吕峰等（2006）在研究低度薏米酒的酿造工艺时，确定了影响薏米酒表观糖度及产酒率的因素效应大小为复合糖化发酵剂接种量>糖化发酵温度>糯米添加量，获得薏米酒最佳酿造条件为：发酵剂接种量 1.5%，发酵温度 31℃，糯米添加量 40%~50%。按此条件酿造的薏米酒酒精度为 6.3%vol，产酒率为 660%。吴素萍（2010）采用半固态发酵工艺酿制薏米醪糟酒，优化获得的最佳发酵条件为发酵时间 48h，发酵温度 33℃，酒曲添加量 1%，薏米与糯米比为 1.4：1，蒸煮时间为 60min（煮 25min，蒸 35min），料水比 1：2.5，加糖量 12%。酿造出的薏米醪糟酒糖度为 14%~15%，pH 值 3.3~3.5。李兰等（2014）将薏米和红曲的营养价值与保健功能有机的结合，完成了一种薏米红曲酒的酿造工艺的研究。通过正交试验确定对于糖含量影响大小的顺序为糖化时间>红曲添加量>糖化温度，最优糖化工艺条件是红曲添加量 5g，糖化时间 24h 以及糖化温度 30℃。最终成品酒的糖度为 2%，酒精度为 4.8%vol，还原糖（以葡萄糖计）0.015mg/mL，总酸度（以琥珀酸计）0.07g/mL。杨祖滔等（2016）在优化薏米糯米黄酒酿造工艺条件过程中，确定了对于成品酒感官品质的影响因素相关性为料水比>主发酵温度>主发酵时间>酵母添加量，最优方案为料水比 1：2.5，主发酵温度 29℃，主发酵时间 7d，酵母添加量为 0.15%。按此条件薏米糯米黄酒感官评分为 77.8 分，酒精度为 13.2%vol，总糖含量为 3.87g/L，总酸含量为 4.80g/L。

吴传茂等（2000）通过对薏苡酸奶的发酵工艺的研究，确定了嗜热链球菌和保加利亚乳杆菌两种发酵菌，经发酵试验验证，由于两种菌代谢特点及产物存在差异，因此双菌协同发酵可以缩短发酵时间同时又形成了酸奶的特殊风味，效果明显好于单菌发酵。吕嘉枥等（2006）经试验确定薏苡仁酸奶的最佳配方为白砂糖6%~8%，薏苡仁浸提液3%，发酵温度41~42℃，成品薏苡仁酸奶为乳白色，有光泽，酸甜适中、口感滑爽细腻，无异味、气泡和分层及沉淀现象。金锋（2012）在薏米酸奶加工工艺研究中，确认对产品感官品质影响程度依次为薏米汁含量>接种量>菌种配比>发酵温度，最佳工艺配方为薏米汁含量4%，接种量5%，菌种配比1∶1，发酵温度为45℃。朱旭君等（2016）发现采用复原乳制备薏苡仁酸奶，其酸度较原味酸奶有些许提高，而黏度显著提高，但在口感、色泽和滋味等感官性质及持水力明显下降。通过优化薏苡仁酸奶制作工艺条件，确定最佳的均质条件，可以改善酸奶组织状态，获得较均一的品质。均质压力为20MPa条件下，添加6%~8%的白砂糖可以调和酸奶本身的酸涩味和薏苡仁的甘苦味，添加4%的薏苡仁提取液不仅可以使酸奶具有浓郁的奶香味和薏苡仁香味，还增添了温和细腻的口感。

王颖等（2013）从菌种筛选、发酵条件等方面出发对薏苡仁发酵菌制备醋酸的发酵工艺条件进行了优化。首先从产酸能力和感官评分出发，选择巴氏醋酸菌巴氏亚种醋酸菌AS1.41作为发酵的菌种。并确定了薏苡仁醋发酵过程中影响因素作用大小依次为发酵时间>初始酒精度>接种量>初始pH值，最佳工艺条件为：发酵时间5.34 d，初始pH值4.19，初始酒精度7.37%，醋酸菌接种量12.60%。依此条件发酵所得薏苡仁醋的醋酸产量为6.76g/100mL，且品质较好，醋香浓郁，有薏苡仁的典型香气，口感柔和，是一种营养成分丰富的保健醋。

5. 其他深加工产品

赵丽红等（2012）报道了一种薏米保健面酱的加工工艺，其中影响面酱品质和营养价值的主要因素为薏米粉和黑米粉的添加量，菌种米曲霉的接种量以及发酵时间。经正交试验验证，薏米保健面酱最优加工工艺为薏米粉和黑米粉添加量均为标准粉的20%，米曲霉接种量为5‰，发酵时间为17 d，发酵温度为53~55℃。

华正根等（2013）利用超临界流体技术和超声波提取技术等科技手段对薏米深加工的副产品薏苡仁糠进行提取和开发利用研究，试验结果显示薏苡仁糠中油的提取率为18.45%，纯度为98.2%；蛋白质提取率为28.5%，纯度为34.12%；多糖提取率为5.65%，纯度为20.05%。结果证明薏苡仁糠含有丰富的营养物质和功能成分，其中薏苡仁糠油可以用作高营养的食用油，也可以用于癌症和高血脂等疾病患者长期服用的药用油。

除上述各种薏苡加工产品外，目前还有爆薏仁糖、薏米茶、固体饮料、薏米豆腐、豆酱和酱油等多种多样的深加工产品（敖文等，2008；张小永等，2014；邓素芳等，2016）。此外，薏苡的应用领域并不局限于医用或食用，薏苡仁油可以作为化妆品的生产原料，薏苡果实可以制作门帘、手镯或项链等饰品以及籽粒、青茎的饲料利用等（李泽锋等，2012），翁长江（2013）还对薏苡仁糠用于饲料开发利用进行了研究，认为薏苡仁糠营养成分与统糠接近，在畜禽饲粮中的添加量为鸡 8%～12%，肉猪 15%～30%，奶牛和肉牛 20%～30%，肉兔 20%～35%。

本章参考文献

敖文，高怀林，李爱琼，等．2008．薏苡的综合利用集栽培技术［J］．云南农业科技（6）：36-37.

包三裕，张洪．2011．康莱特注射液作用机理及临床应用研究［J］．长春中医药大学学报，27（1）：139-140.

鲍英，夏璐，袁耀宗，等．2004．康莱特对 Patu-8988 细胞周期及其调节基因表达的影响［J］．胰腺病学，4（2）：82-85.

陈清奇．2009．美国抗癌药物化学合成速查［M］．北京：科学出版社．

陈星，赵丽萍，王红，等．2016．DCE-MRI 评价中药康莱特抑制人结肠癌裸鼠皮下移植瘤血管生成的研究［J］．中国 CT 和 MRI 杂志，14（9）：1-4.

褚娟红，叶骞．2008．薏苡仁的药理及临床研究概况［J］．辽宁中医药大学学报，10（4）：159-160.

邓素芳，林忠宁，陆烝，等．2016．薏苡产品开发与利用研究进展［J］．粮食与饲料工业（6）：30-34.

董庆华，钟献，郑树，等．2005．康莱特注射液对肺癌 A549 细胞环氧化酶作用的研究［J］．中国中药杂志，30（20）：1621-1624.

董云发，潘泽惠，庄体德，等．2000．中国薏苡属植物种仁油脂及多糖成分分析．植物资源与环境学报，9（1）：57-58.

樊青玲，张平，任旻琼．2015．薏苡的化学成分、药理活性及应用研究进展［J］．天然产物研究与开发（27）：1831-1835.

冯刚，孔庆志，黄冬生，等．2007．薏苡仁注射液对小鼠移植性 S180 肉瘤血管形成抑制的作用［J］．肿瘤防治研究，31（4）：229-231.

高贵涛．2013．速溶薏米粉加工简法［J］．农村百事通（18）：32.

耿春霞．2014．浅谈薏苡仁在肿瘤治疗中的应用［J］．云南中医中药杂志，35（12）：74-76.

龚千锋.2003.中药炮制学 ［M］.北京：中国中医药出版社.

巩晓杰，孟宪生，包永瑞，等.2010.薏苡仁中酯类化学物质组提取工艺研究 ［J］.中国医学导报，7（33）：15-18.

贵州省卫生厅.2005.贵州省中药饮片炮制规范 ［S］.贵阳：贵州科技出版社.

郭圣奇，黄挺章，李远辉，等.2015.薏苡茎水提取物对 H_{22} 荷瘤小鼠的抗肿瘤作用研究 ［J］.中国临床药理学杂志，31（10）：855-857.

胡笑克，李毓，吴棣华，等.2000.，薏苡仁酯对人鼻咽癌细胞的放射增敏作用 ［J］.中山医科大学学报，21（5）：334-336.

华正根，王金亮，陈先娟，等.2013.薏苡仁糠的综合利用 ［J］.农业机械（29）：43-46.

黄竞荷，向军俭.2002.VEGF、bFGF 与抗肿瘤血管新生治疗 ［J］.中国免疫学杂志（8）：581-585.

黄凯玲，黄建红，黄锁义，等.2016.薏苡叶乙酸乙酯提取物体外抗活性氧自由基作用研究 ［J］.微量元素与健康研究，33（3）：4-6.

黄挺，陈震，杨雪飞，等.2008.康莱特注射液抗恶性肿瘤肝转移疗效及机制的实验研究 ［J］.中国现代应用药学杂志，25（1）：12-15.

黄挺章，李远辉，郭圣奇，等.2015.薏苡茎醇提取物对荷 H_{22} 小鼠体内抗肿瘤作用 ［J］.天津医药，43（11）：1278-1281.

黄莹，程世嘉，李芸达，等.2015.广西壮药薏苡叶甲醇提取物抗氧化活性研究 ［J］.实用药物与临床，18（1）：63-65.

回瑞华，侯冬岩，郭华，等.2005.薏米中营养成分的分析 ［J］.食品科学，26（8）：375-377.

金锋.2012.薏米酸奶加工工艺研究 ［J］.农业科技与装备（3）：58-61.

金黎明，刘垠孜，赵晓蕾，等.2011.薏苡仁有效成分研究进展.安徽农业科学，39（10）：5734，5750.

旷慧，姚丽敏，易美君，等.2013.酶解法制备薏米汁的工艺优化 ［J］.食品工业科技，34（23）：275-279.

李存芝，黄雪松，胡长鹰，等.2011.酶解薏米饮料的研制 ［J］.农业机械（10）：124-128.

李大鹏.2001.康莱特注射液抗癌作用机理研究进展 ［J］.中药新药与临床药理，12（2）：122-123.

李国度，刘爱国，秦叔逵，等.1999.康莱特注射液控制癌痛及提高癌症患者生存质量 III 期临床研究 ［J］.中国肿瘤观察，26（5）：372-376.

李红艳, 曹阳, 陶小军, 等 . 2013. 薏苡仁水提取物的抗炎、镇痛、镇静作用研究 [J]. 亚太传统医药, 9 (12): 58-60.

李兰, 郑浩 . 2014. 薏米红曲酒的酿造 [J]. 酿酒, 41 (6): 93-96.

李莉, 陈红耀, 韩晓丽, 等 . 2016. 康莱特对 Lewis 肺癌小鼠 TAM 及 E-cadherin, Vimentin 表达的影响 [J]. 河北医药, 38 (10): 1512-1514.

李明焕, 于金明 . 2012. 康莱特注射液联合放疗抗肿瘤研究进展 [J]. 中国肿瘤临床, 39 (16): 1 148-1 150.

李毓, 胡笑克 . 2005. 薏苡仁酯对人鼻咽癌细胞裸鼠一直流的放射增敏作用 [J]. 华夏医学, 18 (2): 147-148.

李毓, 胡笑克, 熊带水, 等 . 2000. 薏苡仁酯对人鼻咽癌细胞乏氧照射的增敏作用 [J]. 中药新药与临床药理, 11 (5): 269-271.

李泽锋, 郝云良 . 2012. 薏苡营养成分及综合利用 [J]. 农业科技与装备 (5): 75-76.

梁铁军, 秦成勇, 谭艳荣, 等 . 2006. 康莱特抑制肝癌细胞 HepG2 增殖的试验研究 [J]. 中国肿瘤临床, 33 (13): 743-746.

刘彩霞 . 2011. 康莱特注射液治疗晚期恶性肿瘤的临床观察 [J]. 使用心脑肺血管病杂志, 19 (2): 286-287.

刘聪燕, 黄萌萌, 周静, 等 . 2015. 不同产地薏苡仁药效成分含量与体外抗肺癌活性的相关性分析 [J]. 中国实验方剂学杂志, 21 (11): 7-10.

刘翠霞, 周坤, 王亚珍, 等 . 2011. 康莱特对人肺腺癌细胞 A549 增殖活性影响的实验研究 [J]. 时珍国医国药, 22 (6): 1 437-1 438.

刘晓梅 . 2010. 薏苡仁的药理研究与临床新用 [J]. 中国医药指南, 8 (2): 36-37.

刘雨晴, 梁婧, 杨梓晨, 等 . 2010. 薏苡仁的药理作用研究进展 [J]. 安徽农业科学, 38 (20): 10678, 10686.

卢善善, 黄挺章, 李远辉, 等 . 2015. 薏苡茎甲醇提取物的抗氧化性研究 [J]. 中国野生植物资源, 34 (1): 12-14.

吕峰, 黄一帆, 池淑芳, 等 . 2008. 薏苡仁多糖对小鼠抗氧化作用的研究 [J]. 营养学报, 30 (6): 602-605.

吕峰, 林勇毅, 林启训, 等 . 2006. 低度薏米酒酿造工艺 [J]. 福建农林大学学报 (自然科学版), 35 (2): 216-220.

吕嘉栌, 马亚宁 . 2006. 薏苡仁酸奶的研制 [J]. 中国酿造 (7): 76-77.

吕鹏, 王常青, 王海凤, 等 . 2011. 用 $NaHSO_3$ 浸泡于 α-淀粉酶水解提取薏苡仁蛋白工艺的研究 [J]. 食品工业科技, 10 (32): 381-383.

毛海燕，童建东，汪竹，等 . 2006. 薏苡仁提取物注射液对晚期癌症患者生存质量影响的观察 [J]. 中国肿瘤外科杂志，8（5）：336-337.

齐凤元，惠丽娟，赵丽红，等 . 2008. 糊化薏米的研究 [J]. 粮油加工（10）：93-94.

齐丽君 . 2012. 薏苡仁在现代医学中的应用 [J]. 亚太传统医药，8（1）：90-91.

秦银忠 . 2016. 康莱特配合放疗对非小细胞肺癌的疗效及患者免疫功能的影响 [J]. 实用癌症杂志，31（4）：578-580.

商珊，秦礼康，杨先龙，等 . 2014. 分段热加工对薏米营养与功能成分的影响 [J]. 食品科学，35（5）：81-84.

邵进明，梁祝，徐文芬，等 . 2014. 9 种薏苡非种仁部位中氨基酸含量的测定 [J]. 贵州农业科学，42（1）：191-194.

沈飞琼，魏素菊 . 2013. ，VEGF-C 及其受体 VEGFR-2/3 与肺癌关系的研究进展 [J]. 实用癌症杂志，28（4）：452-455.

宋丽琴，李诗国 . 2010. 不同炮制方式对薏苡仁造成的品质差异探讨 [J]. 海峡药学，22（1）：73-74.

宋莲军，乔明武，杨月，等 . 2011. 薏米面条工艺条件的优化 [J]. 浙江农业科学，（3）：598-600.

宋小军，丛晓东，马月光，等 . 2011. 不同炮制温度对薏苡仁油含量的影响 [J]. 中国现代医生，49（36）：82-83.

苏伟贤，朱光辉，肖焕擎，等 . 2008. 康莱特对胃癌细胞增殖及凋亡能力的影响 [J]. 临床和试验医学杂志，7（4）：89-90.

谭煌英，李园，于莉莉，等 . 2007. 康莱特对大鼠的镇痛作用及其对促炎细胞因子的影响 [J]. 中国中西医结合外科杂志，13（2）：152-155.

田锋，王天佑，龚民，等 . 2003. 非小细胞肺癌环氧化酶-2 的增强表达及其临床意义 [J]. 中华外科杂志，41（6）：407.

田洪星，徐剑 . 2016. 薏苡仁炮制研究进展 [J]. 亚太传统医学，12（23）：80-82.

王飞，王亚非，王以浪，等 . 2011. 康莱特对人结肠癌裸鼠种植瘤肝转移的影响 [J]. 现代肿瘤医学，19（6）：1 083-1 085.

王建科，张永萍，李玮，等 . 2013. 薏苡仁贵州炮制方法的工艺优化 [J]. 贵州农业科学，41（8）：173-175.

王建娜，赵军虎，常渭琴，等 . 2007. 康莱特对晚期恶性肿瘤的近期疗效观察 [J]. 现代肿瘤医学，15（9）：1 321-1 322.

王俊杰，余莉章，申文江，等 . 1999. 薏苡仁提取物体外对肾癌细胞系放射敏感性的影响及作用机制探讨 [J]. 癌症，18（6）：680-682.

王宁，任顺成，马瑞萍 . 2013. 薏苡仁的营养保健特性 . 粮食科技与经济，38（1）：54-55.

王婉钢，张晓平，古青，等 . 2010. 薏苡仁对短暂脑缺血溶血磷脂酸水平的影响 [J]. 中国药师，13（5）：706-707.

王颖，阚建全，余义筠，等 . 2013. 薏苡仁醋的醋酸发酵工艺条件响应面法优化 [J]. 食品科学，34（21）：292-296.

王颖，赵兴娥，王微，等 . 2013. 薏苡不同部位营养成分分析及评价 [J]. 食品科学，34（5）：255-259.

危晔，李晔，刘俊英，等 . 2012. 薏米营养成分的超临界萃取与 GC-MS 分析 [J]. 江苏农业科学，40（1）：274-275，362.

翁长江 . 2013. 薏苡副产品对兔及猪生长性能的影响 [J]. 饲料博览（10）：37-39.

吴传茂，吴周和，姜发堂 . 2000. 薏苡酸奶工艺的探讨 [J]. 饮料工业，3（3）：21-22.

吴建方，蒋建明，史俊腾 . 2016. 浅析自拟黄连薏苡仁汤的降糖降血脂研究 [J]. 中国营养保健，26（18）：303-304.

吴建方 . 2015. 薏苡仁提取物的抗炎、镇痛、镇静作用研究 [J]. 转化医学电子杂志，2（12）：56-57.

吴素萍 . 2010. 薏米醪糟酒的工艺条件研究 [J]. 粮食与饲料工业（2）：26-29.

武皓，巩丽丽，杨勇，等 . 2015. 薏苡仁水溶性蛋白提取工艺的优化 [J]. 中药材，38（2）：376-380.

武晋荣，赵和平 . 2010. 康莱特对小鼠肝癌细胞 Hepa1-6 增殖和凋亡的影响 [J]. 中国医学导报，7（36）：18-20.

谢晶，刘丽宅，卢曼曼，等 . 2016. 薏苡仁的营养价值与食用功效的研究进展 [J]. 粮食加工，41（3）：50-52.

谢孝红 . 2013. 薏仁米加工技术的优化与应用 [J]. 粮食与食品工业（5）：152-155.

谢有科，黄丁平 . 2016. 康莱特对晚期乳腺癌患者外周血 CD4 及 PD-1 阳性 T 细胞的影响 [J]. 癌症进展，14（6）：523-525.

徐梓辉，周世文，黄林清 . 2000. 薏苡仁多糖的分离提取及其降血糖作用的研究 [J]. 第三军医大学学报，22（6）：578-581.

杨红亚，王兴红，彭谦 . 2007. 薏苡仁抗肿瘤活性研究进展 [J]. 中草药，38（8）：附7-附9.

杨爽，王李梅，王姝麒，等 . 2011. 薏苡化学成分及其活性综述 [J]. 中药材，34（8）：1306-1312.

杨昕光，王甡，冯慧玲 . 2007. 康莱特对辅助化疗肺癌患者免疫功能的影响 [J]. 临床和实验医学杂志，6（5）：37-38.

杨学美 . 2011. 4款特色面条加工技术 [J]. 农村新技术（加工版）（7）：28-30.

杨祖滔，吴天祥，朱思洁，等 . 2016. 薏米糯米黄酒酿造工艺条件的研究 [J]. 中国酿造，35（5）：102-106.

姚玉龙，陈秀华，任文龙，等 . 2002. 康莱特软胶囊对小鼠的免疫促进作用研究 [J]. 中药新药与临床药理，13（4）：233-235.

尹蓓珮，严萍萍，刘畅，等 . 2012. 薏苡仁油注射液对人体肝癌 SMMC-7721 细胞株体外抗肿瘤作用及机制研究 [J]. 现代肿瘤医学，20（4）：693-698.

印滇，姚登富，王亚非，等 . 2012. 康莱特抑制结肠癌细胞转移的作用及其分子机制研究 [J]. 胃肠病学和肝病学杂志，21（11）：1 005-1 010.

余涛，刘礼，吕秀玮，等 . 2016. 薏苡仁油对 HCT116 细胞血管生成拟态形成的影响及机制 [J]. 华中科技大学学报（医学版），45（4）：424-427.

张明昶，麻秀萍，徐文芬，等 . 2010. HPLC 法测定薏苡非种仁部位薏苡素的含量 [J]. 安徽农业科学，38（28）：15 586-15 587.

张明发，沈雅琴 . 2011. 薏苡仁的降糖降脂作用研究进展 [J]. 中国执业药师，8（3）：12-15.

张明发，沈雅琴 . 2012. 薏苡仁的生殖系统和抗性器官肿瘤药理作用研究进展 [J]. 现代药物与临床，27（3）：309-312.

张明发，沈雅琴 . 2014. 薏苡仁抗代谢综合症的药理作用研究进展 [J]. 药物评价研究，37（2）：178-183.

张明发，沈雅琴 . 2012. 薏苡仁的生殖系统和抗性器官肿瘤药理作用研究进展 [J]. 现代药物与临床，27（3）：309-312.

张世鑫，宋立家，季旭明 . 2016. 含薏苡仁中成药用药规律分析 [J]. 山东中医药大学学报，40（3）：222-225.

张卫国，赵立军，邢燕 . 2011. 薏苡仁治疗高脂血症 [J]. 中医杂志，52（3）：251.

张小永，吴昊，郑呢喃，等 . 2014. 意义营养功能以及在食品中应用的研究

［J］. 粮食与食品工业，21（4）：55-57.

赵丽红，刘岩，何余堂. 2012. 薏米保健面的加工技术研究［J］. 中国酿造，31（2）：187-189.

赵晓红. 2002. 薏米的营养、医用价值及制作饮料的发展前景［J］. 食品科学（3）：35-36.

郑早早，林冰，刘雄利，等. 2013. 响应面分析法优化薏苡仁多糖提取工艺条件［J］. 山地农业生物学报，32（6）：510-514.

朱晓莹，林瑶，黄锁义，等. 2015. 薏苡茎、叶提取液对肿瘤细胞增殖的抑制作用［J］. 食品研究与开发，36（21）：1-3.

朱旭君，黄杰，王妍，等. 2011. 薏苡仁酸奶的流变性及工艺条件的优化研究［J］. 食品工业科技，32（9）：294-297.

庄玮婧，吕峰，郑宝东. 2006. 薏苡仁营养保健功能及其开发应用［J］. 福建轻纺（11）：103-106.

Basu P. 2004. Trading on traditional medicines［J］. Nature Biotechnology，22（3）：263-265.

Folkman J. 1971. Tumor angiogensis：the rapeuticimplications［J］. The New England journal of Medicine，285（21）：1182-1186.

Hasturk S，Kemp B，Kalapurakac S K，et al. 2002. Expression of cyclooxygenase-1 and cyclooxygenase-2 in bronchial epithelium and nonsmall cell lung carcinoma［J］. Cancer，94（4）：1023.

Kim S O，Yun S J，Jung B，et al. 2004. Hypolipidemic effects of Crude extract of adlay seed（Coix lachrymajobi var. mayuen）in obesity rat fed high fat diet：relations of THF-α and leptin mRNA expressions and serum lipid levels［J］. Life Science，75（11）：1 391-1 404.

Kim S O，Yun S J，Lee E H. 2007. The water extract of adlay seed（Coix lachrymajobi var. mayuen）exhibits anti-obesity effects through neuroendocrine modulation［J］. The American Journd of chinese Medicihe，35（2）：297-308.

Tsend，S H，Chiang W C. 2003. Effects and clutivated areas and varieties on the nutrient compositions of dehulled kernel of adlay［J］. tichung DARES，81：31-41.

Wanqing Chen，Rongshou Zheng，Peter D. Baade，et al. 2015. Cancer Statistics in China［J］. CA：A Cancer Journal for Clinjicians，66：115-132.